AF303253

Dirk Bernhard

H_∞-Methode für lineare Deskriptorsysteme
mit nicht-properem Übertragungsverhalten

Bibliografische Information der Deutschen Nationalbibliothek

Die Deutsche Nationalbibliothek verzeichnet diese Publikation
in der Deutschen Nationalbibliografie; detaillierte bibliografische
Daten sind im Internet über http://dnb.d-nb.de abrufbar.

Dissertation

Bergische Universität Wuppertal
Fachbereich D - Bauingenieurwesen, Maschinenbau, Sicherheitstechnik -

Zur Erlangung des akademischen Grades eines Doktor-Ingenieurs (Dr.-Ing.)
Tag der mündlichen Prüfung: 31.01.2008

Gutachter:
Prof. Dr. rer. nat. P. C. Müller
Prof. Dr.-Ing. B. Tibken

D468

Herstellung und Verlag:
Books on Demand GmbH, Norderstedt
http://www.bod.de

Printed in Germany

ISBN: 978-3-8370-3076-1

Bettina
und meinen Kindern
Thomas, Martin und Verena

Vorwort

Diese Arbeit entstand während meine Tätigkeit als wissenschaftlicher Mitarbeiter im Fachbereich D - Bauingenieurwesen, Maschinenbau, Sicherheitstechnik - der Bergischen Universität Wuppertal in der Abteilung Sicherheitstechnik.

Dem Leiter des Fachgebiets Sicherheitstechnische Regelungs- und Messtechnik, Herrn Univ.-Prof. Dr. rer. nat. P. C. Müller, danke ich für die zahlreichen Diskussionen und hilfreichen Anregungen. Besonders bedanke ich mich bei ihm für die angenehmen Arbeitsbedingungen im Fachgebiet und für das mir entgegen gebrachte Vertrauen.

Herrn Univ.-Prof. Dr.-Ing. B. Tibken danke ich für das entgegen gebrachte Interesse an meiner Arbeit und für die Übernahme des Korreferates.

Ebenso gilt mein Dank Herrn Dr.-Ing. A. Varga für die qualifizierte Beratung bezüglich der Deskriptorsystem-Toolbox und für seine stete Diskussionsbereitschaft.

Für die sehr sorgfältige Überprüfung des Manuskriptes der Arbeit bin ich Frau Dr.-Ing. I. Pabst und Herrn Priv.-Doz. Dr.-Ing. D. van Schrick zu besonderen Dank verpflichtet.

Zudem möchte ich Frau Dr.-Ing. I. Pabst und Herrn Dr.-Ing. A. Kandil für die zahlreichen und fachlich förderlichen Diskussionen danken.

Schließlich danke ich meiner Frau Bettina für die große Geduld und Unterstützung, die sie mir während meiner Arbeit an der Dissertation entgegen brachte.

Dirk Bernhard

Wuppertal, im Januar 2007

H_∞-Methode für lineare Deskriptorsysteme mit nicht-properem Übertragungsverhalten

Dirk Bernhard

Inhaltsverzeichnis

1 Einführung

Das Ziel der Arbeit ist die Untersuchung der Anwendbarkeit bekannter H_∞-Methoden auf Regelstrecken, die als Deskriptorsystem vorliegen und nicht-properes Übertragungsverhalten zeigen.

Deskriptorsysteme sind mathematische Modelle technischer Prozesse, die durch Differential- und algebraische Gleichungen beschrieben werden. Dadurch erlauben sie einen wesentlich besseren physikalischen Einblick in das Systemverhalten als die meist abstrakte Formulierung im Zustandsraum. Dieser Vorteil wird jedoch durch vermehrte Schwierigkeiten bei der Analyse und Synthese derartiger Systeme erkauft. Bei Deskriptorsystemen mit nicht-properem Übertragungsverhalten hängt das Eingangs-/Ausgangsverhalten im Zeitbereich von höhere Ableitungen der Eingangsgrößen ab. Nicht-properes Übertragungsverhalten kann nur bei Deskriptor-Realisierungen mit höherem Index auftreten. Der Properheitsgrad im Übertragungsverhalten hängt dabei von bestimmten Steuer- und Beobachtbarkeitseigenschaften der Deskriptor-Realisierungen ab, die sich von normalen Systemen unterscheiden.

Mit der H_∞-Methode kann ein Regler entworfen werden, der unter Vorgabe von dynamischen Gewichtungsfunktionsmatrizen gutes Führungs- und Störverhalten aufweist und gleichzeitig robust gegenüber Parameterunsicherheiten ist.

In dieser Arbeit werden ausgesuchte Aspekte zweier bekannter H_∞-Ansätze in Deskriptorform ([66], [57]) diskutiert. Die Analyse der beiden Ansätze führt zu einer Erweiterung der Regularitätsbedingungen, die Voraussetzung zur Lösung von H_∞-Problemen mit nicht-properem Übertragungsverhalten der abstrakten Regelstrecke sind. Dabei führt der vorgeschlagene Lösungsweg nicht nur zu einer rein mathematischen Lösung, sondern vor allem zu einem technisch realisierbaren H_∞-Regler. Eine der Voraussetzungen zur Lösung des Problems ist der Entwurf von Formfiltern, die ein nicht-properes Übertragungsverhalten einer Regelstrecke in ein properes Übertragungsverhalten überführt. Das Verfahren wird in dieser Arbeit als Methode der Properisierung bezeichnet. Diese Methode dient dem Entwurf von Formfiltern auf der Grundlage der Systeminformationen einer bestimmten Deskriptorsystem-Darstellung, der so genannten Weierstraß-Kroneckernormalform.

Der H_∞-Entwurf in Deskriptorform und die Methode der Properisierung werden an einem Anwendungsbeispiel aus der sicherheitstechnischen Regelungstechnik veranschaulicht. Das Anwendungsbeispiel basiert auf einem bekannten Benchmark-Problem, mit welchem die aktive Dämpfung von Gebäudeschwingungen, verursacht durch Erdbeben, simuliert werden kann.

Das Kapitel 2 widmet sich den Steuer- und Beobachtbarkeitseigenschaften eines Deskriptorsystems, da für die Anwendung von linearen Regelungsmethoden Aussagen über die Steuer- und Beobachtbarkeit eines Systems entscheidend sind. Die klassischen Definitionen der Begriffe Steuerbarkeit und Beobachtbarkeit für Zustandssysteme wurden in [71] auf Deskriptorsysteme verallgemeinert. Zudem wurde das für Zustandsraumsysteme bekannte Dualitätsprinzip für Deskriptorsysteme erweitert [10]. Es werden die in [11] und [61] veröffentlichten Steuerbarkeits- und Beobachtbarkeitsdefinitionen für reguläre Deskriptorsystem und die Bedingungen für Stabilisierbarkeit, Entdeckbarkeit und Normalisierbarkeitskriterien vorgestellt und die zuvor dargestellten Eigenschaften von Deskriptorsystemen bezüglich des Eingangs-/Ausgangsverhaltens anhand von Deskriptorsystemen mit höherem Index und nicht-properem Übertragungsverhalten veranschaulicht. Ferner werden die Probleme und die unterschiedlichen Sichtweisen bei der Darstellung eines Deskriptorsystems im Frequenz- und Zeitbereich diskutiert. Häufig reicht die Kenntnis des Übertragungsverhaltens eines dynamischen Systems zum Entwurf eines Reglers aus. Es wird gezeigt, dass in diesem Fall das Deskriptorsystem als eine Realisierung des Übertragungsverhaltens interpretiert werden kann. Im Gegensatz zum Übertragungsverhalten kann, anhand der Modellierung eines dynamischen Systems als Deskriptorsystem im Zeitbereich, die innere Struktur analysiert werden. Es wird gezeigt, dass das Übertragungsverhalten eines Deskriptorsystems durch bestimmte Steuer- und Beobachtbarkeitseigenschaften einer Realisierung bestimmt wird. Vielfach sind jedoch die Eigenschaften der C-Steuerbarkeit und C-Beobachtbarkeit (vollständigen Steuer- und Beobachtbarkeit, [11]) nicht gegeben. Als Grundlage für die weiteren Ausführungen in den folgenden Abschnitten dienen die in [11], [30] und [38] beschriebene Systemzerlegung und der Begriff der minimalen Realisierung des Übertragungsverhaltens eines Deskriptorsystems. Die Definition und Diskussion der Properheitseigenschaften einer Deskriptor-Realisierung unterteilt sich in weitere Abschnitte, die zwischen einheitlichen Ableitungsgraden und individuellen Ableitungsgraden einer Deskriptor-Realisierung unterscheiden. Dabei spielt der Index einer Deskriptor-Realisierung eine entscheidende Rolle. Es werden die Definitionen für streng-properes, properes und nicht-properes Übertragungsverhalten eines Deskriptorsystems vorgestellt und der Bezug zum einheitlichen Ableitungsgrad und dem individuellen Ableitungsgraden verdeutlicht. Abschießend werden die Zusammenhänge zwischen Index, Steuer- und Beobachtbarkeit und Properheit veranschaulicht.

In Kapitel 3 werden die Grundlagen des H_∞-Entwurfs sowohl für den Frequenz- als auch für den Zeitbereich vorgestellt. Dabei steht das so genannten Problem der gemischten Sensitivitäten (Mixed-Sensitivity-Problem) im Mittelpunkt der Betrachtungen. Das Ziel der H_∞-Problemstellung ist es, eine reale Regelstrecke durch einen Regler zu stabilisieren und gleichzeitig gewünschte quantitative und Robustheitseigenschaften zu erzielen. Es wird gezeigt, wie durch geeignete Wahl von Frequenzgangmatrizen, diese Ziel erreicht werden kann.

In Kapitel 4 werden zwei H_∞-Lösungsmethoden für normale (propere) Systeme vorgestellt, die sich unter anderem aufgrund ihrer Darstellung im Bild- und Zeitbereich unterscheiden. Neben den Methoden im Bildbereich [51] werden seit dem Jahre 1989 Formulierungen und Lösungen der H_∞-Problemstellungen im Zustandsraum diskutiert [15], die das Lösen von zwei algebraischen Riccati-Gleichungen verlangen. Die algebraischen Riccati-Gleichungen spielen auch bei der, in dieser Arbeit nur kurz dargestellten, Theorie des Minmax-Differentialspiels eine zentrale Rolle. Die Theorie basiert auf den Methoden der Variationsrechnung und bietet somit einen strukturierten und relativ anschaulichen Zugang zur Lösung des H_∞-Standardproblems im Zeitbereich. Grundlegende Einführungen in die Frequenzbereichsmethoden sind in [33] und [51] zu finden. In den genannten Arbeiten finden sich zahlreiche Literaturhinweise zu dieser Problemklasse der Regelungstechnik. Auch die Dissertation von Potthoff [49] vermittelt ausführliche Einblicke in die Methode der Faktorisierung. In [34], [33] und [43] werden Lösungen zur H_∞-Problematik abstrakter Regelstrecken mit nicht-properem Übertragungsverhalten vorgestellt. Stellvertretend für die zahlreichen Problemstellungen im Frequenzbereich werden Lösungsmethoden für zwei spezielle H_∞-Problemstellungen dargestellt. Dabei zeigt sich, dass suboptimale Lösungen von H_∞-Problemstellungen i.d.R. analytisch darstellbar sind. Desweiteren werden die bekannte Regularitätsbedingungen für Deskriptorsysteme [66] vorgestellt und die Bedingungen zur Lösung des suboptimalen (analytischen) H_∞-Standardproblems in Deskriptorform diskutiert, vgl. [40], [57], [55], [56] und [54]. In den zitierten Arbeiten werden zulässige (Index 1 und asymptotisch stabile) Deskriptorsysteme für die Realisierung des resultierende Störübertragungsverhaltens vorausgesetzt. Dabei sind Regelstrecken mit höherem Index und nicht-properem Übertragungsverhalten bei der Synthese zugelassen. Bei eingehender Betrachtung der Lösungsansätze zeigt sich jedoch, dass implizite Annahmen bezüglich der abstrakten Regelstrecke berücksichtigt werden müssen. Es wird gezeigt, dass nur unter bestimmten Voraussetzungen die impliziten Annahmen erfüllt werden können. Falls diese nicht berücksichtigt werden, kann dies zum Versagen des H_∞-Ansatzes führen. Aus diesem Grunde werden zusätzliche Bedingungen formuliert, die zu einem technisch realisierbaren H_∞-Regler führen. Ansätze zur Lösung des suboptimalen H_∞-Standardproblems in Deskriptorform mit Hilfe von linearen Matrixungleichungen wurden in [40] und [57] veröffentlicht. Es zeigt sich, dass der in [40] vorgestellte Ansatz zu einer Reglers-Realisierung mit höherem Index und nicht-properem Übertragungsverhalten führen kann, die technisch nicht zu verwirklichen ist. Ferner werden Aspekt bezüglich eines möglicherweise nicht-properen Übertragungsverhaltens der Störübertragungsfunktion diskutiert.

In Kapitel 5 werden Beispiele genannt, die zeigen, wann die Modellierung eines Deskriptorsystems mit nicht-properem Übertragungsverhalten notwendig wird. Dabei werden Bezüge zu den Dissertationen [61] und [18] hergestellt. Unter bestimmten Steuer- und Beobachtbarkeitseigenschaften wird gezeigt, dass mechanische Deskriptorsysteme mit holonomen Zwangsbedingungen und Index 3 nicht-properes Übertragungsverhalten besitzen. Zudem ist es beim H_∞-Entwurf oft wünschenswert, aufgrund der geforderten Robustheitsanforderungen, Gewichtungsfunktionen mit nicht-properem Übertragungsverhalten zu modellieren. Diskutiert wurde diese Problematik auch in den Arbeiten [32], [33], [42] und [19].

Kapitel 6 widmet sich der Methode der Properisierung von nicht-properen Regelstrecken durch Formfiltern. Der Ansatz basiert auf der in [47] beschriebenen Methode. Unterschieden wird dabei zwischen der Properisierung der abstrakten Regelstrecke und der Properisierung der Störübertragungsfunktion des geschlossenen H_∞-Regelkreises.

In Kapitel 7 wird gezeigt, unter welchen Voraussetzungen das H_∞-Problem mit allgemein nicht-properen Übertragungsverhalten der abstrakten Regelstrecken gelöst werden kann. Zudem wird gezeigt, welche zusätzlichen Voraussetzungen erfüllt sein müssen, um eine Deskriptor-Realisierung des geschlossenen Regelkreises mit Index 1 zu erhalten. Ferner werden Deskriptor-Realisierungen mit höherem Index analysiert und geprüft ob diese, ebenso wie Realisierungen mit Index 1, properes Übertragungsverhalten vorweisen können. Anhand der in [66] und [54] diskutierten Beispiele wird die Problematik veranschaulicht. Auf der Grundlage von erweiterten Regularitätsbedingungen werden Lösungsansätze für das allgemein nicht-propere H_∞-Problem mit Hilfe der Faktorisierungsmethode nach [66] diskutiert. Ferner wird in diesem Kapitel die verwendete Deskriptorsystem-Toolbox vorgestellt.

In Kapitel 8 wird der H_∞-Entwurf in Deskriptorform und die Methode der Properisierung an einem Benchmark-Problem veranschaulicht. Dabei werden zwei Entwürfe von H_∞-Reglern zur aktiven Dämpfung von Gebäudeschwingungen bei Erdbebenerregung vorgestellt. Der erste Entwurf ist ein klassischer Entwurf mit properen Gewichtungsfunktionen. Der zweite Entwurf bezieht nicht-propere Gewichtungsfunktionen in die Modellierung der abstrakten Regelstrecke mit ein. Das Besondere an beiden Entwürfen ist u.a., dass die numerischen Berechnungen weitgehend in Deskriptorform unter Anwendung der Funktionen der Deskriptorsystem-Toolbox [68] durchgeführt werden. So ist die Modellierung von nicht-properem Übertragungsverhalten anhand von Deskriptor-Realisierungen mit höherem Index und der Wechsel von der Zustands- in die Deskriptordarstellung möglich. Abschließend wird mit den beiden H_∞-Reglern eine Evaluierung der Simulationsergebnisse mit dem Referenzregler des Benchmark-Problems vorgenommen.

Kapitel 9 stellt eine Zusammenfassung der Arbeit und einen Ausblick auf weiterführende Arbeiten auf diesem Gebiet dar.

Der Anhang zeigt alle Evaluierungsdaten der Simulation in tabellarischer Form, die den Vergleich der Ergebnisse mit dem Referenzregler des Benchmark-Problems ermöglichen.

2 Modellierung und Analyse von Deskriptorsystemen

2.1 Systemdarstellungen und Index

Reglerentwurfsverfahren für komplexer Systeme erfordern meistens Systembeschreibungen in Form von mathematischen Modellen. Neben der Anwendung modellgestützter Reglerentwurfsverfahren können mathematische Modelle bei der Überwachung und Simulation komplexer Systeme eingesetzt werden. Die Modellierung technischer Systeme führt in der Regelungstechnik häufig auf ein gewöhnliches Differentialgleichungssystem in impliziter Form der Gestalt

$$
\begin{aligned}
\mathbf{0} &= \mathbf{f}(\dot{\mathbf{x}}(t), \mathbf{x}(t), \mathbf{u}(t), t), &\qquad (2.1\mathrm{a})\\
\mathbf{y} &= \mathbf{g}(\mathbf{x}(t), \mathbf{u}(t), t). &\qquad (2.1\mathrm{b})
\end{aligned}
$$

Der Deskriptorvektor $\mathbf{x} \in R^n$ beinhaltet die systembeschreibenden Größen, die als Deskriptorvariablen bezeichnet werden. Im Vektor $\mathbf{u} \in R^r$ sind die auf das System wirkenden Eingangsgrößen zusammengefasst. Die Ausgangsgrößen des Systems lassen sich als Funktion der Deskriptorvariablen im Vektor $\mathbf{y} \in R^m$ darstellen. Die Systembeschreibung (2.1) wird in der Regelungstechnik als Deskriptorsystem bezeichnet. In vielen Anwendungsfällen, z.B. bei der Simulation des dynamischen Verhaltens, kann System (2.1) in eine separierte differential-algebraische Form der Gestalt

$$
\begin{aligned}
\dot{\mathbf{x}}_1(t) &= \mathbf{f}_1(\mathbf{x}_1(t), \mathbf{x}_2(t), \mathbf{u}(t), t), &\qquad (2.2\mathrm{a})\\
\mathbf{0} &= \mathbf{f}_2(\mathbf{x}_1(t), \mathbf{x}_2(t), \mathbf{u}(t), t), &\qquad (2.2\mathrm{b})\\
\mathbf{y} &= \mathbf{g}(\mathbf{x}_1(t), \mathbf{x}_2(t), \mathbf{u}(t), t), &\qquad (2.2\mathrm{c})
\end{aligned}
$$

die auch als semi-explizite Form bekannt ist, dargestellt werden. In der semi-expliziten Darstellungsform sind die differentiellen Anteile des ungebundenen Systems (2.2a) von den algebraischen Anteilen der Zwangs- bzw. Nebenbedingungen (2.2b) getrennt dargestellt. Bei der Modellbildung ergibt sich die Darstellungsform (2.2) automatisch, wenn einzelne Teilsysteme miteinander verkoppelt werden. Deskriptorsysteme werden auch als singuläre Systeme, implizite Systeme, Algebro-Differentialgleichungen, differential-algebraische Systeme (engl.: differential algebraic equations, DAE) oder als verallgemeinerte Zustandssysteme bezeichnet [11].

Für die regelungstechnische Analyse und Synthese ist häufig eine linearisierte Darstellung vorteilhaft, da für diese Systembeschreibung einfache regelungstechnische Verfahren existieren. Das linearisierte Modell beschreibt das dynamische Verhalten eines nichtlinearen Deskriptorsystems näherungsweise in der Nähe der Ruhelage $\mathbf{x}_0 = \mathbf{0}$, $\mathbf{u}_0 = \mathbf{0}$. Das linearisierte Modell kann durch das lineare zeitinvariante Deskriptorsystem

$$\begin{aligned} \mathbf{E\dot{x}} &= \mathbf{Ax} + \mathbf{Bu}, \\ \mathbf{y} &= \mathbf{Cx} \end{aligned} \tag{2.3}$$

mit

$$\mathbf{E} := -\left.\frac{\partial \mathbf{f}}{\partial \dot{\mathbf{x}}}\right|_{\mathbf{x}_0,\mathbf{u}_0}, \quad \mathbf{A} := \left.\frac{\partial \mathbf{f}}{\partial \mathbf{x}}\right|_{\mathbf{x}_0,\mathbf{u}_0}, \quad \mathbf{B} := \left.\frac{\partial \mathbf{f}}{\partial \mathbf{u}}\right|_{\mathbf{x}_0,\mathbf{u}_0}, \quad \mathbf{C} := \left.\frac{\partial \mathbf{g}}{\partial \mathbf{x}}\right|_{\mathbf{x}_0}$$

beschrieben werden, wobei die Matrizen $\mathbf{B} \in R^{n \times r}$ und $\mathbf{C} \in R^{m \times n}$, der Deskriptorvektor $\mathbf{x} \in R^n$ und der Eingangsvektor $\mathbf{u} \in R^r$ sind. Eine grundlegende Eigenschaft eines Deskriptorsystems (2.3) ist die Singularität der Matrix $\mathbf{E}$, d.h.

$$\text{Rang } \mathbf{E} < n. \tag{2.4}$$

Dies bedeutet auch, dass in (2.3) allgemein neben den differentiellen auch algebraische Gleichungen auftreten. Zur Lösbarkeit realer technischer Probleme wird die Regularität des Matrizenbüschels $(\mathbf{E}, \mathbf{A})$ in (2.3) vorausgesetzt [21]. Das ist genau dann und nur dann der Fall, wenn das charakteristische Polynom $p(s)$ nicht identisch verschwindet, d.h. wenn

$$p(s) \equiv \det\left(s\mathbf{E} - \mathbf{A}\right) \not\equiv 0 \tag{2.5}$$

gilt. Die Deskriptorvariablen eines Deskriptorsystems sind für die Analyse und Synthese in der Regelungstechnik von großer Bedeutung, da sich eine Vielzahl klassischer Methoden der Zustandsrückführung in verallgemeinerter Form auf Deskriptorsysteme übertragen lassen. In der vorliegenden Arbeit werden ausschließlich lineare zeitinvariante Deskriptorsysteme (2.3) behandelt.

Kanonische Darstellung

Die kanonische Darstellung, auch als Weierstraß-Kroneckernormalform (WKNF), Kroneckernormalform (KNF) oder EF1 (engl.: equivalent form 1, [11]) bezeichnet, ergibt sich durch Transformation des Systems (2.3) mit zwei reguläre Matrizen $\mathbf{R}$ und $\mathbf{S}$ so, dass

$$\tilde{\mathbf{E}} = \mathbf{RES} = \begin{bmatrix} \mathbf{I}_1 & \mathbf{0} \\ \mathbf{0} & \mathbf{N}_k \end{bmatrix}, \tag{2.6}$$

$$\tilde{\mathbf{A}} = \mathbf{RAS} = \begin{bmatrix} \mathbf{A}_1 & \mathbf{0} \\ \mathbf{0} & \mathbf{I}_2 \end{bmatrix}, \tag{2.7}$$

$$\tilde{\mathbf{B}} = \mathbf{RB} = \begin{bmatrix} \mathbf{B}_1 \\ \mathbf{B}_2 \end{bmatrix}, \tag{2.8}$$

$$\tilde{\mathbf{C}} = \mathbf{CS} = \begin{bmatrix} \mathbf{C}_1 & \mathbf{C}_2 \end{bmatrix} \tag{2.9}$$

gilt, wobei

$$\begin{bmatrix} \mathbf{x}_1 \\ \mathbf{x}_2 \end{bmatrix} = \mathbf{S}^{-1}\mathbf{x} \tag{2.10}$$

mit $\mathbf{x}_1 \in R^{n_1}$, $\mathbf{x}_2 \in R^{n_2}$ die Koordinatentransformation beschreibt. So besteht das Deskriptorsystem aus

einem "langsamen" Teilsystem

$$\begin{aligned}
\dot{\mathbf{x}}_1 &= \mathbf{A}_1\mathbf{x}_1 + \mathbf{B}_1\mathbf{u}, \\
\mathbf{y}_1 &= \mathbf{C}_1\mathbf{x}_1,
\end{aligned} \tag{2.11a}$$

einem "schnellen" Teilsystem

$$\begin{aligned}
\mathbf{N}_k\dot{\mathbf{x}}_2 &= \mathbf{x}_2 + \mathbf{B}_2\mathbf{u}, \\
\mathbf{y}_2 &= \mathbf{C}_2\mathbf{x}_2,
\end{aligned} \tag{2.11b}$$

und der Ausgangsgleichung

$$\mathbf{y} = \mathbf{y}_1 + \mathbf{y}_2. \tag{2.11c}$$

Dabei sind $\mathbf{B}_1 \in R^{n_1 \times r}$, $\mathbf{B}_2 \in R^{n_2 \times r}$, $\mathbf{C}_1 \in R^{m_1 \times n_1}$, und $\mathbf{C}_2 \in R^{m_2 \times n_2}$.

Index

Der Nilpotenzgrad k der Matrix $\mathbf{N}_k \in R^{n_2 \times n_2}$ ist identisch mit dem Index des Deskriptorsystems. Die nilpotente Matrix $\mathbf{N}_k$ ($\operatorname{Rang}\mathbf{N}_k < n_2$) besitzt die Eigenschaft

$$\mathbf{N}_k^{k-1} \neq \mathbf{0}, \ \mathbf{N}_k^k = \mathbf{0}. \tag{2.12}$$

Die Summe der Dimensionen beider Teilsysteme ergibt die Dimension des Deskriptorsystems, d.h. es gilt $n = n_1 + n_2$.

Wird die Lösung des schnellen Teilsystems in die Systemdarstellung (bei konsistenten Anfangsbedingungen [11]) einbezogen, so folgt

$$\dot{\mathbf{x}}_1 = \mathbf{A}_1\mathbf{x}_1 + \mathbf{B}_1\mathbf{u}, \tag{2.13a}$$

$$\mathbf{y}_1 = \mathbf{C}_1\mathbf{x}_1, \tag{2.13b}$$

$$\begin{aligned}
\mathbf{x}_2 &= -\sum_{i=0}^{j-1} \mathbf{N}_k^i \mathbf{B}_2 \mathbf{u}^{(i)} \\
&= -\mathbf{B}_2\mathbf{u} - \mathbf{N}_k\mathbf{B}_2\dot{\mathbf{u}} - \mathbf{N}_k^2\mathbf{B}_2\ddot{\mathbf{u}} - \ldots - \mathbf{N}_k^{j-2}\mathbf{B}_2\mathbf{u}^{(j-2)} - \mathbf{N}_k^{j-1}\mathbf{B}_2\mathbf{u}^{(j-1)},
\end{aligned} \tag{2.13c}$$

$$\mathbf{y}_2 = \mathbf{C}_2\mathbf{x}_2, \tag{2.13d}$$

$$\mathbf{y} = \mathbf{y}_1 + \mathbf{y}_2. \tag{2.13e}$$

Abhängig vom Rang, d.h. vom Ergebnis der Multiplikation der nilpotenten Matrix $\mathbf{N}_k$ mit der Matrix $\mathbf{B}_2$ beschreibt die Zahl $j - 1$ den maximalen Ableitungsgrad der Eingangsgrößen $\mathbf{u}$ im Deskriptorvariablenvektor $\mathbf{x}_2$. Somit kann bereits für $j \leqslant k$ und $\mathbf{N}_k \in R^{n_2 \times r}$

$$\mathbf{N}_k^{j-1}\mathbf{B}_2 \neq \mathbf{0}, \ \mathbf{N}_k^j\mathbf{B}_2 = \mathbf{0} \tag{2.14}$$

erfüllt sein. Wie alle Deskriptorsystemdarstellungen, sind auch die Systemdarstellungen (2.11) und (2.13) abhängig von der Wahl der Deskriptorvariablen, d.h. für gleiche

Systemmodelle existieren unterschiedliche kanonische Darstellungen. Auf die Systemre-
präsentation (2.13) wird in dieser Arbeit mehrfach verwiesen.

Endliche und unendliche Eigenwerte

Wie bei Zustandssystemen ermöglichen Eigenwerte auch bei Deskriptorsystemen eine
Aussage über die Stabilität. Die Bestimmung der Eigenwerte des Deskriptorsystems
(2.11) erfolgt über die Berechnung das charakteristischen Polynoms:

$$
\begin{aligned}
p(s) \;&=\; \det\left(s\mathbf{E} - \mathbf{A}\right), & \text{(2.15a)}\\
&=\; \left(\det\mathbf{R}\,\det\mathbf{S}\right)^{-1}\det
\begin{bmatrix}
s\mathbf{I}_1 - \mathbf{A}_1 & \mathbf{0}\\
\mathbf{0} & s\mathbf{N}_k - \mathbf{I}_2
\end{bmatrix}, & \text{(2.15b)}\\
&=\; \left(\det\mathbf{R}\,\det\mathbf{S}\right)^{-1}(-1)^{n_2}\left(s^{n_1} + a_1 s^{n_1-1} + \ldots + a_{n_1}\right). & \text{(2.15c)}
\end{aligned}
$$

Die regulären Matrizen $\mathbf{R}$ und $\mathbf{S}$ sind die in (2.6) bis (2.9) verwendeten. Aus dem "langsamen" Teilsystem $(s\mathbf{I}_1 - \mathbf{A})$ ergeben sich n_1 Eigenwerte, die als endliche Eigenwerte
bezeichnet werden. Das "schnelle" Teilsystem $(s\mathbf{N}_k - \mathbf{I}_2)$ liefert so genannte unendlichen
Eigenwerte. Die Anzahl der unendlichen Eigenwerte (n_∞) wird durch

$$
\begin{aligned}
n_\infty \;&=\; \operatorname{Rang}\mathbf{N}_k\\
&=\; n_2 - (n - \operatorname{Rang}\mathbf{E})\\
&=\; \operatorname{Rang}\mathbf{E} - n_1 & \text{(2.16)}
\end{aligned}
$$

bestimmt [61], [69]. Damit entscheidet alleine die Struktur der nilpotenten Matrix $\mathbf{N}_k$
über die Anzahl unendlicher Eigenwerte in einem Deskriptorsystem.

2.2 Steuerbarkeit und Beobachtbarkeit

Für die Anwendung von linearen Regelungsmethoden sind Aussagen über die Steuer-
und Beobachtbarkeit entscheidend. Die für Zustandsraumbeschreibungen gültigen Definitionen sind jedoch nicht allgemein auf Deskriptorsysteme übertragbar. Die klassischen
Definitionen der Begriffe Steuerbarkeit und Beobachtbarkeit für Zustandsysteme wurden
auf Deskriptorsysteme verallgemeinert und durch zusätzliche Definitionen ergänzt [71].
Zudem wurde, das für Zustandsraumsysteme bekannte, Dualitätsprinzip auf Deskriptorsysteme erweitert [10]. In diesem Kapitel werden die in [11] und [61] veröffentlichten
Steuerbarkeits- und Beobachtbarkeitsdefinitionen für reguläre Deskriptorsystem vorgestellt.

2.2.1 Steuerbarkeit

In diesem Abschnitt werden die Eigenschaften C-Steuerbarkeit (engl.: complete controllability), R-Steuerbarkeit (engl.: rechable controllability) und I-Steuerbarkeit (engl.: im-
puls controllability) definiert. Die vollständige Steuerbarkeit ist mit der C-Steuerbarkeit

eines Deskriptorsystems gleichzusetzen [71]. So ist die Definition der vollständigen Steuerbarkeit direkt von Zustandssystemen auf Deskriptorsystem übertragbar.

Definition 2.2.1. (nach [61], Definition 3.3) Das Deskriptorsystem (2.3) ist C-steuerbar (vollständig steuerbar), wenn jeder beliebige Deskriptorvektor $\mathbf{x}_T \in R^n$ von jedem Anfangszustand $\mathbf{x}_0$ durch geeignete Steuerfunktionen innerhalb eines endlichen Zeitintervalls erreicht werden kann.

Definition 2.2.2. (nach [61], Definition 3.4) Das Deskriptorsystem (2.3) ist R-steuerbar, wenn von jedem konsistenten Anfangswert $\mathbf{x}_0$ des Deskriptorvektors $\mathbf{x} \in R^n$ jeder konsistente Deskriptorvektor $\mathbf{x}_T \in R^n$ durch geeignete Steuerfunktionen innerhalb eines endlichen Zeitintervalls erreicht werden kann.

Bei Zustandssystemen sind die Eigenschaften der C- und R-Steuerbarkeit identisch. Als konsistente Anfangswerte werden die Zwangsbedingungen erfüllende Deskriptorvektoren bezeichnet. Falls inkonsistente Anfangswerte der Deskriptorvariablen oder höhere Ableitungen von nicht hinreichend oft differenzierbaren Eingangsfunktionen auftreten, können Impulse im Deskriptorsystem auftreten. Die Frage der Kompensation dieser Impulse in Deskriptorsystemen führt zur Eigenschaft der I-Steuerbarkeit.

Definition 2.2.3. (nach [61], Definition 3.5) Das Deskriptorsystem (2.3) ist I-steuerbar, wenn auftretende Impulsmoden durch geeignete Steuerfunktionen eliminiert werden können.

In den Veröffentlichungen [9] und [69] sind die Eigenschaften R- und I-Steuerbarkeit als S-Steuerbarkeit (engl.: strong controllability) zusammengefasst. Abbildung 2.1 zeigt eine Zusammenfassung der verschiedenen Steuerbarkeitsdefinitionen für Deskriptorsysteme.

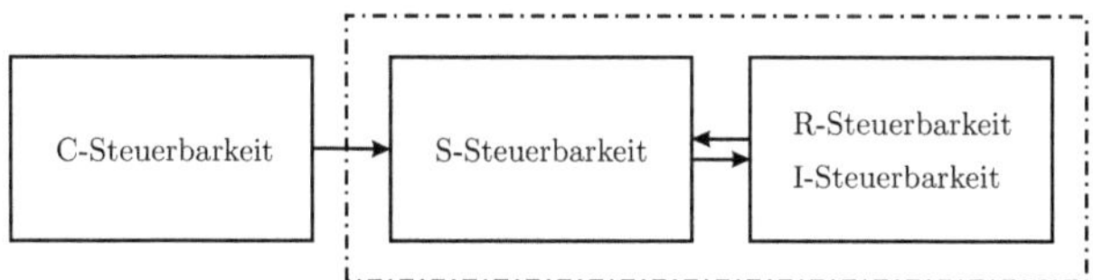

Abbildung 2.1: Steuerbarkeitseigenschaften.

Dabei ist zu beachten, dass aus der C-Steuerbarkeit S-Steuerbarkeit folgt, die Umkehrung aber nicht gilt. Nur wenn R- und I-Steuerbarkeit zusammen erfüllt sind, so folgt daraus die Eigenschaft der S-Steuerbarkeit. Wenn S-Steuerbarkeit gegeben ist, so resultiert sowohl R- als auch I-Steuerbarkeit.

Kriterien für Steuerbarkeitseigenschaften

Lemma 2.2.1 (C-Steuerbarkeit, teilweise [11], [61]). C-Steuerbarkeit liegt vor, wenn durch proportionale und differentielle Rückführung des Deskriptorvektors das System regularisiert werden kann (Index k $=0$) und alle endlichen Eigenwerte steuerbar sind. Folgende Aussagen sind identisch:

(a) Das Deskriptorsystem (2.3) ist C-steuerbar (vollständig steuerbar).

(b) Das langsame Teilsystem (2.11a) und das schnelle Teilsystem (2.11b) sind C-steuerbar.

(c) Rang $\left[\mathbf{B}_1, \mathbf{A}_1\mathbf{B}_1, \mathbf{A}_1^2\mathbf{B}_1, \ldots, \mathbf{A}_1^{n_1-1}\mathbf{B}_1 \right] = n_1$
und
Rang $\left[\mathbf{B}_2, \mathbf{N}_k\mathbf{B}_2, \mathbf{N}_k^2\mathbf{B}_2, \ldots, \mathbf{N}_2^{k-1}\mathbf{B}_2 \right] = n_2$.

(d) Rang $\left[\begin{array}{cc} s\mathbf{E} - \mathbf{A} & \mathbf{B} \end{array} \right] = n \ \vee \ s \in \mathbb{C}$, s endlich, und Rang $\left[\begin{array}{cc} \mathbf{E} & \mathbf{B} \end{array} \right] = \text{n}$.

(e) Rang $\left[\begin{array}{cc} s\mathbf{I}_1 - \mathbf{A}_1 & \mathbf{B}_1 \end{array} \right] = n_1 \ \vee \ s \in \mathbb{C}$, s endlich, und Rang $\left[\begin{array}{cc} \mathbf{N}_k & \mathbf{B}_2 \end{array} \right] = \text{n}_2$.

Die Rang-Bedingungen (c) in Lemma 2.2.1 basieren auf der Systemdarstellung in Kroneckernormalform (2.11). In den Bedingungen (d) und (e) wird mit der jeweils ersten Bedingung die C-Steuerbarkeit des langsamen Teilsystems und mit der zweiten Bedingung die Eigenschaft der Normalisierbarkeit gefordert. Die Normalisierbarkeit eines Deskriptorsystems wird in Abschnitt 2.4 erläutert.

Lemma 2.2.2 (R-Steuerbarkeit, teilweise [11], [61]). R-Steuerbarkeit kennzeichnet die Möglichkeit, durch Rückführung des Deskriptorvektors alle endlichen Eigenwerte zu steuern. Folgende Aussagen sind identisch:

(a) Das Deskriptorsystem (2.3) ist R-steuerbar.

(b) Das langsame Teilsystem (2.11a) ist C-steuerbar.

(c) Rang $\left[\mathbf{B}_1, \mathbf{A}_1\mathbf{B}_1, \mathbf{A}_1^2\mathbf{B}_1, \ldots, \mathbf{A}_1^{n_1-1}\mathbf{B}_1 \right] = n_1$.

(d) Rang $\left[\begin{array}{cc} s\mathbf{E} - \mathbf{A} & \mathbf{B} \end{array} \right] = n \ \vee \ s \in \mathbb{C}$, s endlich.

(e) Rang $\left[\begin{array}{cc} s\mathbf{I}_1 - \mathbf{A}_1 & \mathbf{B}_1 \end{array} \right] = n_1$.

Die Bedingungen (b) und (c) in Lemma 2.2.2 verdeutlichen, dass R-Steuerbarkeit eine Eigenschaft des langsamen Teilsystems (2.11a) ist. Für die Bedingungen (d) ist keine Koordinatentransformation notwendig, d.h. die Bedingung kann mit Originalmatrizen der Systemdarstellung (2.3) überprüft werden. Somit ist sie vorteilhafter als Bedingung (c), die mit Matrizen der Kroneckernormalform (2.11) formuliert ist.

Lemma 2.2.3 (I-Steuerbarkeit, teilweise [11], [61]). I-Steuerbarkeit liegt vor, wenn durch Rückführung des Deskriptorvektors alle unendlichen Eigenwerte zu endlichen Eigenwerten verschoben werden können. Bei Deskriptorsystemen mit Index $\leqslant 1$ existieren keine Impulsmoden bzw. keine unendlichen Eigenwerte. Das Problem der I-Steuerbarkeit stellt sich daher nicht. Wenn der Index > 1 ist, hängt die I-Steuerbarkeit von der Struktur der Eingangsmatrix $\mathbf{B}$ ab. Folgende Aussagen sind identisch:

(a) Das Deskriptorsystem (2.3) ist I-steuerbar.

(b) Das schnelle Teilsystem (2.11b) ist I-steuerbar.

(c) $\text{Rang} \begin{bmatrix} \mathbf{E} & \mathbf{0} & \mathbf{0} \\ \mathbf{A} & \mathbf{E} & \mathbf{B} \end{bmatrix} = n + \text{Rang}\,\mathbf{E}.$

(d) $\text{Rang} \begin{bmatrix} \mathbf{N}_k & \mathbf{0} & \mathbf{0} \\ \mathbf{I}_{n_2} & \mathbf{N}_k & \mathbf{B}_2 \end{bmatrix} = \text{Rang}\,\mathbf{E} - n_1 + n_2 = \text{Rang}\,\mathbf{N}_k + n_2.$

(e) $\text{Rang}\,\mathbf{N}_k \begin{bmatrix} \mathbf{N}_k & \mathbf{B}_2 \end{bmatrix} = \text{Rang}\,\mathbf{N}_k.$

Die Bedingungen (*b*) und (*d*) in Lemma 2.2.3 verdeutlichen, dass I-Steuerbarkeit eine Eigenschaft des schnellen Teilsystems (2.11b) ist. Damit wurden die für diese Arbeit wesentlichen Steuerbarkeitskriterien für Deskriptorsysteme eingeführt.

2.2.2 Beobachtbarkeit

Die nachfolgenden Beobachtbarkeitskriterien für Deskriptorsysteme charakterisieren unterschiedliche Möglichkeiten, Deskriptorvariablen aus gemessenen Ein- und Ausgangsgrößen zu rekonstruieren. Aufgrund des für Deskriptorsysteme geltenden Dualitätsprinzips [10], können die Steuerbarkeitsdefinitionen für Deskriptorsysteme zur Definition der Konzepte der C-Beobachtbarkeit (engl.: complete observability), R-Beobachtbarkeit (engl.: reachable observability) und der I-Beobachtbarkeit (engl.: impulse observability) verwendet werden.

Definition 2.2.4. (nach [61], Definition 3.6) Das Deskriptorsystem (2.3) ist C-beobachtbar (vollständig beobachtbar), wenn sich jeder beliebige Anfangswert $\mathbf{x}_0$ des Deskriptorvektors $\mathbf{x} \in R^n$ sich eindeutig aus $\mathbf{u}(t)$ und $\mathbf{y}(t)$ für $0 \leqslant t < t_1 < \infty$ rekonstruieren lässt.

Somit entspricht nach Definition 2.2.4 die Eigenschaft der vollständigen Beobachtbarkeit eines Zustandssystems der Eigenschaft der C-Beobachtbarkeit eines Deskriptorsystems.

Definition 2.2.5. (nach [61], Definition 3.7) Das Deskriptorsystem (2.3) ist R-beobachtbar, wenn die konsistenten Anfangswerte $\mathbf{x}_0$ des Deskriptorvektors $\mathbf{x} \in R^n$ sich eindeutig aus $\mathbf{u}(t)$ und $\mathbf{y}(t)$ für $0 \leqslant t < t_1 < \infty$ rekonstruieren lassen.

Definition 2.2.6. (nach [61], Definition 3.8) Das Deskriptorsystem (2.3) ist I-beobachtbar, wenn sich das Impulsverhalten des Deskriptorvektors $\mathbf{x} \in R^n$ in einem endlichen Zeitintervall eindeutig aus den Ein- und Ausgangsfunktionen bestimmen lässt.

Die Zusammenhänge der Eigenschaften C-, R- und I-Beobachtbarkeit einschließlich der S-Beobachtbarkeit verdeutlicht Abbildung 2.2.

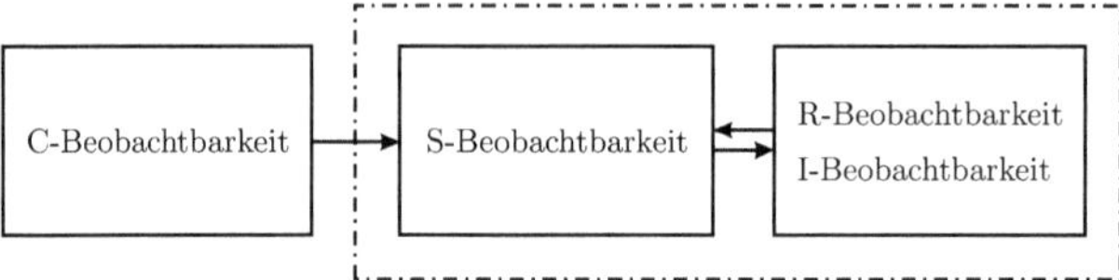

Abbildung 2.2: Beobachtbarkeitseigenschaften.

Dabei ist zu beachten, dass aus der C-Beobachtbarkeit S-Beobachtbarkeit folgt, die Umkehrung aber nicht gilt. Nur wenn R- und I-Beobachtbarkeit zusammen erfüllt sind, folgt daraus die Eigenschaft der S-Beobachtbarkeit. Wenn S-Beobachtbarkeit gegeben ist, resultiert sowohl R- als auch I-Beobachtbarkeit.

Kriterien für Beobachtbarkeitseigenschaften

Lemma 2.2.4 (C-Beobachtbarkeit, teilweise [11], [61]). C-Beobachtbarkeit liegt vor, wenn aus der Messung des Deskriptorvektors $\mathbf{x}(t) \in R^n$ und der Kenntnis der Eingangsfunktion $\mathbf{u}(t)$ alle vorherigen Deskriptorvariablen und damit alle Anfangswerte $\mathbf{x}_0$ rekonstruiert werden können. Folgende Aussagen sind identisch:

(a) Das Deskriptorsystem (2.3) ist C-beobachtbar (vollständig beobachtbar).

(b) Das langsame Teilsystem (2.11a) und das schnelle Teilsystem (2.11b) sind C-beobachtbar.

(c) $\operatorname{Rang} \begin{bmatrix} \mathbf{C}_1 \\ \mathbf{A}_1\mathbf{C}_1 \\ \mathbf{A}_1^2\mathbf{C}_1 \\ \vdots \\ \mathbf{A}_1^{n_1-1}\mathbf{C}_1 \end{bmatrix} = n_1$

und

$\operatorname{Rang} \begin{bmatrix} \mathbf{C}_2 \\ \mathbf{C}_2\mathbf{N}_k \\ \mathbf{C}_2\mathbf{N}_k^2 \\ \vdots \\ \mathbf{C}_2\mathbf{N}_2^{k-1} \end{bmatrix} = n_2.$

(d) $\operatorname{Rang} \begin{bmatrix} s\mathbf{E} - \mathbf{A} \\ \mathbf{C} \end{bmatrix} = n \vee s \in \mathbb{C},\ s$ endlich, und $\operatorname{Rang} \begin{bmatrix} \mathbf{E} \\ \mathbf{C} \end{bmatrix} = n.$

(e) $\operatorname{Rang} \begin{bmatrix} s\mathbf{I}_1 - \mathbf{A}_1 \\ \mathbf{C}_1 \end{bmatrix} = n_1 \vee s \in \mathbb{C},\ s$ endlich, und $\operatorname{Rang} \begin{bmatrix} \mathbf{N}_k \\ \mathbf{C}_2 \end{bmatrix} = n_2.$

Zur Formulierung von Bedingung (e) in Lemma 2.2.4 werden ausschließlich Matrizen der allgemeinen Systemdarstellung (2.3) benutzt. Bedingung (f) dagegen benutzt auch Matrizen der Kroneckernormalform (2.11).

Lemma 2.2.5 (R-Beobachtbarkeit, teilweise [11], [61]). R-Beobachtbarkeit kennzeichnet die Möglichkeit, durch Messung des Deskriptorvektors $\mathbf{x}(t) \in R^n$ alle Eigenmoden der endlichen Eigenwerte zu beobachten. Folgende Aussagen sind identisch:

(a) Das Deskriptorsystem (2.3) ist R-beobachtbar.

(b) Das langsame Teilsystem (2.11a) ist C-beobachtbar.

(c) $\text{Rang}\begin{bmatrix} \mathbf{C}_1 \\ \mathbf{A}_1\mathbf{C}_1 \\ \mathbf{A}_1^2\mathbf{C}_1 \\ \vdots \\ \mathbf{A}_1^{n_1-1}\mathbf{C}_1 \end{bmatrix} = n_1.$

(d) $\text{Rang}\begin{bmatrix} s\mathbf{E} - \mathbf{A} \\ \mathbf{C} \end{bmatrix} = n \ \vee \ s \in \mathbb{C}, \ s$ endlich.

(e) $\text{Rang}\begin{bmatrix} s\mathbf{I}_1 - \mathbf{A}_1 \\ \mathbf{C}_1 \end{bmatrix} = n_1.$

Die Bedingungen (*b*) und (*c*) in Lemma 2.2.5 verdeutlichen, dass R-Beobachtbarkeit eine Eigenschaft des langsamen Teilsystems (2.11a) ist.

Lemma 2.2.6 (I-Beobachtbarkeit, teilweise [11], [61]). I-Beobachtbarkeit liegt vor, wenn durch Messung des Deskriptorvektors $\mathbf{x}(t) \in R^n$ Eigenmoden von unendlichen Eigenwerten zu beobachten sind. Folgende Aussagen sind identisch:

(a) Das Deskriptorsystem (2.3) ist I-beobachtbar.

(b) Das schnelle Teilsystem (2.11b) ist I-beobachtbar.

(c) $\text{Rang}\begin{bmatrix} \mathbf{E} & \mathbf{A} \\ \mathbf{0} & \mathbf{E} \\ \mathbf{0} & \mathbf{C} \end{bmatrix} = n + \text{Rang}\,\mathbf{E}.$

(d) $\text{Rang}\begin{bmatrix} \mathbf{N}_k & \mathbf{I}_{n_2} \\ \mathbf{0} & \mathbf{N}_k \\ \mathbf{0} & \mathbf{C}_2 \end{bmatrix} = \text{Rang}\,\mathbf{E} - n_1 + n_2 = \text{Rang}\,\mathbf{N}_k + n_2.$

(e) $\text{Rang}\begin{bmatrix} \mathbf{N}_k \\ \mathbf{C}_2 \end{bmatrix} \mathbf{N}_k = \text{Rang}\,\mathbf{N}_k.$

Die Bedingung (*d*) in Lemma 2.2.6 zeigt, dass I-Steuerbarkeit eine Eigenschaft des schnellen Teilsystems (2.11b) ist. Die hier aufgeführten Beobachtbarkeitskriterien für Deskriptorsysteme dienen als Grundlage für weiter Diskussionen im Verlauf dieser Arbeit.

2.3 Stabilisierbarkeit und Entdeckbarkeit

Stabilisierbarkeit und Entdeckbarkeit entsprechen der R-Steuerbarkeit und der R-Beobachtbarkeit aller Eigenmoden der nicht asymptotisch stabilen endlichen Eigenwerte und sind somit abgeschwächte Steuer- und Beobachtbarkeitsbedingungen. Somit sind dies Eigenschaften, die allein vom langsamen Teilsystem der Kroneckernormalform (2.11) bestimmt werden.

2.3.1 Stabilisierbarkeit

Definition 2.3.1. (nach [61], Definition 3.9) Das Deskriptorsystem (2.3) ist stabilisierbar, wenn eine proportionale Rückführung $\mathbf{u} = -\mathbf{K}\mathbf{x}$ des Deskriptorvektors $\mathbf{x} \in R^n$ existiert, die das rückgekoppelte System stabilisiert.

Sei $\mathbb{C}^+$ die Menge aller komplexen Zahlen in der rechten komplexe Halbebene mit $\mathrm{Re}(s) \geqslant 0$, d.h. $\mathbb{C}^+ = \{s \,|\, s \in \mathbb{C}, \ \mathrm{Re}(s) \geqslant 0\}$.

Lemma 2.3.1 (Stabilisierbarkeit, nach [11], Theorem 3.1.2). Das Deskriptorsystem (2.3) ist stabilisierbar $\Leftrightarrow$ Rang $\left[\ s\mathbf{E} - \mathbf{A} \quad \mathbf{B}\ \right] = n \ \vee \ s \in \mathbb{C}^+$, s endlich.

Bemerkung 2.3.1. Betrachtet man das Kriterium (d) der R-Steuerbarkeit in Lemma 2.2.2, so folgt aus der R-Steuerbarkeit die Stabilisierbarkeit. Die Umkehrung der Aussage gilt nicht.

Der Zusammenhang zwischen den unterschiedlichen Steuerbarkeitseigenschaften und der Stabilisierbarkeit ist in Abbildung 2.3 veranschaulicht.

2.3.2 Entdeckbarkeit

Definition 2.3.2. (nach [61], Definition 3.10) Das Deskriptorsystem (2.3) ist entdeckbar, wenn das duale System stabilisierbar ist.

Lemma 2.3.2 (Entdeckbarkeit, nach [11], Theorem 3.1.3). Das Deskriptorsystem (2.3) ist entdeckbar $\Leftrightarrow$ Rang $\begin{bmatrix} s\mathbf{E} - \mathbf{A} \\ \mathbf{C} \end{bmatrix} = n \ \vee \ s \in \mathbb{C}^+$, s endlich.

Bemerkung 2.3.2. Betrachtet man das Kriterium (d) der R-Beobachtbarkeit in Lemma 2.2.5, so folgt aus der R-Beobachtbarkeit die Entdeckbarkeit. Die Umkehrung der Aussage gilt nicht.

2.4 Normalisierbarkeit und duale Normalisierbarkeit

Normalisierbarkeit

Durch eine differentielle Rückführung $\mathbf{u} = -\mathbf{K}\dot{\mathbf{x}}$ kann ein Deskriptorsystem in ein normales (reguläres) System (Zustandssystem) überführt werden, wenn das Deskriptorsystem die nachfolgenden Normalisierbarkeitskriterien erfüllt.

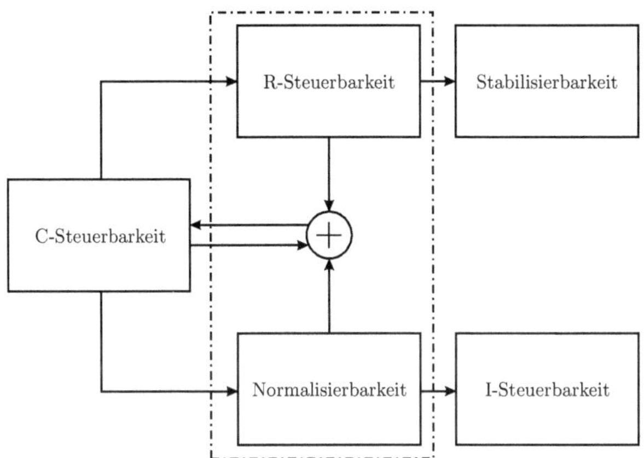

Abbildung 2.3: Steuerbarkeit, Normalisierbarkeit und Stabilisierbarkeit.

Ein Deskriptorsystem ist normalisierbar, wenn die singuläre Matrix $\mathbf{E}$ durch Rückführung von $\dot{\mathbf{x}}$ regularisiert werden kann. Unter Einbeziehung einer proportionalen und einer differentiellen Rückführung ergibt sich eine Rückführung der Gestalt

$$\mathbf{u} = -\mathbf{K}_1\mathbf{x} - \mathbf{K}_2\dot{\mathbf{x}}, \tag{2.17}$$

so dass für das geschlossene Deskriptorsystem

$$(\mathbf{E} + \mathbf{B}\mathbf{K}_2)\dot{\mathbf{x}} = (\mathbf{A} - \mathbf{B}\mathbf{K}_1)\mathbf{x} \tag{2.18}$$

folgt.

Definition 2.4.1. (nach [61], Definition 3.11) Das Deskriptorsystem (2.3) ist normalisierbar, wenn eine differentielle Rückführung $\dot{\mathbf{x}}$ existiert, so dass das geschlossene System normal (regulär) ist, d.h. wenn Rang $[\mathbf{E} + \mathbf{B}\mathbf{K}_2] = n$ gilt.

Lemma 2.4.1 (Normalisierbarkeit, teilweise [11], [61]). Folgende Aussagen sind identisch:

(a) Das Deskriptorsystem (2.3) ist normalisierbar.

(b) Das schnelle Teilsystem (2.11b) ist C-steuerbar (vollständig steuerbar).

(c) Rang $\begin{bmatrix} \mathbf{E} & \mathbf{B} \end{bmatrix} = n$.

(d) Rang $\begin{bmatrix} \mathbf{N}_k & \mathbf{B}_2 \end{bmatrix} = n_2$.

Duale Normalisierbarkeit

Definition 2.4.2. (nach [61], Definition 3.12) Das Deskriptorsystem (2.3) ist dual normalisierbar, wenn das duale System $\left(\mathbf{E}^T, \mathbf{A}^T, \mathbf{C}^T\right)$ normalisierbar ist.

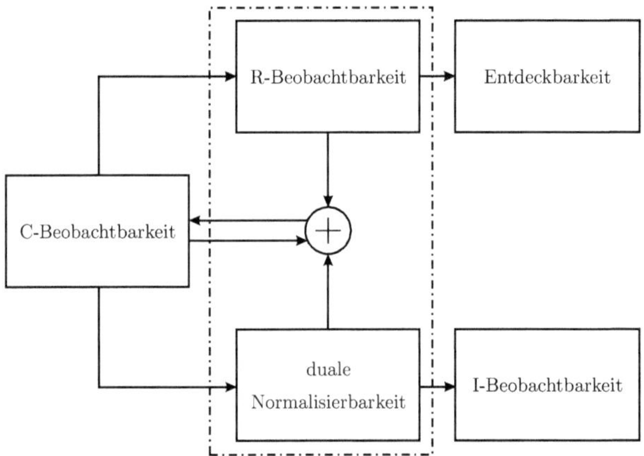

Abbildung 2.4: Beobachtbarkeit, duale Normalisierbarkeit und Entdeckbarkeit.

Lemma 2.4.2 (Duale Normalisierbarkeit, teilweise [11], [61]). Folgende Aussagen sind identisch:

(a) Das Deskriptorsystem (2.3) ist dual normalisierbar.

(b) Das schnelle Teilsystem (2.11b) ist C-beobachtbar (vollständig beobachtbar).

(c) Rang $\begin{bmatrix} \mathbf{E} \\ \mathbf{C} \end{bmatrix} = n$.

(d) Rang $\begin{bmatrix} \mathbf{N}_k \\ \mathbf{C}_2 \end{bmatrix} = n_2$.

Der Zusammenhang zwischen den Steuerbarkeitseigenschaften, der Stabilisierbarkeit und der Normalisierbarkeit vermittelt Abbildung 2.3. In Abbildung 2.4 sind die Beziehungen zwischen den Beobachtbarkeitseigenschaften, der Entdeckbarkeit und der dualen Normalisierbarkeit veranschaulicht.

S-Steuerbarkeit und S-Beobachtbarkeit

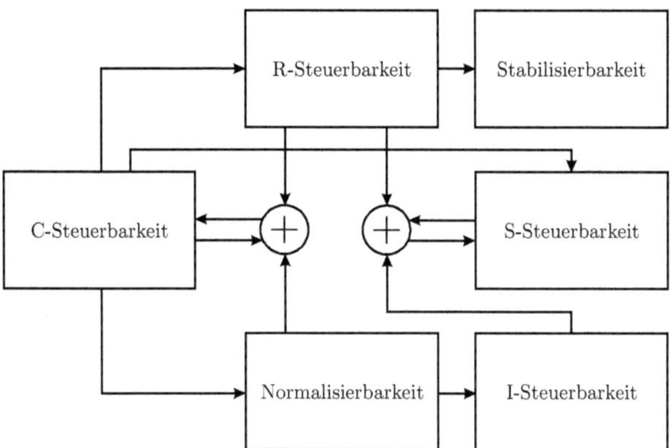

Abbildung 2.5: Steuerbarkeitseigenschaften und S-Steuerbarkeit.

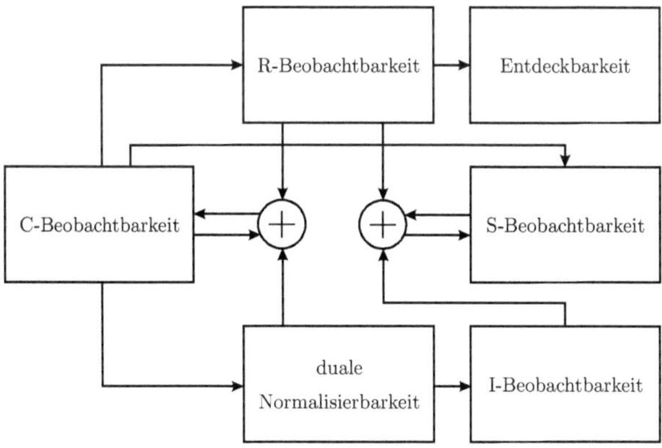

Abbildung 2.6: Beobachtbarkeitseigenschaften und S-Beobachtbarkeit.

Die Abbildungen 2.5 und 2.6 veranschaulichen die Definitionen der S-Steuerbarkeit und der S-Beobachtbarkeit.

2.5 Eigenschaften von Systemen mit höherem Index

In diesem Abschnitt werden die in Abschnitt 2.2 bis 2.4 dargestellten Eigenschaften von Deskriptorsystemen exemplarisch anhand von zwei Deskriptorsystemen mit höherem Index veranschaulicht. Betrachtet wird zunächst ein Deskriptorsystem in kanonischer Darstellung (2.11) mit einem Eingang und einem Ausgang.

2.5.1 Beispiel: Eingrößen-Deskriptorsystem mit Index 3

Betrachtet wird das Deskriptorsystem in kanonischer Normalform der Gestalt

$$\dot{x}_1 = -x_1 + u, \tag{2.19a}$$

$$\begin{bmatrix} 0 & 1 & 0 \\ 0 & 0 & 1 \\ 0 & 0 & 0 \end{bmatrix} \dot{\mathbf{x}}_2 = \mathbf{x}_2 + \begin{bmatrix} 0 \\ 0 \\ b_{23} \end{bmatrix} u, \tag{2.19b}$$

$$y = x_1 + \begin{bmatrix} c_{21} & c_{22} & c_{23} \end{bmatrix} \mathbf{x}_2 \tag{2.19c}$$

mit Index $k = 3$. Die Dimension des Deskriptorsystem ist $n = 4$, wobei für die Dimensionen der beiden Teilsysteme $n_1 = 1$ und $n_2 = 3$ gilt.

R-Steuerbarkeit

Nach Lemma 2.2.2 liegt für das Deskriptorsystem (2.19) R-Steuerbarkeit vor, da

$$\text{Rang} \, [\mathbf{B}_1] = \text{Rang} \, [1] = 1 = n_1 \tag{2.20}$$

ist (dies ist ein trivialer Fall, da das langsame Teilsystem ein SISO-System darstellt und somit immer R-steuerbar ist).

I-Steuerbarkeit

Nach Lemma 2.2.3 ergibt sich bezüglich der I-Steuerbarkeit:

$$\text{Rang} \begin{bmatrix} \mathbf{N}_k & \mathbf{0} & \mathbf{0} \\ \mathbf{I}_{n_2} & \mathbf{N}_k & \mathbf{B}_2 \end{bmatrix} = \text{Rang} \left[\begin{array}{ccc|ccc|c} 0 & 1 & 0 & & & & \\ 0 & 0 & 1 & & & & \\ 0 & 0 & 0 & & & & \\ \hline 1 & & & 0 & 1 & 0 & 0 \\ & 1 & & 0 & 0 & 1 & 0 \\ & & 1 & 0 & 0 & 0 & b_{23} \end{array} \right]$$

$$= \begin{cases} 4 < \text{Rang} \, \mathbf{N}_k + n_2 & \Leftrightarrow \quad b_{23} = 0 \quad \Rightarrow \quad \text{keine I-Steuerbarkeit,} \\ 5 = \text{Rang} \, \mathbf{N}_k + n_2 & \Leftrightarrow \quad b_{23} \neq 0 \quad \Rightarrow \quad \text{I-Steuerbarkeit.} \end{cases}$$

$$\tag{2.21}$$

S-Steuerbarkeit

Aus R-Steuerbarkeit (2.20) und I-Steuerbarkeit (2.21) folgt unter der Voraussetzung $b_{23} \neq 0$ die S-Steuerbarkeit für das Deskriptorsystem (2.19).

Normalisierbarkeit

Nach Lemma 2.4.1 ergibt sich bezüglich der Normalisierbarkeit

$$
\text{Rang} \begin{bmatrix} \mathbf{N}_k & \mathbf{B}_2 \end{bmatrix} = \text{Rang} \left[\begin{array}{ccc|c} 0 & 1 & 0 & 0 \\ 0 & 0 & 1 & 0 \\ 0 & 0 & 0 & b_{23} \end{array} \right]
$$
$$
= \left\{ \begin{array}{lllll} 2 < n_2 & \Leftrightarrow & b_{23} = 0 & \Rightarrow & \text{keine Normalisierbarkeit,} \\ 3 = n_2 & \Leftrightarrow & b_{23} \neq 0 & \Rightarrow & \text{Normalisierbarkeit.} \end{array} \right.
$$

$$(2.22)$$

C-Steuerbarkeit

Aus R-Steuerbarkeit (2.20) und Normalisierbarkeit (2.26) folgt unter der Voraussetzung $b_{23} \neq 0$ die C-Steuerbarkeit des Deskriptorsystems (2.19).

So ist nach Lemma 2.2.1 zum einen

$$
\text{Rang} \, [\mathbf{B}_1] = \text{Rang} \, [-1] = 1 = n_1 \tag{2.23}
$$

und zum anderen

$$
\text{Rang} \, \left[\mathbf{B}_2, \, \mathbf{N}_k \mathbf{B}_2, \, \mathbf{N}_k^2 \mathbf{B}_2 \right] = \left[\begin{bmatrix} 0 \\ 0 \\ b_{23} \end{bmatrix}, \begin{bmatrix} 0 \\ b_{23} \\ 0 \end{bmatrix}, \begin{bmatrix} b_{23} \\ 0 \\ 0 \end{bmatrix} \right] = 3 = n_2 \tag{2.24}
$$

dann und nur dann, wenn $b_{23} \neq 0$ ist.

I-Beobachtbarkeit

Aus Lemma 2.2.6 folgt, dass zur Erfüllung der I-Beobachtbarkeit

$$
\text{Rang} \begin{bmatrix} \mathbf{N}_k & \mathbf{I}_{n_2} \\ 0 & \mathbf{N}_k \\ 0 & \mathbf{C}_2 \end{bmatrix} = \text{Rang} \, \mathbf{E} - n_1 + n_2 = \text{Rang} \, \mathbf{N}_k + n_2 \tag{2.25}
$$

sein muss. Die Prüfung dieser Eigenschaft für das Deskriptorsystem (2.19) ergibt

$$
\text{Rang}
\begin{bmatrix}
\mathbf{N}_k & \mathbf{I}_{n_2} \\
\mathbf{0} & \mathbf{N}_k \\
\mathbf{0} & \mathbf{C}_2
\end{bmatrix}
=
\text{Rang}
\left[
\begin{array}{ccc|ccc}
0 & 1 & 0 & 1 & & \\
0 & 0 & 1 & & 1 & \\
0 & 0 & 0 & & & 1 \\
\hline
 & & & 0 & 1 & 0 \\
 & & & 0 & 0 & 1 \\
 & & & 0 & 0 & 0 \\
\hline
 & & & c_{21} & c_{22} & c_{23}
\end{array}
\right]
$$

$$
=
\begin{cases}
4 < \text{Rang}\,\mathbf{N}_k + n_2 & \Leftrightarrow \quad c_{21} = 0 \quad \Rightarrow \quad \text{keine I-Beobachtbarkeit,} \\
5 = \text{Rang}\,\mathbf{N}_k + n_2 & \Leftrightarrow \quad c_{21} \neq 0 \quad \Rightarrow \quad \text{I-Beobachtbarkeit.}
\end{cases}
\tag{2.26}
$$

C-Beobachtbarkeit

Nach Lemma 2.2.4 sind

$$
\text{Rang}
\begin{bmatrix}
\mathbf{C}_1 \\
\mathbf{A}_1\mathbf{C}_1 \\
\mathbf{A}_1^2\mathbf{C}_1 \\
\vdots \\
\mathbf{A}_1^{n_1-1}\mathbf{C}_1
\end{bmatrix}
= \text{Rang}\,[\mathbf{C}_1] = \text{Rang}\,[1] = 1 = n_1
\tag{2.27}
$$

und

$$
\text{Rang}
\begin{bmatrix}
\mathbf{C}_2 \\
\mathbf{C}_2\mathbf{N}_k \\
\mathbf{C}_2\mathbf{N}_k^2 \\
\vdots \\
\mathbf{C}_2\mathbf{N}_2^{k-1}
\end{bmatrix}
=
\text{Rang}
\begin{bmatrix}
\mathbf{C}_2 \\
\mathbf{C}_2\mathbf{N}_k \\
\mathbf{C}_2\mathbf{N}_k^2
\end{bmatrix}
\tag{2.28}
$$

$$
=
\text{Rang}
\begin{bmatrix}
c_{21} & c_{22} & c_{23} \\
0 & c_{21} & c_{22} \\
0 & 0 & c_{21}
\end{bmatrix}
= n_2 = 3
\tag{2.29}
$$

erfüllt dann und nur dann, wenn $c_{21} \neq 0$ ist.

Eingangs-/Ausgangsverhalten im Zeitbereich

Wird die (WKNF-)Darstellung (2.13) herangezogen, so folgt

$$\dot{x}_1 = -x_1 + u, \tag{2.30a}$$

$$\mathbf{x}_2 = -\sum_{i=1}^{k-1} \mathbf{N}_k^i \mathbf{B}_2 u^{(i)} = -\mathbf{B}_2 u - \mathbf{N}_k \mathbf{B}_2 \dot{u} - \mathbf{N}_k^2 \mathbf{B}_2 \ddot{u}$$

$$= -\begin{bmatrix} 0 \\ 0 \\ b_{23} \end{bmatrix} u - \begin{bmatrix} 0 \\ b_{23} \\ 0 \end{bmatrix} \dot{u} - \begin{bmatrix} b_{23} \\ 0 \\ 0 \end{bmatrix} \ddot{u}, \tag{2.30b}$$

$$y = x_1 + \begin{bmatrix} c_{21} & c_{22} & c_{23} \end{bmatrix} \mathbf{x}_2. \tag{2.30c}$$

Somit beschreiben die Gleichungen (2.30a)-(2.30c) das Eingangs-/Ausgangsverhalten des Deskriptorsystem (2.19) vollständig. Dabei ist zu beachten, dass sich nur dann die erste und zweite Ableitung der Eingangsgröße u auf das Ein-/Ausgangsverhalten auswirkt, wenn zugleich $c_{22} \neq 0$ und $c_{21} \neq 0$ gilt. Ist $b_{23} = 0$ so wirkt sich die Eingangsgröße u weder direkt (als Durchgriff) noch durch höhere Ableitung auf das Ein-/Ausgangsverhalten aus. In diesem Fall ist das System weder normalisierbar noch I-steuerbar. Da keine Normalisierbarkeit vorliegt, ist auch die C-Steuerbarkeit nicht gegeben, d.h. das System ist nicht vollständig steuerbar [11].

2.5.2 Beispiel: Mehrgrößen-Deskriptorsystem mit Index 4

Betrachtet wird ein Mehrgrößen-Deskriptorsystem in kanonischer Normalform mit Index $k = 4$, 3 Eingangsgrößen $\mathbf{u} = \begin{bmatrix} u_1 & u_2 & u_3 \end{bmatrix}^T$ und 3 Ausgangsgrößen $\mathbf{y} = \begin{bmatrix} y_1 & y_2 & y_3 \end{bmatrix}^T$ der Gestalt

$$\dot{\mathbf{x}}_1 = -\dot{\mathbf{x}}_1 + \begin{bmatrix} 1 & & \\ & 1 & \\ & & 1 \end{bmatrix} \mathbf{u}, \tag{2.31a}$$

$$\begin{bmatrix} 0 & & & & & & & \\ & 0 & 1 & 0 & & & & \\ & 0 & 0 & 1 & & & & \\ & 0 & 0 & 0 & & & & \\ & & & & 0 & 1 & 0 & 0 \\ & & & & 0 & 0 & 1 & 0 \\ & & & & 0 & 0 & 0 & 1 \\ & & & & 0 & 0 & 0 & 0 \end{bmatrix} \dot{\mathbf{x}}_2 = \mathbf{x}_2 + \begin{bmatrix} b_{11} & 0 & 0 \\ 0 & 0 & 0 \\ 0 & 0 & 0 \\ 0 & b_{24} & 0 \\ 0 & 0 & 0 \\ 0 & 0 & 0 \\ 0 & 0 & 0 \\ 0 & 0 & b_{38} \end{bmatrix} \mathbf{u}, \tag{2.31b}$$

$$\mathbf{y} = \mathbf{x}_1 + \begin{bmatrix} c_{211} & 0 & 0 & 0 & 0 & 0 & 0 & 0 \\ 0 & c_{222} & c_{223} & c_{224} & 0 & 0 & 0 & 0 \\ 0 & 0 & 0 & 0 & c_{235} & c_{236} & c_{237} & c_{238} \end{bmatrix} \mathbf{x}_2. \tag{2.31c}$$

Die Dimension des Deskriptorsystem ist $n = 11$, wobei $n_1 = 3$ und $n_2 = 8$ ist.

R-Steuerbarkeit

Das Deskriptorsystem (2.31) ist R-steuerbar (Lemma 2.2.2), da

$$\text{Rang}\,\big[\mathbf{B}_1,\ \mathbf{A}_1\mathbf{B}_1,\ \mathbf{A}_1^2\mathbf{B}_1\big] = \text{Rang}\,[\mathbf{I}_1,\ -\mathbf{I}_1,\ \mathbf{I}_1] = 3 = n_1 \tag{2.32}$$

ist.

I-Steuerbarkeit

Die Eigenschaft der I-Steuerbarkeit ist nach Lemma 2.2.3 gegeben, wenn

$$\text{Rang}\left[\begin{array}{ccc} \mathbf{N}_k & \mathbf{0} & \mathbf{0} \\ \mathbf{I}_{n_2} & \mathbf{N}_k & \mathbf{B}_2 \end{array}\right] = \text{Rang}\,\mathbf{E} - n_1 + n_2 = \underbrace{\text{Rang}\,\mathbf{N}_k}_{5} + \underbrace{n_2}_{8} = 13 \tag{2.33}$$

gilt. Die Analyse der I-Steuerbarkeits-Bedingung für das Deskriptorsystem (2.31) ergibt

$$\text{Rang}\left[\begin{array}{ccc} \mathbf{N}_k & \mathbf{0} & \mathbf{0} \\ \mathbf{I}_{n_2} & \mathbf{N}_k & \mathbf{B}_2 \end{array}\right]$$

$$= \text{Rang}\left[\begin{array}{ccccccccccccccccccc}
0 & & & & & & & & & & & & & & & & & & \\
& 0 & 1 & 0 & & & & & & & & & & & & & & & \\
& 0 & 0 & 1 & & & & & & & & & & & & & & & \\
& 0 & 0 & 0 & & & & & & & & & & & & & & & \\
& & & & 0 & 1 & 0 & 0 & & & & & & & & & & & \\
& & & & 0 & 0 & 1 & 0 & & & & & & & & & & & \\
& & & & 0 & 0 & 0 & 1 & & & & & & & & & & & \\
& & & & 0 & 0 & 0 & 0 & & & & & & & & & & & \\
1 & & & & & & & & 0 & & & & & & & & b_{11} & 0 & 0 \\
& 1 & & & & & & & & 0 & 1 & 0 & & & & & 0 & 0 & 0 \\
& & 1 & & & & & & & 0 & 0 & 1 & & & & & 0 & 0 & 0 \\
& & & 1 & & & & & & 0 & 0 & 0 & & & & & 0 & b_{24} & 0 \\
& & & & 1 & & & & & & & & 0 & 1 & 0 & 0 & 0 & 0 & 0 \\
& & & & & 1 & & & & & & & 0 & 0 & 1 & 0 & 0 & 0 & 0 \\
& & & & & & 1 & & & & & & 0 & 0 & 0 & 1 & 0 & 0 & 0 \\
& & & & & & & 1 & & & & & 0 & 0 & 0 & 0 & 0 & 0 & b_{38}
\end{array}\right] \cdot \tag{2.34}$$

So folgt

$$\text{Rang}\left[\begin{array}{ccc} \mathbf{N}_k & \mathbf{0} & \mathbf{0} \\ \mathbf{I}_{n_2} & \mathbf{N}_k & \mathbf{B}_2 \end{array}\right] = 11 < 13$$

$$\Leftrightarrow\ b_{11}\ \text{beliebig},\ b_{24} = 0,\ b_{38} = 0 \quad \Rightarrow \quad \text{keine I-Steuerbarkeit}, \tag{2.35}$$

bzw.

$$\text{Rang}\left[\begin{array}{ccc} \mathbf{N}_k & \mathbf{0} & \mathbf{0} \\ \mathbf{I}_{n_2} & \mathbf{N}_k & \mathbf{B}_2 \end{array}\right] = 13$$

$$\Leftrightarrow\ b_{11}\ \text{beliebig},\ b_{24} \neq 0\ \text{und}\ b_{38} \neq 0 \quad \Rightarrow \quad \text{I-Steuerbarkeit}. \tag{2.36}$$

S-Steuerbarkeit

Aus R-Steuerbarkeit (2.32) und I-Steuerbarkeit (2.40) folgt unter Bedingung (2.40) S-Steuerbarkeit für das Deskriptorsystem (2.31).

Normalisierbarkeit

Nach Lemma 2.4.1 ist das Deskriptorsystem (2.31) nur dann normalisierbar, wenn

$$\text{Rang} \begin{bmatrix} \mathbf{N}_k & \mathbf{B}_2 \end{bmatrix} = n_2 = 8 \tag{2.37}$$

gilt. Die Analyse der Normalisierbarkeits-Bedingung für das Deskriptorsystem (2.31) ergibt

$$\text{Rang} \begin{bmatrix} \mathbf{N}_k & \mathbf{B}_2 \end{bmatrix}$$

$$= \text{Rang} \left[\begin{array}{cccccc|ccc} 0 & & & & & & b_{11} & 0 & 0 \\ & 0 & 1 & 0 & & & 0 & 0 & 0 \\ & 0 & 0 & 1 & & & 0 & 0 & 0 \\ & 0 & 0 & 0 & & & 0 & b_{24} & 0 \\ & & & & 0 & 1 & 0 & 0 & 0 & 0 \\ & & & & 0 & 0 & 1 & 0 & 0 & 0 & 0 \\ & & & & 0 & 0 & 0 & 1 & 0 & 0 & 0 \\ & & & & 0 & 0 & 0 & 0 & 0 & 0 & b_{38} \end{array}\right]. \tag{2.38}$$

Die Auswertung der Bedingung ergibt

$$\text{Rang} \begin{bmatrix} \mathbf{N}_k & \mathbf{B}_2 \end{bmatrix} < 8$$
$$\Leftrightarrow \quad b_{11} = 0 \ \text{oder} \ b_{24} = 0 \ \text{oder} \ b_{38} = 0 \quad \Rightarrow \quad \text{keine Normalisierbarkeit}, \tag{2.39}$$

bzw.

$$\text{Rang} \begin{bmatrix} \mathbf{N}_k & \mathbf{B}_2 \end{bmatrix} = 8$$
$$\Leftrightarrow \quad b_{11} \neq 0 \ \text{und} \ b_{24} \neq 0 \ \text{und} \ b_{38} \neq 0 \quad \Rightarrow \quad \text{Normalisierbarkeit}. \tag{2.40}$$

C-Steuerbarkeit

Aus R-Steuerbarkeit (2.32) und Normalisierbarkeit (2.46) folgt unter der Voraussetzung $b_{11} \neq 0$, $b_{24} \neq 0$ und $b_{38} \neq 0$ die C-Steuerbarkeit des Deskriptorsystems (2.31).

I-Beobachtbarkeit

Aus Lemma 2.2.6 folgt zur Erfüllung der I-Beobachtbarkeit, dass

$$\text{Rang} \begin{bmatrix} \mathbf{N}_k & \mathbf{I}_{n_2} \\ \mathbf{0} & \mathbf{N}_k \\ \mathbf{0} & \mathbf{C}_2 \end{bmatrix} = \text{Rang}\,\mathbf{E} - n_1 + n_2 = \underbrace{\text{Rang}\,\mathbf{N}_k}_{5} + \underbrace{n_2}_{8} = 13 \tag{2.41}$$

sein muss.

Die Prüfung der Bedingung (2.41) für das Deskriptorsystem (2.31) ergibt:

$$
\text{Rang}
\begin{bmatrix}
\mathbf{N}_k & \mathbf{I}_{n_2} \\
\mathbf{0} & \mathbf{N}_k \\
\mathbf{0} & \mathbf{C}_2
\end{bmatrix}
$$

$$
= \text{Rang}
\left[
\begin{array}{cccccccccccccc}
0 & & & & & & & 1 & & & & & & \\
 & 0 & 1 & 0 & & & & & 1 & & & & & \\
 & 0 & 0 & 1 & & & & & & 1 & & & & \\
 & 0 & 0 & 0 & & & & & & & 1 & & & \\
 & & & & 0 & 1 & 0 & 0 & & & & 1 & & \\
 & & & & 0 & 0 & 1 & 0 & & & & & 1 & \\
 & & & & 0 & 0 & 0 & 1 & & & & & & 1 \\
 & & & & 0 & 0 & 0 & 0 & & & & & & & 1 \\
 & & & & & & & 0 & & & & & & \\
 & & & & & & & & 0 & 1 & 0 & & & \\
 & & & & & & & & 0 & 0 & 1 & & & \\
 & & & & & & & & 0 & 0 & 0 & & & \\
 & & & & & & & & & & & 0 & 1 & 0 & 0 \\
 & & & & & & & & & & & 0 & 0 & 1 & 0 \\
 & & & & & & & & & & & 0 & 0 & 0 & 1 \\
 & & & & & & & & & & & 0 & 0 & 0 & 0 \\
 & & & & & & & c_{211} & & & & & & \\
 & & & & & & & & c_{222} & c_{223} & c_{224} & & & \\
 & & & & & & & & & & & c_{235} & c_{236} & c_{237} & c_{238}
\end{array}
\right].
$$

$$\tag{2.42}$$

So ist

$$
\text{Rang}
\begin{bmatrix}
\mathbf{N}_k & \mathbf{I}_{n_2} \\
\mathbf{0} & \mathbf{N}_k \\
\mathbf{0} & \mathbf{C}_2
\end{bmatrix} < 13
$$

$\Leftrightarrow$ restliche c_{ijk} beliebig, $c_{222} = 0$ oder $c_{235} = 0$ $\Rightarrow$ keine I-Beobachtbarkeit,

$$\tag{2.43}$$

bzw.

$$
\text{Rang}
\begin{bmatrix}
\mathbf{N}_k & \mathbf{I}_{n_2} \\
\mathbf{0} & \mathbf{N}_k \\
\mathbf{0} & \mathbf{C}_2
\end{bmatrix} = 13
$$

$\Leftrightarrow$ restliche c_{ijk} beliebig, $c_{222} \neq 0$ und $c_{235} \neq 0$ $\Rightarrow$ I-Beobachtbarkeit.

$$\tag{2.44}$$

C-Beobachtbarkeit

Für C-Beobachtbarkeit müssen nach Lemma 2.2.4 die beiden Bedingungen

$$\text{Rang} \begin{bmatrix} \mathbf{C}_1 \\ \mathbf{A}_1\mathbf{C}_1 \\ \mathbf{A}_1^2\mathbf{C}_1 \end{bmatrix} = n_1 = 3, \tag{2.45a}$$

$$\text{Rang} \begin{bmatrix} \mathbf{C}_2 \\ \mathbf{C}_2\mathbf{N}_k \\ \mathbf{C}_2\mathbf{N}_k^2 \\ \mathbf{C}_2\mathbf{N}_k^3 \end{bmatrix} = n_2 = 8 \tag{2.45b}$$

erfüllt sein. Die Auswertung zeigt, dass

$$\text{Rang} \begin{bmatrix} \mathbf{C}_2 \\ \mathbf{C}_2\mathbf{N}_k \\ \mathbf{C}_2\mathbf{N}_k^2 \\ \mathbf{C}_2\mathbf{N}_k^3 \end{bmatrix} = \text{Rang} \left[\begin{array}{cccccccc} c_{211} & 0 & 0 & 0 & 0 & 0 & 0 & 0 \\ 0 & c_{222} & c_{223} & c_{224} & 0 & 0 & 0 & 0 \\ 0 & 0 & 0 & 0 & c_{235} & c_{236} & c_{237} & c_{238} \\ \hline 0 & 0 & 0 & 0 & 0 & 0 & 0 & 0 \\ 0 & 0 & c_{222} & c_{223} & 0 & 0 & 0 & 0 \\ 0 & 0 & 0 & 0 & 0 & c_{235} & c_{236} & c_{237} \\ \hline 0 & 0 & 0 & 0 & 0 & 0 & 0 & 0 \\ 0 & 0 & 0 & c_{222} & 0 & 0 & 0 & 0 \\ 0 & 0 & 0 & 0 & 0 & 0 & c_{235} & c_{236} \\ \hline 0 & 0 & 0 & 0 & 0 & 0 & 0 & 0 \\ 0 & 0 & 0 & 0 & 0 & 0 & 0 & 0 \\ 0 & 0 & 0 & 0 & 0 & 0 & 0 & c_{235} \end{array}\right] \tag{2.46}$$

ist, wobei

$$\text{Rang} \begin{bmatrix} \mathbf{C}_2 \\ \mathbf{C}_2\mathbf{N}_k \\ \mathbf{C}_2\mathbf{N}_k^2 \\ \mathbf{C}_2\mathbf{N}_k^3 \end{bmatrix} < 8$$

$$\Leftrightarrow \quad c_{211} = 0 \text{ oder } c_{222} = 0 \text{ oder } c_{235} = 0 \quad \Rightarrow \quad \text{keine C-Beobachtbarkeit,} \tag{2.47}$$

bzw.

$$\mathrm{Rang} \begin{bmatrix} \mathbf{C}_2 \\ \mathbf{C}_2\mathbf{N}_k \\ \mathbf{C}_2\mathbf{N}_k^2 \\ \mathbf{C}_2\mathbf{N}_k^3 \end{bmatrix} = 8$$

$$\Leftrightarrow \quad c_{211} \neq 0 \text{ und } c_{222} \neq 0 \text{ und } c_{235} \neq 0 \quad \Rightarrow \quad \text{C-Beobachtbarkeit.} \tag{2.48}$$

Eingangs-/Ausgangsverhalten im Zeitbereich

Aus der Darstellung (2.13) folgt

$$\dot{\mathbf{x}}_1 \;=\; -\mathbf{x}_1 + \mathbf{u}, \tag{2.49a}$$

$$\mathbf{x}_2 \;=\; -\sum_{i=1}^{k-1} \mathbf{N}_k^i \mathbf{B}_2 \mathbf{u}^{(i)} = -\mathbf{B}_2\mathbf{u} - \mathbf{N}_k\mathbf{B}_2\dot{\mathbf{u}} - \mathbf{N}_k^2\mathbf{B}_2\ddot{\mathbf{u}} - \mathbf{N}_k^3\mathbf{B}_2\dddot{\mathbf{u}} \tag{2.49b}$$

$$= -\begin{bmatrix} b_{11} & 0 & 0 \\ 0 & 0 & 0 \\ 0 & 0 & 0 \\ 0 & b_{24} & 0 \\ 0 & 0 & 0 \\ 0 & 0 & 0 \\ 0 & 0 & 0 \\ 0 & 0 & b_{38} \end{bmatrix} \mathbf{u} - \begin{bmatrix} 0 & 0 & 0 \\ 0 & 0 & 0 \\ 0 & b_{24} & 0 \\ 0 & 0 & 0 \\ 0 & 0 & 0 \\ 0 & 0 & 0 \\ 0 & 0 & b_{38} \\ 0 & 0 & 0 \end{bmatrix} \dot{\mathbf{u}}$$

$$- \begin{bmatrix} 0 & 0 & 0 \\ 0 & b_{24} & 0 \\ 0 & 0 & 0 \\ 0 & 0 & 0 \\ 0 & 0 & 0 \\ 0 & 0 & b_{38} \\ 0 & 0 & 0 \\ 0 & 0 & 0 \end{bmatrix} \ddot{\mathbf{u}} - \begin{bmatrix} 0 & 0 & 0 \\ 0 & 0 & 0 \\ 0 & 0 & 0 \\ 0 & 0 & 0 \\ 0 & 0 & b_{38} \\ 0 & 0 & 0 \\ 0 & 0 & 0 \\ 0 & 0 & 0 \end{bmatrix} \dddot{\mathbf{u}},$$

$$\mathbf{y} \;=\; \mathbf{x}_1 + \begin{bmatrix} c_{211} & 0 & 0 & 0 & 0 & 0 & 0 & 0 \\ 0 & c_{222} & c_{223} & c_{224} & 0 & 0 & 0 & 0 \\ 0 & 0 & 0 & 0 & c_{235} & c_{236} & c_{237} & c_{238} \end{bmatrix} \mathbf{x}_2, \tag{2.49c}$$

wobei die Systemdarstellung

$$\dot{\mathbf{x}}_1 = -\mathbf{x}_1 + \mathbf{u}, \tag{2.50a}$$

$$\mathbf{y} = \mathbf{x}_1 - \begin{bmatrix} c_{211}b_{11} & 0 & 0 \\ 0 & c_{224}b_{24} & 0 \\ 0 & 0 & c_{238}b_{38} \end{bmatrix} \mathbf{u} - \begin{bmatrix} 0 & 0 & 0 \\ 0 & c_{223}b_{24} & 0 \\ 0 & 0 & c_{237}b_{38} \end{bmatrix} \dot{\mathbf{u}}$$

$$- \begin{bmatrix} 0 & 0 & 0 \\ 0 & c_{222}b_{24} & 0 \\ 0 & 0 & c_{236}b_{38} \end{bmatrix} \ddot{\mathbf{u}} - \begin{bmatrix} 0 & 0 & 0 \\ 0 & 0 & 0 \\ 0 & 0 & c_{235}b_{38} \end{bmatrix} \dddot{\mathbf{u}}, \tag{2.50b}$$

das Ein-/Ausgangsverhalten des Deskriptorsystem (2.31) vollständig beschreibt. Die Berücksichtigung einzelner Ein- und Ausgangsgrößen liefert eine Systemdarstellung der Gestalt

$$\begin{bmatrix} \dot{x}_{11} \\ \dot{x}_{12} \\ \dot{x}_{13} \end{bmatrix} = - \begin{bmatrix} x_{11} \\ x_{12} \\ x_{13} \end{bmatrix} + \begin{bmatrix} u_1 \\ u_2 \\ u_3 \end{bmatrix}, \tag{2.51a}$$

$$\begin{bmatrix} y_1 \\ y_2 \\ y_3 \end{bmatrix} = \begin{bmatrix} x_{11} \\ x_{12} \\ x_{13} \end{bmatrix} - \begin{bmatrix} c_{211}b_{11}u_1 \\ c_{224}b_{24}u_2 + c_{223}b_{24}\dot{u}_2 + c_{222}b_{24}\ddot{u}_2 \\ c_{238}b_{38}u_3 + c_{227}b_{38}\dot{u}_3 + c_{236}b_{38}\ddot{u}_3 + c_{235}b_{38}\dddot{u}_3 \end{bmatrix}. \tag{2.51b}$$

Systemdarstellung (2.51) veranschaulicht in exemplarischer Weise die Einflüsse höherer Ableitungen einzelner Eingangsgrößen auf das Verhalten einzelner Ausgangsgrößen in Abhängigkeit der Eingangsmatrix $\mathbf{B}_2$ und der Ausgangsmatrix $\mathbf{C}_2$.

2.6 Übertragungsverhalten von Deskriptorsystemen

2.6.1 Übertragungsverhalten im Frequenzbereich

Transferfunktionsmatrix

Anhand der Modellierung eines dynamischen Systems als Deskriptorsystem im Zeitbereich kann die innere Struktur eines Systems analysiert werden. Die Möglichkeit Deskriptorvariablen frei zu bestimmen spielt dabei eine entscheidende Rolle. So können, z.B. für elektrische oder mechanische Systeme, Deskriptorvariablen mit direktem Bezug zur physikalischen Größen bestimmt werden, welches sowohl die Simulation wie auch die Analyse und Synthese erleichtert. Auf der anderen Seite werden die physikalischen Bezüge der Deskriptorvariablen durch numerisch notwendige oder durch die Syntheseverfahren bedingte Koordinatentransformationen zerstört. Häufig reichen Beschreibungen des Eingangs-/Ausgangsverhalten eines dynamischen Systems vollkommen aus oder sind durch messtechnische Verfahren ermittelt worden. In diesen Fällen kann das Deskriptorsystem und deren Deskriptorvariablen als eine Realisierung des Eingangs-/Ausgangsverhalten eines dynamischen Systems aufgefasst werden.

Das Eingangs-/Ausgangsverhalten eines Deskriptorsystems wird im Frequenzbereich (bzw. Laplace- oder Bildbereich) beschrieben. Die Theorie der Laplace-Transformation wird in [13] vorgestellt, wobei in [14] die praktische Anwendung der Laplace-Transformation im Vordergrund steht.

Wird die Laplace-Transformation auf das Deskriptorsystem (2.3) angewendet, so folgt eine Systemdarstellung im Bildbereich der Gestalt

$$s\mathbf{E}\mathbf{x}(s) - \mathbf{E}\mathbf{x}(0) \;=\; \mathbf{A}\mathbf{x}(s) + \mathbf{B}\mathbf{u}(s), \tag{2.52a}$$

$$\mathbf{y}(s) \;=\; \mathbf{C}\mathbf{x}(s). \tag{2.52b}$$

Wenn das Matrizenbüschel $(\mathbf{E}, \mathbf{A})$ regulär ist, folgt aus (2.52a)

$$\mathbf{x}(s) = (s\mathbf{E} - \mathbf{A})^{-1} \left(\mathbf{E}\mathbf{x}(0) + \mathbf{B}\mathbf{u}(s). \right) \tag{2.53}$$

Das Einsetzen von $\mathbf{x}(s)$ in die Ausgangsgleichung (2.52b) ergibt

$$\mathbf{y}(s) = \mathbf{C} \left(s\mathbf{E} - \mathbf{A} \right)^{-1} \left(\mathbf{E}\mathbf{x}(0) + \mathbf{B}\mathbf{u}(s) \right). \tag{2.54}$$

Wenn das dynamische Verhalten im eingeschwungenen Zustand betrachtet wird, so ist $\mathbf{x}(0) = 0$ und das Eingangs-/Ausgangsverhalten wird vollständig durch

$$\mathbf{y}(s) = \mathbf{T}(s)\mathbf{u}(s) \tag{2.55}$$

beschrieben, wobei

$$\mathbf{T}(s) = \mathbf{C} \left(s\mathbf{E} - \mathbf{A} \right)^{-1} \mathbf{B} \tag{2.56}$$

als Transferfunktionsmatrix (TFM) bezeichnet wird. Das Eingangs-/Ausgangsverhalten wird auch als Übertragungsverhalten des Deskriptorsystems (2.3) bezeichnet und ist durch die TFM $\mathbf{T}(s) \in R^{m \times r}$ vollständig beschrieben.

Minimale Realisierung

Definition 2.6.1. (Minimale Realisierung einer TFM) Wenn konstante Matrizen $\mathbf{E}$, $\mathbf{A}$, $\mathbf{B}$, $\mathbf{C}$ existieren, so dass $\mathbf{T}(s) := \mathbf{C} \left(s\mathbf{E} - \mathbf{A} \right)^{-1} \mathbf{B}$ gilt, dann wird das Deskriptorsystem (2.3) als Realisierung der TFM $\mathbf{T}(s) \in R^{m \times r}$ bezeichnet. Wenn jede andere Realisierung eine Anzahl Deskriptorvariablen größer als n aufweist, so wird das Deskriptorsystem (2.3) als Realisierung minimaler Dimension oder kurz als minimale Realisierung bezeichnet.

Rationale und polynomiale TFM

Lemma 2.6.1. (Theorem 2.6.2, [11]) Jede TFM $\mathbf{T}(s) \in R^{m \times r}$ kann durch eine rationale Matrix $\mathbf{T}_1(s) \in R^{m \times r}$ und eine polynomiale Matrix $\mathbf{T}_2(s) \in R^{m \times r}$ mit $\mathbf{T}(s) = \mathbf{T}_1(s) + \mathbf{T}_2(s)$ dargestellt werden.

Lemma 2.6.2. (Zustandsraum-Realisierung, Satz 2.40, [37]) Für jede rationale TFM $\mathbf{T}_1(s) \in R^{m \times r}$ existieren Matrizen $\mathbf{A}_1 \in R^{n_1 \times n_1}$, $\mathbf{B}_1 \in R^{n_1 \times r}$, $\mathbf{C}_1 \in R^{m_1 \times n_1}$, so dass $\mathbf{T}_1(s) = \mathbf{C}_1 \left(s\mathbf{I}_1 - \mathbf{A}_1\right)^{-1} \mathbf{B}_1$ gilt.

Lemma 2.6.3. (Lemma 2.6.2, [11]) Für jede polynomiale TFM $\mathbf{T}_2(s) \in R^{m \times r}$ existieren Matrizen $\mathbf{I}_2 \in R^{n_2 \times n_2}$, $\mathbf{B}_2 \in R^{n_2 \times r}$, $\mathbf{C}_2 \in R^{m_2 \times n_2}$ und $\mathbf{N}_k \in R^{n_2 \times n_2}$ nilpotent, so dass $\mathbf{T}_2(s) = \mathbf{C}_2 \left(s\mathbf{N}_k - \mathbf{I}_2\right)^{-1} \mathbf{B}_2$ gilt.

Nach Lemma 2.6.1 und 2.6.3 kann das Übertragungsverhalten in zwei Teile separiert werden. Danach wird mit

$$\mathbf{y}_1(s) = \mathbf{T}_1(s)\mathbf{u}(s) \tag{2.57}$$

das Übertragungsverhalten des langsamen Teilsystems (2.11a) und mit

$$\mathbf{y}_2(s) = \mathbf{T}_2(s)\mathbf{u}(s) \tag{2.58}$$

das Übertragungsverhalten des schnellen Teilsystems (2.11b) beschrieben. Das gesamte Übertragungsverhalten des Deskriptorsystem (2.3) wird dargestellt mit

$$\begin{aligned}
\mathbf{y}(s) &= \mathbf{y}_1(s) + \mathbf{y}_2(s) \\
&= \mathbf{T}_1(s)\mathbf{u}(s) + \mathbf{T}_2(s)\mathbf{u}(s) \\
&= \left[\mathbf{T}_1(s) + \mathbf{T}_2(s)\right]\mathbf{u}(s).
\end{aligned} \tag{2.59}$$

Aus Lemma 2.6.1 folgt $\mathbf{T}(s) = \mathbf{T}_1(s) + \mathbf{T}_2(s)$, womit (2.55) gilt.

2.6.2 Realisierung des Übertragungsverhaltens

Das Deskriptorsystem (2.3) kann als eine Realisierung des Übertragungsverhaltens angesehen werden. Eine Realisierung ist jedoch nicht eindeutig. So existieren eine Vielzahl von Realisierungen zur Beschreibung des $m \times r$ dimensionalen Übertragungsverhaltens des Deskriptorsystems. In Anlehnung an die Systemdarstellung nach Rosenbrock [59] wird das Übertragungsverhalten $\mathbf{T}(s)$ des Deskriptorsystems (2.3) durch die Systemdarstellung

$$\mathbf{T}(s) \simeq \left[\begin{array}{c|c} (\mathbf{E},\, \mathbf{A}) & \mathbf{B} \\ \hline \mathbf{C} & \mathbf{0} \end{array}\right] \tag{2.60}$$

beschrieben. Die Berechnung der TFM erfolgt wiederum nach Gleichung (2.56). Im Gegensatz zu Zustandsraum-Realisierungen besteht das Übertragungsverhalten eines

Deskriptorsystems nach Lemma 2.6.1 aus einer rationalen TFM $\mathbf{T}_1(s)$ und einer polynomialen TFM $\mathbf{T}_2(s)$.

Entsprechend finden sich für $\mathbf{T}_1(s)$ und $\mathbf{T}_2(s)$ Realisierungen, die zusammengesetzt das Übertragungsverhalten der Realisierung (2.60) beschreiben. Zu zeigen ist dies mit den Transformationen (2.6), (2.7), (2.8) und (2.9). So existiert für (2.60) eine Realisierung der Gestalt

$$\mathbf{T}(s) \;\simeq\; \left[\begin{array}{c|c} \left(\tilde{\mathbf{E}}, \tilde{\mathbf{A}}\right) & \tilde{\mathbf{B}} \\ \hline \tilde{\mathbf{C}} & \mathbf{0} \end{array} \right] \tag{2.61}$$

mit den Matrizen (2.6) bis (2.9). So kann (2.61) als Superposition der Realisierungen einer rationalen TFM

$$\begin{aligned} \mathbf{T}_1(s) \;&=\; \mathbf{C}_1 \left(s\mathbf{I}_1 - \mathbf{A}_1\right)^{-1} \mathbf{B}_1 \\ &\simeq\; \left[\begin{array}{c|c} (\mathbf{I}_1,\, \mathbf{A}_1) & \mathbf{B}_1 \\ \hline \mathbf{C}_1 & \mathbf{0} \end{array} \right] \end{aligned} \tag{2.62}$$

und einer polynomialen TFM

$$\begin{aligned} \mathbf{T}_2(s) \;&=\; \mathbf{C}_2 \left(s\mathbf{N}_k - \mathbf{I}_2\right)^{-1} \mathbf{B}_2 \\ &=\; -\mathbf{C}_2 \sum_{i=0}^{j-1} \mathbf{N}_k^i \mathbf{B}_2 s^i \\ &=\; -\sum_{i=0}^{h-1} \mathbf{C}_2 \mathbf{N}_k^i \mathbf{B}_2 s^i \\ &\simeq\; \left[\begin{array}{c|c} (\mathbf{N}_k,\, \mathbf{I}_2) & \mathbf{B}_2 \\ \hline \mathbf{C}_2 & \mathbf{0} \end{array} \right] \end{aligned} \tag{2.63}$$

mit $h \leqslant j$ dargestellt werden, d.h.

$$\mathbf{T}(s) \;\overset{\text{WKNF}}{\simeq}\; \left[\begin{array}{c|c} (\mathbf{I}_1,\, \mathbf{A}_1) & \mathbf{B}_1 \\ \hline \mathbf{C}_1 & \mathbf{0} \end{array} \right] + \left[\begin{array}{c|c} (\mathbf{N}_k,\, \mathbf{I}_2) & \mathbf{B}_2 \\ \hline \mathbf{C}_2 & \mathbf{0} \end{array} \right]. \tag{2.64}$$

Die Bezeichnung "WKNF" in (2.64) kennzeichnet in dieser Arbeit, dass die Deskriptor-Realisierung einer TFM in kanonischer Form (2.11) vorliegt.

Für die weitere Diskussion ist die Betrachtung des Übertragungsverhaltens der TFM $\mathbf{T}_2(s)$ bezüglich einzelner Eingänge von Bedeutung. Darstellung (2.63) kann unter Berücksichtigung von

$$\begin{aligned} \mathbf{u}(s) \;&=\; \begin{bmatrix} u_1(s) & \cdots & u_r(s) \end{bmatrix}^T, \tag{2.65a} \\ \mathbf{B}_2 \;&=\; \begin{bmatrix} \mathbf{b}_{2_1} & \cdots & \mathbf{b}_{2_r} \end{bmatrix}, \tag{2.65b} \\ \mathbf{C}_2 \;&=\; \begin{bmatrix} \mathbf{c}_{2_1} & \cdots & \mathbf{c}_{2_m} \end{bmatrix}^T, \tag{2.65c} \end{aligned}$$

als

$$\mathbf{T}_2(s) = [\mathbf{T}_{ae}(s)] \tag{2.66}$$

beschrieben werden. Dabei ist

$$\mathbf{T}_2(s) = [\mathbf{T}_{ae}(s)]\,,\, a \in \{1, \ldots, m\}\,,\, e \in \{1, \ldots, r\}\,. \tag{2.67}$$

Mit

$$h_{ae} = \min_i \left\{\ \mathbf{c}_{2_a}\mathbf{N}_k^i\mathbf{b}_{2_e} = 0\ \right\} \tag{2.68}$$

folgt

$$\mathbf{T}_{ae}(s) = -\mathbf{c}_{2_a}\left(\sum_{i=0}^{h_{ae}-1}\mathbf{N}_k^i s^i\right)\mathbf{b}_{2_e}. \tag{2.69}$$

Wird angenommen, dass ein $h = \max_{a,e}\{h_{ae}\}$ existiert, so folgt

$$\mathbf{T}_{ae}(s) = -\mathbf{c}_{2_a}\left(\sum_{i=0}^{h-1}\mathbf{N}_k^i s^i\right)\mathbf{b}_{2_e}. \tag{2.70}$$

Der Wert $h-1$ bestimmt somit den maximal vorkommenden Ableitungsgrad einer Eingangsgröße im Übertragungsverhalten. Das Übertragungsverhalten des schnellen Teilsystems (2.11b) ist somit für einzelne Eingangsgrößen mit

$$
\begin{aligned}
\mathbf{y}_2(s) &= \mathbf{T}_2(s)\mathbf{u}(s) \\[2mm]
&= \begin{bmatrix} -\sum\limits_{e=1}^{r}\sum\limits_{i=0}^{h-1}\mathbf{c}_{2_1}\mathbf{N}_k^i\mathbf{b}_{2_e}s^i u_e(s) \\ \vdots \\ -\sum\limits_{e=1}^{r}\sum\limits_{i=0}^{h-1}\mathbf{c}_{2_m}\mathbf{N}_k^i\mathbf{b}_{2_e}s^i u_e(s) \end{bmatrix}
\end{aligned} \tag{2.71}
$$

darstellbar.

2.6.3 Minimale Realisierung des Übertragungsverhaltens

Das Übertragungsverhalten eines Deskriptorsystem wird durch Steuer- und Beobachtbarkeitseigenschaften einer Realisierung bestimmt.

Lemma 2.6.4. (nach Theorem 2.6.3, [11]) Die Realisierung (2.60) ist minimal $\Leftrightarrow$ das Deskriptorsystem $\left[\begin{array}{c|c} (\mathbf{E},\,\mathbf{A}) & \mathbf{B} \\ \hline \mathbf{C} & \mathbf{0} \end{array}\right]$ ist C-steuerbar und C-beobachtbar.

Vielfach sind die Eigenschaften der C-Steuerbarkeit und C-Beobachtbarkeit bei Realisierungen der Gestalt (2.60) nicht gegeben.

Durch eine Systemzerlegung, die in [11], [30] und [38] ausführlich beschrieben und bewiesen ist, lässt sich zeigen, dass

$$\mathbf{T}(s) \simeq \left[\begin{array}{c|c} (\mathbf{E},\,\mathbf{A}) & \mathbf{B} \\ \hline \mathbf{C} & \mathbf{0} \end{array}\right] = \left[\begin{array}{c|c} (\tilde{\mathbf{E}}_{11},\,\tilde{\mathbf{A}}_{11}) & \tilde{\mathbf{B}}_1 \\ \hline \tilde{\mathbf{C}}_1 & \mathbf{0} \end{array}\right] \tag{2.72}$$

gilt, wobei $\tilde{\mathbf{E}}_{11}$, $\tilde{\mathbf{A}}_{11}$, $\tilde{\mathbf{B}}_1$ und $\tilde{\mathbf{C}}_1$ die Systemmatrizen des C-steuerbaren und C-beobachtbaren Realisierung einer insgesamt nicht C-steuerbaren und C-beobachtbaren Gesamtrealisierung sind.

Bemerkung 2.6.1. Ein Deskriptorsystem, welches die TFM mit der minimal notwendigen Anzahl an Deskriptorvariablen beschreibt, heißt minimale Realisierung einer TFM (siehe Lemma 2.6.1). Das Deskriptorsystem ist genau dann minimal, wenn es C-steuerbar und C-beobachtbar ist [11].

Lemma 2.6.5 (Maximaler Ableitungsgrad bei I-Steuerbarkeit und I-Beobachtbarkeit). Ist das Deskriptorsystem (2.3) sowohl I-steuerbar als auch I-beobachtbar, so ist der maximale Ableitungsgrad der Eingangsgrößen $\mathbf{u}$ im Eingangs-/Ausgangsverhalten $k - 1$, wobei k der Index des Deskriptorsystem ist.

Der Hilfssatz geht aus der Beweisführung in [11] (Lemma 2-6.2, S. 64) hervor. Zur Veranschaulichung der Gültigkeit des Zusammenhangs zwischen I-Steuerbarkeit und I-Beobachtbarkeit und maximalem Ableitungsgrad im Übertragungsverhalten sei an dieser Stelle auf das Deskriptorsystem (2.51) verwiesen.
Der Systemdarstellung (2.51) ist zu entnehmen, dass der höchste Ableitungsgrad ($k-1 = 3$) nur dann im Eingangs-/Ausgangsverhalten erscheint, wenn sowohl $b_{38} \neq 0$ als auch $c_{235} \neq 0$ sind. Die Bedingungen $b_{38} \neq 0$ und $c_{235} \neq 0$ ergeben sich aus der I-Steuerbarkeit (2.36) und der I-Beobachtbarkeit (2.44).

Die Voraussetzungen in Lemma 2.6.5 sind hinreichend aber nicht notwendig, siehe dazu Bemerkung 2.6.2.

I-Steuerbarkeit und I-Beobachtbarkeit stellen schwächere Anforderungen an eine Realisierung dar als Normalisierbarkeit und duale Normalisierbarkeit. Damit kann folgender Hilfssatz formuliert werden:

Lemma 2.6.6 (Maximaler Ableitungsgrad bei (dualer) Normalisierbarkeit). Ist die Realisierung (2.60) sowohl normalisierbar als auch dual normalisierbar, so ist der maximale Ableitungsgrad der Eingangsgrößen $\mathbf{u}$ im Eingangs-/Ausgangsverhalten genau um 1 niedriger als der Index k der Realisierung.

Normalisierbarkeit und duale Normalisierbarkeit stellen schwächere Anforderungen an eine Realisierung dar als die Eigenschaften C-Steuerbarkeit und C-Beobachtbarkeit (einer minimalen Realisierung). Damit kann folgender Hilfssatz formuliert werden:

Lemma 2.6.7 (Maximaler Ableitungsgrad bei minimaler Realisierung). Ist die Realisierung (2.60) minimal, d.h. C-steuerbar und C-beobachtbar, so ist der maximale Ableitungsgrad der Eingangsgrößen $\mathbf{u}$ im Eingangs-/Ausgangsverhalten genau um 1 niedriger als der Index k der Realisierung.

Bemerkung 2.6.2. Wenn keine I-Steuerbarkeit oder I-Beobachtbarkeit gegeben ist, also auch keine minimale Realisierung vorliegt, so kann allgemein nicht daraus geschlossen werden, dass das Eingangs-/Ausgangsverhalten nicht von höheren Ableitungen der

Eingangsgrößen abhängt. So können Eingangsmatrizen $\mathbf{B}_2$ konstruiert werden, die zwar nicht den Rang der Matrix $\begin{bmatrix} \mathbf{N}_k & \mathbf{B}_2 \end{bmatrix}$ erhöhen, jedoch Impulse im Eingangs-/Ausgangsverhalten der Realisierung verursachen.

Beispielsweise liegt keine I-Steuerbarkeit vor für $b_{24} = 0$. Trotzdem erscheint in (2.51) der dritte Ableitungsgrad der skalaren Eingangsgröße u_3 im Ausgangsvektor. Dabei verschwindet die skalare Eingangsgröße u_2 im Ausgangsvektor vollständig. Ebenso liegt keine I-Beobachtbarkeit vor für $c_{222} = 0$. In diesem Fall verschwindet lediglich die zweite Ableitung der skalaren Eingangsgröße u_2 im Ausgangsvektor.

Das Beispiel zeigt, dass die Eigenschaften I-Steuerbarkeit und I-Beobachtbarkeit für das Erscheinen von Impulsen im Übertragungsverhalten nicht notwendig sind. Dieser Zusammenhang soll anhand der folgenden Beispiele veranschaulicht werden.

Beispiel 2.6.1 (Nicht I-steuerbares Deskriptorsystem). Die Matrizen

$$
\mathbf{N}_k = \begin{bmatrix} 0 & 1 & 0 \\ 0 & 0 & 1 \\ 0 & 0 & 0 \end{bmatrix}, \quad \mathbf{B}_2 = \begin{bmatrix} 0 \\ 1 \\ 0 \end{bmatrix} \tag{2.73}
$$

sind Teil einer Realisierung (2.64) mit Index $k = 3$. Die Realisierung ist nicht I-steuerbar. Die Lösung des schnellen Teilsystems lautet

$$
x_2 = -\sum_{i=0}^{k-1} \mathbf{N}_k^i \mathbf{B}_2 \mathbf{u}^{(i)} = -\begin{bmatrix} 0 \\ 1 \\ 0 \end{bmatrix} \mathbf{u} - \begin{bmatrix} 1 \\ 0 \\ 0 \end{bmatrix} \dot{\mathbf{u}} - \begin{bmatrix} 0 \\ 0 \\ 0 \end{bmatrix} \ddot{\mathbf{u}}. \tag{2.74}
$$

Die Lösung x_2 ist von Ableitungsgraden kleiner als $k-1$ der Eingangsgrößen $\mathbf{u}$ abhängig.

Beispiel 2.6.2 (I-steuerbares, nicht I-beobachtbares Deskriptorsystem). Die Matrizen

$$
\mathbf{N}_k = \begin{bmatrix} 0 & 1 & 0 \\ 0 & 0 & 1 \\ 0 & 0 & 0 \end{bmatrix}, \quad \mathbf{B}_2 = \begin{bmatrix} 0 \\ 0 \\ 1 \end{bmatrix} \tag{2.75}
$$

sind Teil einer Realisierung (2.64) mit Index $k = 3$. Die Realisierung ist I-steuerbar. Ferner sei $\mathbf{C}_2 = \begin{bmatrix} 0 & 1 & 0 \end{bmatrix}$, womit die Realisierung nicht I-beobachtbar ist. Das Eingangs-/Ausgangsverhalten des schnellen Teilsystems wird beschrieben durch

$$
y_2 = -\sum_{i=0}^{k-1} \mathbf{C}_2 \mathbf{N}_k^i \mathbf{B}_2 u^{(i)} = -\begin{bmatrix} 0 & 1 & 0 \end{bmatrix} \begin{bmatrix} \ddot{u} \\ \dot{u} \\ u \end{bmatrix} = -\dot{u}. \tag{2.76}
$$

Der auftretende Ableitungsgrad der Eingangsgröße $\mathbf{u}$ ist kleiner als $k - 1$.

2.7 Properheitseigenschaften eines Deskriptorsystems

2.7.1 Properheitseigenschaften bezüglich der Deskriptorvariablen

Einheitliche Properheitseigenschaften

Wird die Deskriptor-Realisierung (2.61) in kanonischer Form (2.13) dargestellt, so beschreibt die Zahl $j-1$ den höchsten Ableitungsgrad der Eingangsgrößen $\mathbf{u}$ in der Lösung $\mathbf{x}_2$ des schnellen Teilsystems, d.h. es gilt:

$$
\begin{aligned}
\mathbf{x}_2 &= -\sum_{i=0}^{j-1}\mathbf{N}_k^i\mathbf{B}_2\mathbf{u}^{(i)} \\
&= -\mathbf{B}_2\mathbf{u} - \mathbf{N}_k\mathbf{B}_2\dot{\mathbf{u}} - \mathbf{N}_k^2\mathbf{B}_2\ddot{\mathbf{u}} - \ldots - \mathbf{N}_k^{j-2}\mathbf{B}_2\mathbf{u}^{(j-2)} - \mathbf{N}_k^{j-1}\mathbf{B}_2\mathbf{u}^{(j-1)}.
\end{aligned}
\tag{2.77}
$$

Definition 2.7.1. Es sei $\Delta = j - 1$, $j > 0$, der höchste Ableitungsgrad bezüglich der Deskriptorvariablen.

Definition 2.7.2. Ein Deskriptorsystem ist bezüglich der Deskriptorvariablen streng-proper $\Leftrightarrow$ für die Systemdarstellung (2.13) gilt:
$\mathbf{x}_2 = \mathbf{0}$, d.h. $\mathbf{B}_2 = \mathbf{0}$.

Definition 2.7.3. Ein Deskriptorsystem ist bezüglich der Deskriptorvariablen proper $\Leftrightarrow$ für die Systemdarstellung (2.13) gilt:
$\mathbf{x}_2 = -\mathbf{B}_2\mathbf{u} \neq \mathbf{0}$, d.h. $\mathbf{B}_2 \neq \mathbf{0}$, $\mathbf{N}_k\mathbf{B}_2 = \mathbf{0}$, wobei $1 = j \leqslant k$ und $\Delta = 0$ ist.

Definition 2.7.4. Ein Deskriptorsystem ist bezüglich der Deskriptorvariablen nicht-proper $\Leftrightarrow$ für die Systemdarstellung (2.13) gilt:
$\mathbf{x}_2 = -\sum_{i=0}^{j-1}\mathbf{N}_k^i\mathbf{B}_2\mathbf{u}^{(i)}$, d.h. $\mathbf{N}_k^{j-1}\mathbf{B}_2 \neq \mathbf{0}$, $\mathbf{N}_k^j\mathbf{B}_2 = \mathbf{0}$, wobei $1 < j \leqslant k$ und $\Delta \geqslant 1$ ist.

Bemerkung 2.7.1 (Definition 2.7.4). Zur Definition der Nicht-Properheit genügt bereits die Aussage, dass mindestens eine Ableitung des Eingangsvektors $\mathbf{u}$ zur Berechnung von $\mathbf{x}_2$ notwendig ist. So reicht die Aussage $\mathbf{N}_k\mathbf{B}_2 \neq \mathbf{0}$ bei $j = 2$ für Nicht-Properheit aus, d.h. es ist $\mathbf{x}_2 = -\mathbf{B}_2\mathbf{u} - \mathbf{N}_k\mathbf{B}_2\dot{\mathbf{u}}$.

Individuelle Properheitseigenschaften

Die folgende Betrachtung geht von der Annahme aus, dass nicht jede, jedoch mindestens eine Ableitung einer beliebigen skalaren Eingangsgröße u_e bis zur höchst möglichen Ableitung $j-1$ von u_e das Verhalten des Lösungsvektors $\mathbf{x}_2$ beeinflusst. In Abhängigkeit vom Ergebnis des Produkts, d.h. Rangverlust bzw. Defekt, der nilpotenten Matrix $\mathbf{N}_k$ mit den Spaltenvektoren $\mathbf{b}_{2_e}$ $(e = 1, \ldots, r)$ der Matrix

$$
\mathbf{B}_2 = \begin{bmatrix} \mathbf{b}_{2_1} & \cdots & \mathbf{b}_{2_r} \end{bmatrix}
\tag{2.78}
$$

können individuelle Ableitungsgrade jeder Eingangsgröße berücksichtigt werden.

Definition 2.7.5. Die Zahl $j_e - 1$ beschreibt den individuellen Ableitungsgrad eines jeden Eingangs u_e ($e = 1, \ldots, r$) in der Lösung $\mathbf{x}_2$.

Analog zur Darstellung mit einheitlichen Ableitungsgraden für alle Eingangsgrößen, folgt, für jeden einzelnen Eingang u_e individuell, dass

$$
\begin{aligned}
\mathbf{N}_k^{j_e-1}\mathbf{b}_{2_e} &\neq \mathbf{0}, \\
\mathbf{N}_k^{j_e}\mathbf{b}_{2_e} &= \mathbf{0}
\end{aligned}
\tag{2.79}
$$

sind. Mit den Spaltenvektoren aus (2.78) folgt

$$
\begin{aligned}
\mathbf{x}_2 &= -\sum_{e=1}^{r} \left(\mathbf{b}_{2_e} u_e + \mathbf{N}_k \mathbf{b}_{2_e} \dot{u}_e + \ldots + \mathbf{N}_k^{j_e-1}\mathbf{b}_{2_e} u_e^{(j_e-1)} \right) \\
&= -\sum_{e=1}^{r} \sum_{i=0}^{j_e-1} \mathbf{N}_k^i \mathbf{b}_{2_e} u_e^{(i)}.
\end{aligned}
\tag{2.80}
$$

Gleichung (2.80) beschreibt somit einen Lösungsvektor $\mathbf{x}_2$ derart, dass alle Eingänge u_e mit individuellen Ableitungsgraden unmittelbaren Einfluss auf die Lösung des schnellen Teilsystems haben. Ferner gilt

$$
j = \max_{e=1,\ldots,r} j_e = \max\left\{ j_1, j_1, \ldots, j_{r-1}, j_r \right\}.
\tag{2.81}
$$

Wenn mindestens eine maximale Ableitung einer einzelnen Eingangsgröße $\mathbf{u}$ unterhalb des einheitlichen Ableitungsgrades existiert, wird nach individuellen Ableitungsgraden unterschieden, d.h. es gilt für mindestens ein $u_e^{(j_e-1)}$, $e \in \{1, \ldots, r\}$: $(j_e - 1) < (j - 1)$.

So sind beispielsweise einzelne Eingangsgrößen überhaupt nicht von höheren individuellen Ableitungsgraden oder vom höchst möglichen Ableitungsgrad $(j - 1)$ im Deskriptorvariablenvektor vertreten. Zur weiteren Betrachtung seien die Eingangsmatrix in Spaltenvektoren unterteilt (2.78) und die Eingangsgrößen einzeln betrachtet.

Definition 2.7.6. Ein Deskriptorsystem ist bezüglich der Deskriptorvariablen strengproper $\Leftrightarrow$ für die Systemdarstellung (2.13) für alle u_e, $e \in \{1, \ldots, r\}$, gilt: $\mathbf{x}_2 = \mathbf{0}$, d.h. $\mathbf{b}_{2_e} = \mathbf{0}$.

Definition 2.7.7. Ein Deskriptorsystem ist bezüglich der Deskriptorvariablen proper $\Leftrightarrow$ für die Systemdarstellung (2.13) für mindestens ein u_e, $e \in \{1, \ldots, r\}$, gilt: $\mathbf{x}_2 = -\sum_{e=1}^{r} \mathbf{b}_{2_e} u_e \neq \mathbf{0}$, d.h. es existiert mindestens ein Vektor $\mathbf{b}_{2_e} \neq \mathbf{0}$, wobei $1 = j_e \leqslant k$ und $\mathbf{N}_k \mathbf{b}_{2_e} = \mathbf{0}$.

Definition 2.7.8. Ein Deskriptorsystem ist bezüglich der Deskriptorvariablen nichtproper $\Leftrightarrow$ für die Systemdarstellung (2.13) für mindestens ein u_e, $e \in \{1, \ldots, r\}$, gilt:

$$\mathbf{x}_2 = -\sum_{i=0}^{j_1-1} \mathbf{N}_k^i \mathbf{b}_{2_1} u_1^{(i)} - \ldots - \sum_{i=0}^{j_r-1} \mathbf{N}_k^i \mathbf{b}_{2_r} u_r^{(i)} \neq \mathbf{0},$$ d.h. es existiert mindestens ein Vektor $\mathbf{N}_k^{j_e-1} \mathbf{b}_{2_e} \neq \mathbf{0}$, $\mathbf{N}_k^{j_e} \mathbf{b}_{2_e} = \mathbf{0}$, wobei $1 < j_e \leqslant k$.

Der Zusammenhang zwischen einheitlichem und maximalen individuellem Ableitungsgrad ist durch (2.81) beschrieben.

2.7.2 Properheitseigenschaften des Übertragungsverhaltens

Definition 2.7.9. Es ist $\Gamma_{ae} := h_{ae} - 1$, $h_{ae} > 0$, der maximale individuelle Nicht-Properheitsgrad (NPG) bezüglich des Übertragungsverhaltens von (2.69).

Definition 2.7.10. Es ist $\Gamma := h - 1$, $h > 0$, der maximale Nicht-Properheitsgrad bezüglich des Übertragungsverhaltens (2.70). Es gilt

$$\Gamma := \max_{a,e}\left(\Gamma_{ae}\right). \tag{2.82}$$

Es entspricht der maximale (individuelle) Nicht-Properheitsgrad (NPG) im Frequenzbereich dem maximalen (individuellen) Ableitungsgrad im Zeitbereich.

Definition 2.7.11. Die Realisierung (2.64) ist bezüglich des Übertragungsverhaltens streng-proper $\Leftrightarrow \mathbf{C}_2 \mathbf{N}_k^i \mathbf{B}_2 = \mathbf{0} \; \forall \, i = 0, \ldots, k-1$.

Definition 2.7.12. Die Realisierung (2.64) ist bezüglich des Übertragungsverhaltens proper $\Leftrightarrow \mathbf{C}_2 \mathbf{B}_2 \neq \mathbf{0}$, $\mathbf{C}_2 \mathbf{N}_k^i \mathbf{B}_2 = \mathbf{0} \; \forall \, i = 1, \ldots, k-1$.
D.h. es existiert mindestens ein Element $\mathbf{c}_{2_a} \mathbf{b}_{2_e} \neq \mathbf{0}$ mit $a \in \{1, \ldots, m\}$ und $e \in \{1, \ldots, r\}$, wobei für die Teilrealisierung (2.63) $1 = h \leqslant j \leqslant k$, $\Gamma = 0$ und $\mathbf{C}_2 \mathbf{N}_k^i \mathbf{B}_2 = \mathbf{0} \; \forall \, i = 1, \ldots, k-1$ gilt.

Definition 2.7.13. Die Realisierung (2.64) ist bezüglich des Übertragungsverhaltens nicht-proper $\Leftrightarrow \mathbf{C}_2 \mathbf{N}_k^{h-1} \mathbf{B}_2 \neq \mathbf{0} \;\; \mathbf{C}_2 \mathbf{N}_k^i \mathbf{B}_2 = \mathbf{0} \; \forall \, i = h, \ldots, k$ mit $h \geqslant 2$.
D.h. es existiert mindestens ein Element $\mathbf{c}_{2_a} \mathbf{N}_k^{h-1} \mathbf{b}_{2_e} \neq \mathbf{0}$ mit $a \in \{1, \ldots, m\}$ und $e \in \{1, \ldots, r\}$, wobei für die Teilrealisierung (2.63) bzw. (2.69) $1 < h \leqslant j \leqslant k$, $h = \max_{a,e}\{h_{ae}\}$ und $\Gamma > 0$ gilt.

Die Beispiele (2.19) und (2.31) zeigen, dass bei Deskriptorsystemen mit höherem Index höhere Ableitungen der Eingangsgrößen im Deskriptorvektor auftreten können.

Bemerkung 2.7.2. Wenn das schnelle Teilsystem sowohl I-steuerbar als auch I-beobachtbar ist, so treten alle Eingangsgrößen mit ihrem individuellen Nicht-Properheitsgrad Γ_{ae} im Übertragungsverhalten auf. Dabei tritt mindestens eine Eingangsgröße im Übertragungsverhalten mit maximalen Nicht-Properheitsgrad $\Gamma = k-1$ auf.

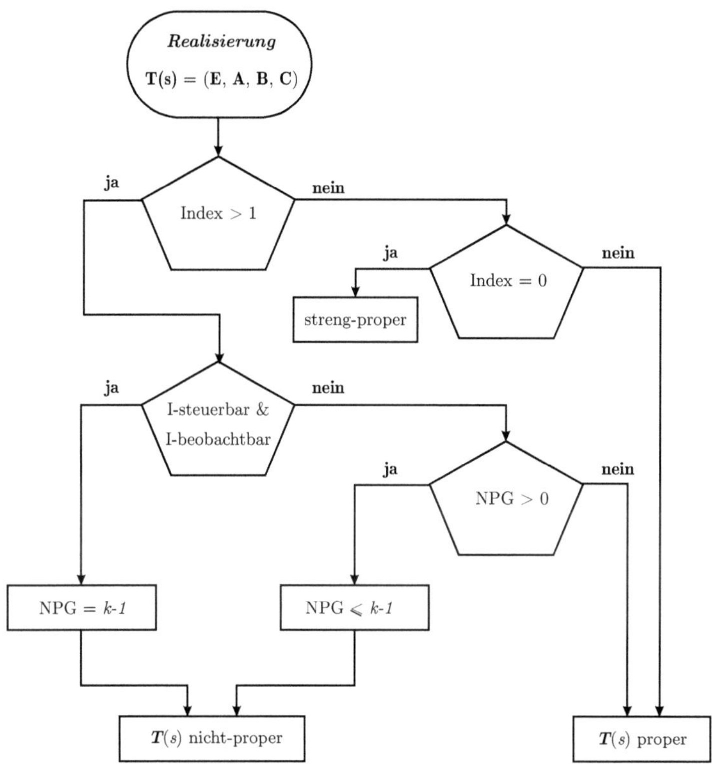

Abbildung 2.7: Beziehung zwischen Index einer nicht-minimalen Realisierung **T** und dem Nicht-Properheitsgrad (NPG) des Übertragungsverhaltens **T**(s).

Bemerkung 2.7.3. Ist das schnelle Teilsystem nicht I-steuerbar und/oder nicht I-beobachtbar, so hängen die individuellen maximalen Ableitungsgrade Γ_{ae} im Übertragungsverhalten von der Struktur der Eingangs- und Ausgangsmatrizen der Deskriptor-Realisierung ab. Es existiert dabei jedoch mindestens eine Eingangsgröße mit individuellem Ableitungsgrad $\Gamma_{ae} < k - 1$.

Abbildung 2.7 verdeutlicht die Beziehung zwischen Index und NPG. Dazu wird eine nicht-minimale Realisierung **T** des Übertragungsverhaltens **T**(s) vorausgesetzt.

3 Grundlagen des H_∞-Reglerentwurfs in Deskriptorform

3.1 Motivation für die H_∞-Problemformulierung in Deskriptorform

Die folgenden Abschnitte geben nur eine Auswahl der Lösungsmethoden des H_∞-Reglerentwurfs wieder, die sich im wesentlichen in ihrer Darstellungsart unterscheiden. Da der Begriff der H_∞-Norm (Hardy-Norm) ursprünglich aus der Funktionentheorie stammt, basieren die ersten Lösungsansätze für H_∞-Probleme u.a. auf Faktorisierungsmethoden im Bildbereich, z.B. [51]. Neben den Betrachtungen im Bildbereich werden seit den frühen 80'er Jahren Formulierungen und Lösungen des Problems im Zustandsraum diskutiert. Der wohl bekannteste Lösungsansatz im Zustandsraum stammt aus dem Jahre 1989 [15]. Dieser Ansatz führt auf die Lösungen zweier algebraischer Riccati-Gleichungen. Zu Lösung des H_∞-Standardproblems in Deskriptorform existieren Ansätze sowohl im Frequenz- als auch im Zeitbereich.

Das allgemeine H_∞-Standardproblem in Deskriptorform kann jedoch im Zustandsraums nicht beschrieben werden. So wird z.B. die Einbeziehung nicht-properer Gewichtungsfunktionen bei der H_∞-Synthese zur Erfüllung bestimmter Anforderungen an die Robustheit des geschlossenen Regelkreises nicht ermöglicht. Die Problematik wird u.a. in [44] und [32] diskutiert.

Wie in Kapitel 2 gezeigt wurde, kann nicht-properes Übertragungsverhalten nicht im Zustandsraum realisiert werden. Sehr wohl existieren Realisierungen in Deskriptorform für dieses Problem. Dies setzt jedoch einen höheren Index der Deskriptor-Realisierung voraus und benötigt verallgemeinerte Lösungsansätze des H_∞-Standardproblems in Deskriptorform.

Die bekannten Ansätze in Deskriptorform basieren meist auf einer stabilen Index 1-Realisierung der Störübertragungsfunktion. Stabile Systeme vom Index 1 werden allgemein als zulässig bezeichnet, siehe z.B. [66]. Im Falle einer H_∞-Synthese mit einer realen mechanischen Regelstrecke vom Index 3 und properem Übertragungsverhalten sind aufgrund des höheren Indexes einer Deskriptor-Realisierung der Störübertragungsfunktion die bekannten Methoden zur Lösung des H_∞-Problems nicht erlaubt (zulässig). Außerdem bezieht sich die Definition der Zulässigkeit i.d.R. nur auf das Matrizenbüschel $(\mathbf{A}, \mathbf{E})$ einer Deskriptor-Realisierung und nicht auf das Übertragungsverhalten. Diese Unterscheidung wird in Kapitel 5 eingehend diskutiert.

Die Beschränkung auf zulässige Matrizenbüschel verbietet somit die Einführung nicht-properer Gewichtungsfunktionen, deren Deskriptor-Realisierungen mit höherem Index vorliegen. Nicht-properer Gewichtungsfunktionen stellen einen weiteren Aspekt der Motivation für diese Arbeit dar und führen in Kapitel 5 zur Verallgemeinerung der vorgestellten Lösungsansätze, bei der die Deskriptor-Realisierung der notwendigerweise properen Störübertragungsfunktion mit höherem Index erfolgen kann. Ferner führt dieser neue Ansatz zur Definition erlaubter Deskriptor-Realisierungen.

3.2 Hardy-Räume und die H_∞-Norm

Anforderungen an die dynamischen Eigenschaften und die Robustheit gegenüber Störungen und Modellunsicherheiten lassen sich mit Hilfe der H_∞-Normen angeben.

Definition 3.2.1 (L_∞-Norm, [51]). Die Menge aller realisierbaren TFM $\mathbf{H}(s)$ der Dimension $m \times r$ ohne Pole auf der imaginären Achse werden mit $RL_\infty^{m \times r}$ bezeichnet. Für jedes $\mathbf{H}(s) \in RL_\infty^{m \times r}$ ist die L_∞-Norm definiert als

$$\|\mathbf{H}(s)\|_\infty := \sup_\omega \bar{\sigma}\left[\mathbf{H}(j\omega)\right].$$

Die L_∞-Norm einer TFM $\mathbf{H}(s)$ ist also die kleinste obere Schranke von $\mathbf{H}(j\omega)$ und ist dem Singulärwerteverlauf über alle Frequenzen der zugehörigen Frequenzgangmatrix $\bar{\sigma}\left[\mathbf{H}(j\omega)\right]$ zu entnehmen. Nach Definition 3.2.1 setzt die L_∞-Norm keine asymptotisch stabile TFM voraus. Bei Eingrößensystemen (SISO: Single-Input/Single-Output) kann die L_∞-Norm auch anhand der Nyquist-Ortskurve abgelesen werden. Die L_∞-Norm entspricht in diesem Fall dem größten Abstand der Ortskurve vom Ursprung.

Definition 3.2.2 (Menge $RH_\infty^{m \times r}$). Die Menge aller realisierbaren und asymptotisch stabilen TFM $\mathbf{T}(s)$ der Dimension $m \times r$ wird mit $RH_\infty^{m \times r}$ bezeichnet.

Eine asymptotisch stabile TFM besitzt per Definition keine Pole auf der imaginären Achse.

Definition 3.2.3 (H_∞-Norm (Hardy-Norm)). Ist $\mathbf{T}(s) \in RH_\infty^{m \times r}$, dann ist

$$\|\mathbf{T}(s)\|_\infty := \sup_\omega \bar{\sigma}\left[\mathbf{T}(j\omega)\right]$$

die H_∞-Norm von $\mathbf{T}(s)$.

Der Hardy[1]-Raum H_∞ besteht aus allen komplexwertigen Funktionen einer komplexwertigen Variablen s, die für $s > 0$ analytisch und beschränkt ist (siehe z.B. [17]. Alle reellrationalen Funktionen dieses Raums bilden eine Teilmenge, die üblicherweise mit RH_∞

---

[1] Godfrey Harold Hardy (* 7. Februar 1877; † 1. Dezember 1947), britischer Mathematiker.

bezeichnet werden. Diese Menge stimmt mit der Menge $RH_\infty^{m \times r}$ aller asymptotisch stabilen realisierbaren (properen) Übertragungsfunktionen überein, siehe Definition 3.2.2.

Die H_∞-Norm wird als Hardy-Norm bezeichnet. Bei Mehrgrößensysteme beschreibt $\bar{\sigma}\left[\mathbf{T}(j\omega)\right]$ die maximale Amplitudenverstärkung eines harmonischen Eingangssignals mit der Frequenz ω. Die H_∞-Norm kann deshalb als maximale Amplitudenverstärkung aller sinusförmiger Eingangssignale (maximal über alle Richtungen und Frequenzen) verstanden werden.

Für die H_∞-Norm kann gezeigt werden, dass diese als Wurzel der maximalen Energieverstärkung der Übertragungsfunktion im Zeitbereich $\mathbf{T}(t)$ interpretiert werden kann.

$$\|\mathbf{T}(t)\|_\infty := \sup_{\mathbf{w}(t) \neq \mathbf{0}} \sqrt{\frac{\int\limits_0^\infty \mathbf{z}^T(t)\mathbf{z}(t)dt}{\int\limits_0^\infty \mathbf{w}^T(t)\mathbf{w}(t)dt}}. \tag{3.1}$$

Dabei werden die energiebeschränkten Eingangssignale mit $\mathbf{w}(t)$ und die Ausgangssignale $\mathbf{z}(t)$ bezeichnet.

Soll die H_∞-Norm einer TFM berechnet werden, kann dies zum einen durch die Suche nach dem maximalen Singulärwert einer TFM und zum anderen durch die Iteration über γ geschehen. Beide Methoden werden im Folgenden kurz vorgestellt.

Suche nach dem maximalen Singulärwert

Eine Vorgehensweise besteht darin eine genügend feine Frequenzteilung mit $\omega_1, \ldots, \omega_n$ zu definieren, um dann für jede Frequenz ω_i, $i \in \{1, \ldots, N\}$ den maximalen Singulärwert der Frequenzgangmatrix $\mathbf{T}(j\omega_i)$ berechnen zu können. Danach wird über alle N berechneten Singulärwerte das Maximum ermittelt. Wenn keine Information über den Frequenzbereich (das Gebiet) vorliegt in dem der maximale Singulärwert zu suchen ist, erfordert die Durchführung diese Vorgehensweise einen großen numerischen Aufwand. Alternativ kann mit der Realisierung der TFM $\mathbf{T}(s)$,

$$\mathbf{T}(s) \simeq \left[\begin{array}{c|c} (\mathbf{I}, \mathbf{A}) & \mathbf{B} \\ \hline \mathbf{C} & \mathbf{D} \end{array}\right], \tag{3.2}$$

im Zeitbereich (Zustandsraum) gerechnet werden.

Dabei wird asymptotische Stabilität der Realisierung vorausgesetzt. Da keine Minimalrealisierung der asymptotisch stabilen TFM $\mathbf{T}(s)$ vorausgesetzt wird, müssen die Realteile aller Eigenwerte der Matrix $\mathbf{A}(s)$ negativ sein. Es gilt allgemein die Grenzwertbetrachtung

$$\lim_{s \to \infty} \mathbf{T}(s) = \mathbf{D} \tag{3.3}$$

zur Definition des Durchgriffmatrix $\mathbf{D}$. Der maximale Singulärwert muss folglich

$$\|\mathbf{T}(s)\|_\infty \geqslant \bar{\sigma}\left[\mathbf{D}\right] \tag{3.4}$$

sein. So kann mit einem beliebigen

$$\gamma > \bar{\sigma}\left[\mathbf{D}\right] \tag{3.5}$$

die Hamiltonmatrix

$$\mathbf{H}\left(\gamma\right) := \begin{bmatrix} \mathbf{A} - \mathbf{B}\left[\mathbf{D}^T\mathbf{D} - \gamma^2\mathbf{I}\right]^{-1}\mathbf{D}^T\mathbf{C} & -\gamma\mathbf{B}\left[\mathbf{D}^T\mathbf{D} - \gamma^2\mathbf{I}\right]^{-1}\mathbf{B}^T \\ \gamma\mathbf{C}^T\left[\mathbf{D}\mathbf{D}^T - \gamma^2\mathbf{I}\right]^{-1}\mathbf{C} & -\mathbf{A}^T + \mathbf{C}^T\mathbf{D}\left[\mathbf{D}^T\mathbf{D} - \gamma^2\mathbf{I}\right]^{-1}\mathbf{B}^T \end{bmatrix} \tag{3.6}$$

definiert werden. Dann gilt

$$\left\|\mathbf{T}(s)\right\|_\infty < \gamma \;\Leftrightarrow\; \mathbf{H}\left(\gamma\right) \text{ besitzt keine Eigenwerte auf der imaginären Achse.} \tag{3.7}$$

Der vollständige Beweis ist in [7] gegeben.

Iteration über γ

Durch eine Iteration über γ kann die H_∞-Norm beliebig genau bestimmt werden. Sei $\left\|\mathbf{T}\right\|_\infty = \gamma^*$. Durch Probieren findet sich ein unterer Wert γ_1^u und ein oberer Wert γ_1^o für die gilt:

$$\gamma_1^u \leqslant \gamma^* < \gamma_1^o. \tag{3.8}$$

Somit gilt für γ_1^u:

$$\gamma_1^u \leqslant \gamma^* \;\Leftrightarrow\; \mathbf{H}(\gamma_1^u) \text{ besitzt Eigenwerte auf der imaginären Achse.} \tag{3.9}$$

Und für γ_1^o:

$$\gamma^* < \gamma_1^o \;\Leftrightarrow\; \mathbf{H}(\gamma_1^u) \text{ besitzt keine Eigenwerte auf der imaginären Achse.} \tag{3.10}$$

Der Mittelwert

$$\gamma_1^{tmp} = \frac{\gamma_1^u + \gamma_1^o}{2} \tag{3.11}$$

wird bestimmt und überprüft ob die Bedingung

$$\gamma_1^{tmp} \leqslant \gamma^* \;\Leftrightarrow\; \mathbf{H}(\gamma_1^u) \text{ besitzt Eigenwerte auf der imaginären Achse} \tag{3.12}$$

erfüllt ist. Ist (3.12) erfüllt, so wird als neuer unterer Wert

$$\gamma_2^u = \gamma_1^{tmp} \tag{3.13}$$

gewählt und die Prozedur wiederholt. Ist (3.12) nicht erfüllt ist, d.h. wenn

$$\gamma^* < \gamma_1^{tmp} \;\Leftrightarrow\; \mathbf{H}(\gamma_1^u) \text{ keine Eigenwerte auf der imaginären Achse besitzt.} \tag{3.14}$$

So wird als neuer oberer Wert

$$\gamma_2^o = \gamma_1^{tmp} \tag{3.15}$$

gewählt und ein nächster Iterationsschritt folgt. Die notwendigen Iterationsschritte werden durch diese Methode in γ^* Intervalle halbiert.

3.3 Das Problem gemischter Sensitivitäten (Mixed-Sensitivity-Problem)

Ziel bei der Formulierung und Lösung des so genannten gemischten Sensitivitätsproblems (Mixed-Sensitivity-Problem) ist es, eine reale Regelstrecke durch einen Regler zu stabilisieren und gleichzeitig gewünschte quantitative Eigenschaften sowie Robustheitseigenschaften zu erzielen. Diese Ziele werden durch geeignete Wahl von Frequenzgangmatrizen erreicht, die den geschlossenen Regelkreis charakterisieren. Dieser Ansatz orientiert sich am Übertragungsverhalten des geschlossenen Regelkreises und wird deshalb in der Literatur den Closed-Loop-Shaping-Verfahren zugeordnet [50].

Bei der Formulierung des Mixed-Sensitivity-Problems wird ein geschlossener Regelkreis gebildet, siehe Abbildung 3.1.

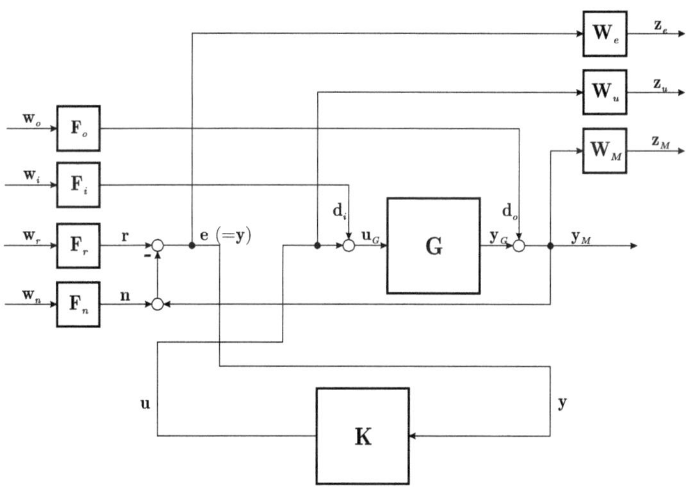

Abbildung 3.1: H_∞-Problem mit gemischten Sensitivitäten.

Der Regelkreis besteht aus der TFM des Reglers $\mathbf{K}(s)$ und der realen nominellen[2] Regelstrecke $\mathbf{G}(s)$. Als reale Regelstrecke $\mathbf{G}(s)$ kann beispielsweise das Modell einer mechanische Regelstrecke aus Kapitel 5.1 eingesetzt werden.

---

[2] Als nominelle Regelstrecke wird die modellierte reale Regelstrecke bezeichnet, ohne Berücksichtigung von Modellunsicherheiten.

Der Regelkreis wird um die Formfilter $\mathbf{F}_o(s)$, $\mathbf{F}_i(s)$, $\mathbf{F}_r(s)$ und $\mathbf{F}_n(s)$ am Eingang und den Gewichtungsfunktionsmatrizen $\mathbf{W}_o(s)$, $\mathbf{W}_i(s)$, $\mathbf{W}_r(s)$ und $\mathbf{W}_n(s)$ am Ausgang erweitert. Formfilter und Gewichtungsfunktionsmatrizen werden i.d.R. so gewählt, dass sie stabiles Übertragungsverhalten aufweisen (siehe Kapitel 6.1).

Die auf die erweiterte Regelstrecke einwirkenden Störungen sind mit $\mathbf{w}_o(s)$, $\mathbf{w}_i(s)$, $\mathbf{w}_r(s)$ und $\mathbf{w}_n(s)$ bezeichnet. Die externen Ausgangsgrößen, bezeichnet mit den Vektoren $\mathbf{z}_e(s)$, $\mathbf{z}_u(s)$ und $\mathbf{z}_M(s)$, beschreiben die zu optimierenden Zielgrößen der erweiterten Regelstrecke.

Durch geeignete Wahl der Gewichtungsmatrizen werden gleichzeitig sowohl das gewünschte Stör- und Führungsverhalten als auch das Stellgrößenverhalten sowie unstrukturierte Modellunsicherheiten berücksichtigt. Hinweise zur Wahl der Gewichtungsmatrizen sind in [51] zu finden. Für Anwendungen, bei denen die Störgrößenvektoren $\mathbf{w}_o(s)$ und $\mathbf{w}_n(s)$ nicht berücksichtigt werden müssen (siehe Anwendungsbeispiel in Kapitel 7), reduziert sich das Problem auf die Darstellung in Abbildung 3.2.

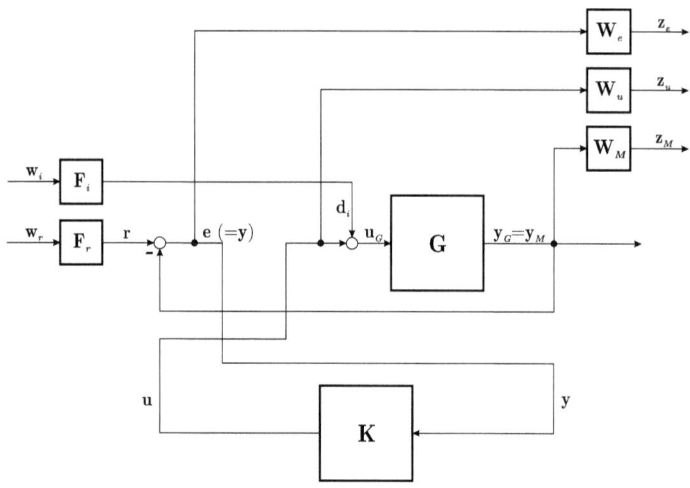

Abbildung 3.2: Reduziertes H_∞-Problem mit gemischten Sensitivitäten.

Wird der Regelkreis in Abbildung 3.2 ohne Formfilter und Gewichtungsfunktionsmatrizen betrachtet, so ergibt sich die Systemdarstellung in Abbildung 3.3. Unter Berücksichtigung der Systemstruktur des Regelkreises in Abbildung 3.3 ergeben sich folgende

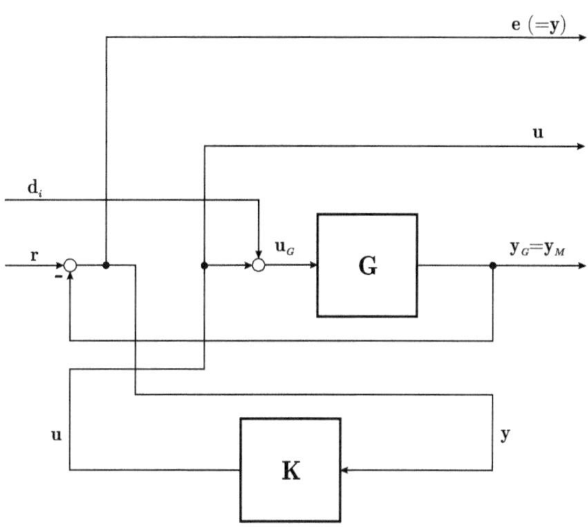

Abbildung 3.3: Ungewichteter geschlossener Regelkreis.

Knotengleichungen:

$$\mathbf{y}(s) = \mathbf{e}(s) \quad = \quad \mathbf{r}(s) - \mathbf{y}_M(s), \tag{3.16}$$

$$\mathbf{u}_G(s) \quad = \quad \mathbf{u}(s) + \mathbf{d}_i(s), \tag{3.17}$$

$$\mathbf{y}_M(s) \quad = \quad \mathbf{y}_G(s), \tag{3.18}$$

$$\mathbf{y}_G(s) \quad = \quad \mathbf{G}(s)\mathbf{u}_G(s), \tag{3.19}$$

$$\mathbf{u}(s) \quad = \quad \mathbf{K}(s)\mathbf{e}(s). \tag{3.20}$$

Die Regeldifferenzen $\mathbf{e}(s)$, die Stellgrößen $\mathbf{u}_G(s)$, und die Messgrößen $\mathbf{y}_M(s)$ können als ungewichtete Zielgrößen interpretiert werden. Die Gleichungen

$$\mathbf{e}(s) \quad = \quad (\mathbf{I} + \mathbf{G}(s)\mathbf{K}(s))^{-1}\,\mathbf{r}(s) - (\mathbf{I} + \mathbf{G}(s)\mathbf{K}(s))^{-1}\,\mathbf{G}(s)\mathbf{d}_i(s), \tag{3.21}$$

$$\begin{aligned}\mathbf{u}(s) \quad = \quad & \mathbf{K}(s)\,(\mathbf{I} + \mathbf{G}(s)\mathbf{K}(s))^{-1}\,\mathbf{r}(s) \\ & -\mathbf{K}(s)\,(\mathbf{I} + \mathbf{G}(s)\mathbf{K}(s))^{-1}\,\mathbf{G}(s)\mathbf{d}_i(s),\end{aligned} \tag{3.22}$$

$$\begin{aligned}\mathbf{y}_M(s) \quad = \quad & \mathbf{G}(s)\mathbf{K}(s)\,(\mathbf{I} + \mathbf{G}(s)\mathbf{K}(s))^{-1}\,\mathbf{r}(s) \\ & +(\mathbf{I} + \mathbf{G}(s)\mathbf{K}(s))^{-1}\,\mathbf{G}(s)\mathbf{d}_i(s),\end{aligned} \tag{3.23}$$

beschreiben das Übertragungsverhalten dieser Zielgrößen bezüglich der Eingangsgrößen $\mathbf{d}_i(s)$ und $\mathbf{r}(s)$. Mit der Definition der Sensitivitätsfunktion

$$\mathbf{S}(s) := (\mathbf{I} + \mathbf{G}(s)\mathbf{K}(s))^{-1} \tag{3.24}$$

und der komplementären Sensitivitätsfunktion

$$\mathbf{T}(s) := \mathbf{G}(s)\mathbf{K}(s)\left(\mathbf{I} + \mathbf{G}(s)\mathbf{K}(s)\right)^{-1} \tag{3.25}$$

und der Beziehung

$$\mathbf{S}(s) + \mathbf{T}(s) = \mathbf{I} \tag{3.26}$$

kann das Übertragungsverhalten als

$$\begin{bmatrix} \mathbf{e}(s) \\ \mathbf{u}(s) \\ \mathbf{y}_M(s) \end{bmatrix} = \mathbf{T}_{\mathrm{S/KS/T}}(s) \begin{bmatrix} \mathbf{d}_i(s) \\ \mathbf{r}(s) \end{bmatrix} \tag{3.27}$$

zusammengefasst werden, wobei

$$\mathbf{T}_{\mathrm{S/KS/T}}(s) := \begin{bmatrix} -\mathbf{S}(s)\mathbf{G}(s) & \mathbf{S}(s) \\ -\mathbf{K}(s)\mathbf{S}(s)\mathbf{G}(s) & \mathbf{K}(s)\mathbf{S}(s) \\ \mathbf{S}(s)\mathbf{G}(s) & \mathbf{T}(s) \end{bmatrix} \tag{3.28}$$

ist. Werden Formfilter

$$\mathbf{F}_{\mathrm{S/KS/T}}(s) := \begin{bmatrix} \mathbf{F}_i(s) & \mathbf{0} \\ \mathbf{0} & \mathbf{F}_r(s) \end{bmatrix} \tag{3.29}$$

und Gewichtungsfunktionen

$$\mathbf{W}_{\mathrm{S/KS/T}}(s) := \begin{bmatrix} \mathbf{W}_e(s) & \mathbf{0} & \mathbf{0} \\ \mathbf{0} & \mathbf{W}_u(s) & \mathbf{0} \\ \mathbf{0} & \mathbf{0} & \mathbf{W}_M(s) \end{bmatrix} \tag{3.30}$$

zusammen mit den Zielgrößen

$$\mathbf{z}(s) := \begin{bmatrix} \mathbf{e}(s) \\ \mathbf{u}(s) \\ \mathbf{y}_M(s) \end{bmatrix} \tag{3.31}$$

und den Störgrößen

$$\mathbf{w}(s) = \mathbf{F}_{\mathrm{S/KS/T}}^{-1}(s) \begin{bmatrix} \mathbf{d}_i(s) \\ \mathbf{r}(s) \end{bmatrix} \tag{3.32}$$

betrachtet, so führt dies zur Darstellung das gewichteten Übertragungsverhaltens des geschlossenen Regelkreises aus Abbildung 3.1, d.h.

$$\mathbf{z}(s) = \left[\mathbf{W}_{\mathrm{S/KS/T}}(s)\mathbf{T}_{\mathrm{S/KS/T}}(s)\mathbf{F}_{\mathrm{S/KS/T}}(s)\right]\mathbf{w}(s), \tag{3.33}$$

wobei

$$\begin{aligned} \tilde{\mathbf{T}}_{\mathrm{S/KS/T}}(s) \ &:= \ \mathbf{W}_{\mathrm{S/KS/T}}(s)\mathbf{T}_{\mathrm{S/KS/T}}(s)\mathbf{F}_{\mathrm{S/KS/T}}(s) \\ &= \ \begin{bmatrix} -\mathbf{W}_e(s)\mathbf{S}(s)\mathbf{G}(s)\mathbf{F}_i(s) & \mathbf{W}_e(s)\mathbf{S}(s)\mathbf{F}_r(s) \\ -\mathbf{W}_u(s)\mathbf{K}(s)\mathbf{S}(s)\mathbf{G}(s)\mathbf{F}_i(s) & \mathbf{W}_u(s)\mathbf{K}(s)\mathbf{S}(s)\mathbf{F}_r(s) \\ \mathbf{W}_M(s)\mathbf{S}(s)\mathbf{G}(s)\mathbf{F}_i(s) & \mathbf{W}_M(s)\mathbf{T}(s)\mathbf{F}_r(s) \end{bmatrix} \end{aligned} \tag{3.34}$$

ist. Das Ziel des Mixed-Sensitivity-Problems ist die Minimierung des aus (3.34) gebildeten H_∞-Kriteriums der Gestalt

$$\inf_{\text{stabilis. } \mathbf{K}} \left\| \tilde{\mathbf{T}}_{S/KS/T}(s) \right\|_\infty \tag{3.35}$$

über alle den Regelkreis stabilisierenden Regler $\mathbf{K}(s)$. Aufgrund der aus Gleichung (3.34) ersichtlichen inneren Struktur der TFM wird das gemischte Sensitivitätsproblem auch als S/KS/T-Problem bezeichnet [51].

3.4 Das allgemeine H_∞-Standardproblem

Das H_∞-Standardproblem kann als Verallgemeinerung des H_∞-Problems mit gemischten Sensitivitäten aus Abschnitt 3.3 interpretiert werden. Betrachtet wird dabei zunächst die Kombination aus der realen Regelstrecke $\mathbf{G}(s)$, den Formfiltern $\mathbf{F}(s)$ und den Gewichtungsfunktionen $\mathbf{W}(s)$ ohne Einbeziehung des Reglers $\mathbf{K}(s)$. Der so konstruierte offene Regelkreis wird als abstrakte Regelstrecke $\mathbf{P}(s)$ bezeichnet und ist in Abbildung 3.4 dargestellt.

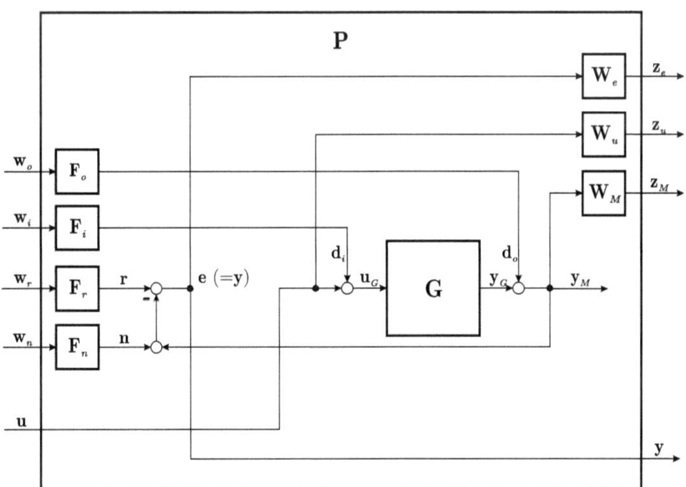

Abbildung 3.4: Die abstrakte Regelstrecke $\mathbf{P}$.

Eine Reduzierung des Problems, analog der Betrachtungsweise in Abschnitt 3.3, führt zur Darstellung einer ungewichteten offenen Regelstrecke (Abbildung 3.5).

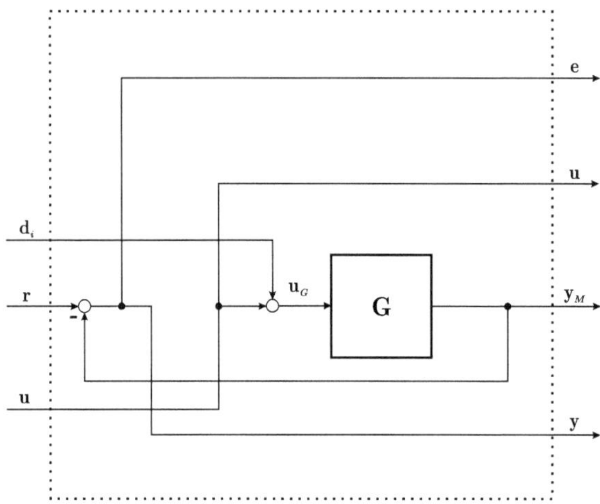

Abbildung 3.5: Regelstrecke mit Zielgrößen ohne Gewichtungsfunktionen.

Aus den Knotengleichungen der Abbildung 3.5 ergibt sich

$$\begin{bmatrix} \mathbf{e}(s) \\ \mathbf{u}(s) \\ \mathbf{y}_M(s) \end{bmatrix} = \begin{bmatrix} -\mathbf{G}(s) & \mathbf{I}_r \\ \mathbf{0} & \mathbf{0} \\ \mathbf{G}(s) & \mathbf{0} \end{bmatrix} \begin{bmatrix} \mathbf{d}_i(s) \\ \mathbf{r}(s) \end{bmatrix} + \begin{bmatrix} -\mathbf{G}(s) \\ \mathbf{I}_u \\ \mathbf{G}(s) \end{bmatrix} \mathbf{u}(s), \tag{3.36a}$$

$$\mathbf{y}(s) = \begin{bmatrix} -\mathbf{G}(s) & \mathbf{I}_r \end{bmatrix} \begin{bmatrix} \mathbf{d}_i(s) \\ \mathbf{r}(s) \end{bmatrix} + [-\mathbf{G}(s)]\,\mathbf{u}(s). \tag{3.36b}$$

Wird (3.36) um die Formfilter (3.29) und die Gewichtungsfunktionen (3.30) erweitert, so folgt für die gewichtete Regelstrecke

$$\begin{bmatrix} \mathbf{z}_e(s) \\ \mathbf{z}_u(s) \\ \mathbf{z}_M(s) \end{bmatrix} = \mathbf{W}_{\mathrm{S/KS/T}}(s) \begin{bmatrix} -\mathbf{G}(s) & \mathbf{I}_r \\ \mathbf{0} & \mathbf{0} \\ \mathbf{G}(s) & \mathbf{0} \end{bmatrix} \mathbf{F}_{\mathrm{S/KS/T}}(s) \begin{bmatrix} \mathbf{w}_i(s) \\ \mathbf{w}_r(s) \end{bmatrix}$$

$$+ \mathbf{W}_{\mathrm{S/KS/T}}(s) \begin{bmatrix} -\mathbf{G}(s) \\ \mathbf{I}_u \\ \mathbf{G}(s) \end{bmatrix} \mathbf{u}(s), \tag{3.37a}$$

$$\mathbf{y}(s) = \begin{bmatrix} -\mathbf{G}(s) & \mathbf{I}_r \end{bmatrix} \mathbf{F}_{\mathrm{S/KS/T}}(s) \begin{bmatrix} \mathbf{w}_i(s) \\ \mathbf{w}_r(s) \end{bmatrix} + [-\mathbf{G}(s)]\,\mathbf{u}(s). \tag{3.37b}$$

Die explizite Berechnung von (3.37) ergibt

$$
\begin{bmatrix} \mathbf{z}_e(s) \\ \mathbf{z}_u(s) \\ \mathbf{z}_M(s) \\ \hline \mathbf{y}(s) \end{bmatrix} = \left[\begin{array}{cc|c} -\mathbf{W}_e(s)\mathbf{G}(s)\mathbf{F}_i(s) & \mathbf{W}_e(s)\mathbf{F}_r(s) & -\mathbf{W}_e(s)\mathbf{G}(s) \\ \mathbf{0} & \mathbf{0} & \mathbf{W}_u(s) \\ \mathbf{W}_M(s)\mathbf{G}(s)\mathbf{F}_i(s) & \mathbf{0} & \mathbf{W}_M(s)\mathbf{G}(s) \\ \hline -\mathbf{G}(s)\mathbf{F}_i(s) & \mathbf{F}_r(s) & -\mathbf{G}(s) \end{array} \right] \begin{bmatrix} \mathbf{w}_i(s) \\ \mathbf{w}_r(s) \\ \hline \mathbf{u}(s) \end{bmatrix}.
$$

$$(3.38)$$

Die TFM des Übertragungsverhaltens von (3.38) wird mit

$$
\mathbf{P}(s) := \left[\begin{array}{cc|c} -\mathbf{W}_e(s)\mathbf{G}(s)\mathbf{F}_i(s) & \mathbf{W}_e(s)\mathbf{F}_r(s) & -\mathbf{W}_e(s)\mathbf{G}(s) \\ \mathbf{0} & \mathbf{0} & \mathbf{W}_u(s) \\ \mathbf{W}_M(s)\mathbf{G}(s)\mathbf{F}_i(s) & \mathbf{0} & \mathbf{W}_M(s)\mathbf{G}(s) \\ \hline -\mathbf{G}(s)\mathbf{F}_i(s) & \mathbf{F}_r(s) & -\mathbf{G}(s) \end{array} \right]
$$

$$(3.39)$$

definiert und als abstrakte Regelstrecke bezeichnet, siehe Abbildung 3.6. Die TFM der

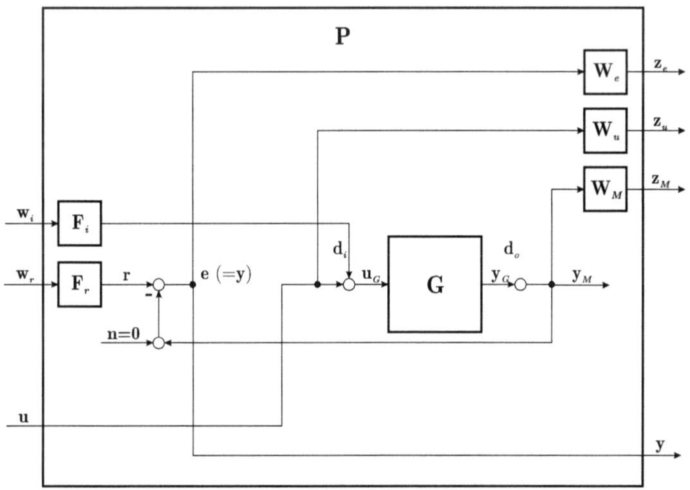

Abbildung 3.6: Die abstrakte Regelstrecke $\mathbf{P}$.

abstrakte Regelstrecke wird als Kombination der vier Teilübertragungsfunktionen

$$\mathbf{P}_{11}(s) \;=\; \begin{bmatrix} -\mathbf{W}_e(s)\mathbf{G}(s)\mathbf{F}_i(s) & \mathbf{W}_e(s)\mathbf{F}_r(s) \\ 0 & 0 \\ \mathbf{W}_M(s)\mathbf{G}(s)\mathbf{F}_i(s) & 0 \end{bmatrix}, \tag{3.40}$$

$$\mathbf{P}_{12}(s) \;=\; \begin{bmatrix} -\mathbf{W}_e(s)\mathbf{G}(s) \\ \mathbf{W}_u(s) \\ \mathbf{W}_M(s)\mathbf{G}(s) \end{bmatrix}, \tag{3.41}$$

$$\mathbf{P}_{21}(s) \;=\; \begin{bmatrix} -\mathbf{G}(s)\mathbf{F}_i(s) & \mathbf{F}_r(s) \end{bmatrix}, \tag{3.42}$$

$$\mathbf{P}_{22}(s) \;=\; -\mathbf{G}(s) \tag{3.43}$$

mit

$$\mathbf{P}(s) = \begin{bmatrix} \mathbf{P}_{11}(s) & \mathbf{P}_{12}(s) \\ \mathbf{P}_{21}(s) & \mathbf{P}_{22}(s) \end{bmatrix} \tag{3.44}$$

beschrieben. Für die TFM der abstrakten Regelstrecke existiert eine Realisierung der Gestalt

$$\mathbf{P}(s) \simeq \left[\begin{array}{c|cc} (\mathbf{I},\,\mathbf{A}) & \mathbf{B}_1 & \mathbf{B}_2 \\ \hline \mathbf{C}_1 & \mathbf{D}_{11} & \mathbf{D}_{12} \\ \mathbf{C}_2 & \mathbf{D}_{21} & \mathbf{D}_{22} \end{array} \right] \tag{3.45}$$

mit den Eingangsgrößen $\begin{bmatrix} \mathbf{w}_i \\ \mathbf{w}_r \end{bmatrix}$, $\mathbf{u}$ und den Ausgangsgrößen $\begin{bmatrix} \mathbf{z}_e \\ \mathbf{z}_u \\ \mathbf{z}_M \end{bmatrix}$, $\mathbf{y}$.

Aus (3.44) berechnet sich die TFM des geschlossenen abstrakten Regelkreises zu

$$\mathbf{T}_{zw}(s) := \mathbf{P}_{11}(s) + \mathbf{P}_{12}(s)\mathbf{K}(s)\left(\mathbf{I} - \mathbf{P}_{22}(s)\mathbf{K}(s)\right)^{-1}\mathbf{P}_{21}(s). \tag{3.46}$$

Mit

$$\mathbf{w}(s) = \begin{bmatrix} \mathbf{w}_i(s) \\ \mathbf{w}_r(s) \end{bmatrix} \tag{3.47}$$

und

$$\mathbf{z}(s) = \begin{bmatrix} \mathbf{z}_e(s) \\ \mathbf{z}_u(s) \\ \mathbf{z}_M(s) \end{bmatrix} \tag{3.48}$$

lautet das Übertragungsverhalten des geschlossenen Regelkreises

$$\mathbf{z}(s) = \mathbf{T}_{zw}(s)\mathbf{w}(s), \tag{3.49}$$

wobei

$$\mathbf{T}_{zw}(s) = \begin{bmatrix} -\mathbf{W}_e(s)\mathbf{S}(s)\mathbf{G}(s)\mathbf{F}_i(s) & \mathbf{W}_e(s)\mathbf{S}(s)\mathbf{F}_r(s) \\ -\mathbf{W}_u(s)\mathbf{K}(s)\mathbf{S}(s)\mathbf{G}(s)\mathbf{F}_i(s) & \mathbf{W}_u(s)\mathbf{K}(s)\mathbf{S}(s)\mathbf{F}_r(s) \\ \mathbf{W}_y(s)\mathbf{S}(s)\mathbf{G}(s)\mathbf{F}_i(s) & \mathbf{W}_y(s)\mathbf{G}(s)\mathbf{K}(s)\mathbf{S}(s)\mathbf{F}_r(s) \end{bmatrix} \tag{3.50}$$

ist. Dabei ist

$$\mathbf{T}_{zw}(s) \simeq \left[\begin{array}{c|c} (\mathbf{I}_{zw}, \mathbf{A}_{zw}) & \mathbf{B}_{zw} \\ \hline \mathbf{C}_{zw} & \mathbf{D}_{zw} \end{array} \right] \tag{3.51}$$

eine Realisierung des Übertragungsverhalten im Zustandsraum von (3.50). Der Sachverhalt wird in Abbildung 3.7 veranschaulicht und als Regelkreis des H_∞-Standardproblems bezeichnet.

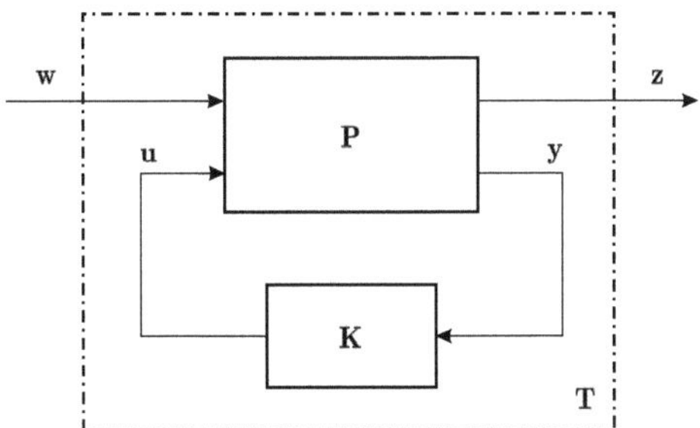

Abbildung 3.7: Der Regelkreis des H_∞-Standardproblems.

Aufgrund des Eingangsvektors, der Störsignale beinhaltet, wird das Übertragungsverhalten (3.44) auch als Störübertragungsverhalten und die TFM (3.46) als Störübertragungsfunktion bezeichnet. Die Bildung der Störübertagungsfunktion aus der abstrakten Regelstrecke **P** und dem Regler **K** wird als Lower-Linear-Fractional-Transformation (LLFT) von **P** mit **K** bezeichnet. Hinter der Betrachtungsweise der Koppelung von abstrakter Regelstrecke und Regler als LLFT verbirgt sich die so genannte Möbius-Transformation der Funktionentheorie [28].

Das Ziel des H_∞-Standardentwurfs besteht darin einen Regler zu finden, der zum einen anhand des Reglers **K** den Regelkreis des H_∞-Standardproblems stabilisiert und zum anderen die H_∞-Norm (3.2.3) der TFM (3.46) minimiert. Damit verbunden ist die Minimierung der Energieverstärkung zwischen externen Störgrößen und den Zielgrößen des Regelkreises.

Eine notwendige Voraussetzung zur Lösung des H_∞-Problems ist die Stabilisierbarkeit der Störübertragungsfunktion (3.46). Es muss zunächst sichergestellt werden, dass eine stabilisierende Rückführung der Messgrößen auf die Stellgrößen über einen realisierbaren Regler **K** möglich ist. Sowohl im Zeitbereich als auch im Frequenzbereich existieren eine Reihe notwendiger und hinreichender Bedingungen, die die Existenz eines solchen Reglers sicherstellen [51], [28].

Ist die Stabilisierbarkeit der Störübertragungsfunktion sichergestellt (siehe Satz 4.1.1 und Satz 4.1.1), so muss zunächst das für lineare zeitinvariante Systeme analytisch lösbare suboptimale Problem gelöst werden. Es existieren zahlreiche Veröffentlichungen mit unterschiedlichen Ansätzen im Zeitbereich [15] und Frequenzbereich [28], die zu einer mehr oder weniger anschaulichen analytischen Lösung des suboptimalen Problems führen. Liegt eine suboptimale Lösung vor, so kann die Minimierung des H_∞-Kriteriums,

$$\|\mathbf{T}_{zw}\|_\infty = \|\mathrm{LLFT}\,(\mathbf{P},\,\mathbf{K})\|_\infty < \gamma, \tag{3.52}$$

erfolgen. Das H_∞-Problem besteht aus der Bestimmung aller realisierbaren Regler $\mathbf{K}$, die den geschlossenen abstrakten Regelkreis $\mathbf{T}_{zw}$ stabilisieren und für vorgegebene positive reelle Zahl γ garantieren, dass

$$\|\mathrm{LLFT}\,(\mathbf{P},\,\mathbf{K})\|_\infty < \gamma \tag{3.53}$$

erfüllt ist. Es existieren verschiedene Möglichkeiten zur Minimierung der H_∞-Norm. So kann z.B. die in Abschnitt 3.2 beschriebene γ−Iteration mit dem Ziel

$$\|\mathrm{LLFT}\,(\mathbf{P},\,\mathbf{K})\|_\infty \to \min \tag{3.54}$$

durchgeführt werden.

Die Formulierungen der analytischen (suboptimalen) Lösung in der unmittelbarer Nähe des erreichbaren Minimums $\gamma_{\min}$ führt generell zu numerischen Problemen. Das Erreichen des optimalen Minimums $\gamma_{\min}$ ist nicht von Interesse, da die Robustheit eines Regelkreises durch sinnvolle Vorgabe der normierten Gewichtungsfunktionen erreicht wird und nicht so sehr durch das Erreichen des theoretisch optimalen $\gamma_{\min}$. Das Erreichen eines $\gamma_{sub} \to \gamma_{\min}$ erfordert in der Realität außerdem meist nicht realisierbaren hohen energetischen Aufwand bei den Stellgliedern.

Alternativ zur γ−Iteration kann die Minimierung als LMI-Problem formuliert und einem geeigneten Algorithmus zugeführt werden [20], [29]. Dabei entfällt die γ-Iteration. Ausgehend von einer Realisierung (3.45) der abstrakten Regelstrecke $\mathbf{P}(s)$ hat der LMI-Algorithmus eine Minimierung von γ über $\mathbf{X} = \mathbf{X}^T$ und $\mathbf{Y} = \mathbf{Y}^T$ zum Ziel.

Mit den Matrizen aus (3.45) sind die Matrizengleichungen

$$\begin{bmatrix} \mathbf{M}_{12} & \mathbf{0} \\ \mathbf{0} & \mathbf{I} \end{bmatrix}^T \begin{bmatrix} \mathbf{AX}+\mathbf{XA}^T & \mathbf{XC}_1^T & \mathbf{B}_1 \\ \mathbf{C}_1\mathbf{X} & -\gamma\mathbf{I} & \mathbf{D}_{11} \\ \mathbf{B}_1^T & \mathbf{D}_{11}^T & -\gamma\mathbf{I} \end{bmatrix} \begin{bmatrix} \mathbf{M}_{12} & \mathbf{0} \\ \mathbf{0} & \mathbf{I} \end{bmatrix} < \mathbf{0} \tag{3.55}$$

$$\begin{bmatrix} \mathbf{M}_{21} & \mathbf{0} \\ \mathbf{0} & \mathbf{I} \end{bmatrix}^T \begin{bmatrix} \mathbf{A}^T\mathbf{Y}+\mathbf{YA} & \mathbf{YB}_1 & \mathbf{C}_1^T \\ \mathbf{B}_1^T\mathbf{Y} & -\gamma\mathbf{I} & \mathbf{D}_{11}^T \\ \mathbf{C}_1 & \mathbf{D}_{11} & -\gamma\mathbf{I} \end{bmatrix} \begin{bmatrix} \mathbf{M}_{21} & \mathbf{0} \\ \mathbf{0} & \mathbf{I} \end{bmatrix} < \mathbf{0} \tag{3.56}$$

$$\begin{bmatrix} \mathbf{X} & \mathbf{0} \\ \mathbf{0} & \mathbf{Y} \end{bmatrix} \geqslant \mathbf{0} \tag{3.57}$$

zu erfüllen, wobei

$$\mathbf{M}_{12} \text{ die Basis des Nullraums von } \left(\mathbf{B}_2^T, \mathbf{D}_{12}^T\right), \tag{3.58}$$

$$\mathbf{M}_{21} \text{ die Basis des Nullraum von } (\mathbf{C}_2, \mathbf{D}_{21}) \tag{3.59}$$

repräsentieren.

Für die explizite Darstellung der Lösung $\mathbf{K} = \mathbf{K}(\mathbf{X}, \mathbf{Y}) \simeq \begin{bmatrix} \mathbf{A}_k & \mathbf{B}_k \\ \mathbf{C}_k & \mathbf{D}_k \end{bmatrix}$ sind weitere Matrizen-Operationen notwendig, deren Darstellung den Umfang dieser Arbeit sprengen würden. In [20] werden die Methoden ausführlich diskutiert.

Die γ−Iteration entfällt ebenfalls, wenn das Problem als normalisierte linkskoprime Faktorisierung (NLKF) vorliegt. Ferner können für bestimmte theoretische Strukturen der abstrakten Regelstrecke explizite Werte für $\gamma_{\min}$ angegeben werden. Die einfache Gestalt solcher abstrakter Regelstrecken, wie z.B. beim 1-Block-Problem, spiegeln jedoch meist nur weniger interessante regelungstechnische Fragestellungen wieder. Zu diesen speziellen Strukturen abstrakter Regelstrecken zählt auch das in Abschnitt 4.1.2 vorgestellte einfache 2-Block-Problem [51].

4 H∞-Lösungsmethoden im Frequenz- und Zeitbereich

4.1 H∞-Lösungsmethoden für normale (propere) Systeme

4.1.1 Regularitätsbedingungen für normale (propere) Systeme

Sei $\mathbf{P}(s)$ die TFM einer abstrakten Regelstrecke, wobei das Übertragungsverhalten durch

$$\begin{bmatrix} \mathbf{z}(s) \\ \mathbf{y}(s) \end{bmatrix} = \mathbf{P}(s) \begin{bmatrix} \mathbf{w}(s) \\ \mathbf{u}(s) \end{bmatrix} \tag{4.1}$$

beschrieben wird. Für $\mathbf{P}(s)$ existiere eine minimale Realisierung (3.45).

Lemma 4.1.1 (Regularitätsbedingungen für normale Systeme). Die Regularitätsbedingungen zur Lösung des H∞-Standardproblems mittels Riccati-Methoden lauten [15], [16]:

1. In der Realisierung (3.45) muss $(\mathbf{A}, \mathbf{B}_2)$ stabilisierbar sein.

2. In der Realisierung (3.45) muss $(\mathbf{A}, \mathbf{C}_2)$ ermittelbar sein.

3. Für alle ω muss $\text{Rang}\left(\begin{bmatrix} \mathbf{A} - j\omega\mathbf{I} & \mathbf{B}_2 \\ \mathbf{C}_1 & \mathbf{D}_{12} \end{bmatrix}\right) = n + r_2$ erfüllt sein, d.h.
   $\mathbf{P}_{12}(s)$ besitzt keine Nullstellen auf der $j\omega$-Achse.

4. Für alle ω muss $\text{Rang}\left(\begin{bmatrix} \mathbf{A} - j\omega\mathbf{I} & \mathbf{B}_1 \\ \mathbf{C}_2 & \mathbf{D}_{21} \end{bmatrix}\right) = n + m_2$ erfüllt sein, d.h.
   $\mathbf{P}_{21}(s)$ besitzt keine Nullstellen auf der $j\omega$-Achse.

5. Es muss $\text{Rang}(\mathbf{D}_{12}) = r_2$ und $\text{Rang}(\mathbf{D}_{21}) = m_2$ erfüllt sein, d.h.
   $\mathbf{D}_{12}$ besitzt vollen Spaltenrang und $\mathbf{D}_{21}$ besitzt vollen Zeilenrang.

6. In der Realisierung (3.45) können o.B.d.A $\mathbf{D}_{11} = \mathbf{0}$ und/oder $\mathbf{D}_{22} = \mathbf{0}$ gewählt werden.

Bemerkung zu Lemma 4.1.1-1 und Lemma 4.1.1-2:
Damit die Stabilität der Störübertragungsfunktion $\mathbf{T}_{zw}(s) := \text{LLFT}(\mathbf{P}(s), \mathbf{K}(s))$ gesichert ist, muss zunächst festgestellt werden, ob eine stabilisierende Rückführung des Messgrößenvektors $\mathbf{y}$ auf den Stellgrößenvektor $\mathbf{u}$ über einen realisierbaren streng-properen bzw. properen suboptimalen Regler $\mathbf{K}$ möglich ist. Notwendige und hinreichende

Bedingung für die Existenz eines $\mathbf{T}_{zw}(s)$ stabilisierenden suboptimalen Reglers ist die Stabilisierbarkeit und Ermittelbarkeit bezüglich der beiden Matrizenpaare $(\mathbf{A}, \mathbf{B}_1)$ und $(\mathbf{A}, \mathbf{C}_2)$ der abstrakten Regelstrecke. So kann folgender Satz formuliert werden:

Satz 4.1.1 (Stabilisierbarkeit von P (Zustandsraum, Riccati-Methoden)). Es existiert ein stabilisierender Regler für die abstrakte Regelstrecke $\mathbf{P}(s)$ $\Leftrightarrow$

$$(\mathbf{A}, \mathbf{B}_1) \quad \text{ist stabilisierbar,} \tag{4.2}$$

$$(\mathbf{A}, \mathbf{C}_2) \quad \text{ist ermittelbar.} \tag{4.3}$$

Wie im Zeitbereich existieren auch im Frequenzbereich notwendige und hinreichende Bedingungen für die Existenz eines stabilisierenden Reglers.

Satz 4.1.2 (Stabilisierbarkeit von P (Frequenzbereich, nach [51], Satz 5.6)). Es existiert ein stabilisierender Regler $\mathbf{K} = -\mathbf{N}_k\mathbf{M}_k^{-1}$ für die abstrakte Regelstrecke $\mathbf{P}$, d.h. für eine beliebige linkskoprime Faktorisierung $\left\{\tilde{\mathbf{N}}_v, \tilde{\mathbf{M}}_v\right\}$ von $\mathbf{P}(s)$ lassen sich Übertragungsfunktionen $\mathbf{N}_k(s) \in RH_\infty^{r \times m}$ und $\mathbf{M}_k(s) \in RH_\infty^{m \times m}$ $(\det\{\mathbf{M}_k(\infty)\} \neq 0)$ finden, so dass

$$\alpha_v = \tilde{\mathbf{M}}_v \begin{bmatrix} I_l & \mathbf{0} \\ \mathbf{0} & \mathbf{M}_k \end{bmatrix} + \tilde{\mathbf{N}}_v \begin{bmatrix} I_l & \mathbf{0} \\ \mathbf{0} & \mathbf{N}_k \end{bmatrix} \tag{4.4}$$

unimodular in RH_∞ ist. $\Leftrightarrow$ Es existiert eine linkskoprime Faktorisierung

$$\left\{\tilde{\mathbf{N}}_v^T(s), \tilde{\mathbf{M}}_v^T(s)\right\} \tag{4.5}$$

des abstrakten Streckenmodells $\mathbf{P}(s)$ mit

$$\tilde{\mathbf{N}}_v^T = \begin{bmatrix} \tilde{\mathbf{N}}_{v11}^T & \tilde{\mathbf{N}}_{v12}^T \\ \tilde{\mathbf{N}}_{v21}^T & \tilde{\mathbf{N}}_{v22}^T \end{bmatrix}, \quad \tilde{\mathbf{M}}_v^T(s) = \begin{bmatrix} \mathbf{I}_l & \tilde{\mathbf{M}}_{v12}^T \\ \mathbf{0} & \tilde{\mathbf{M}}_{v22}^T \end{bmatrix} \tag{4.6}$$

und

$$\tilde{\mathbf{N}}_{v22}^T, \ \tilde{\mathbf{M}}_{v22}^T \tag{4.7}$$

linkskoprim.

Die in Satz 4.1.2 verwendeten Begriffe aus dem Frequenzbereich werden in Abschnitt 4.1.2 definiert und erklärt. Im Frequenzbereich muss beachtet werden, dass für Minimalrealisierungen einer TFM immer die Eigenschaften vollständiger Steuer- und Beobachtbarkeit erfüllt sein müssen.

Bemerkung zu Lemma 4.1.1-3 und Lemma 4.1.1-4:
Die Anforderung, dass weder $\mathbf{P}_{12}(s)$ noch $\mathbf{P}_{21}(s)$ keine Nullstellen auf der $j\omega$-Achse besitzen darf entspricht der Forderung nach einem (genau) properen Übertragungsverhalten bezüglich $\mathbf{P}_{12}(s)$ und $\mathbf{P}_{21}(s)$. Das bedeutet ebenso, dass für die beiden TFM

jeweils eine propere Realisierung im Zustandsraum existieren muss, die die oben genannten Rangbedingungen an die Durchgriffmatrizen $\mathbf{D}_{12}$ und $\mathbf{D}_{21}$ erfüllen.

Bemerkung zu Lemma 4.1.1-5:
Für die Lösbarkeit des suboptimalen Optimierungsproblems müssen die Anzahl der Ziel- und Störgrößen in Abhängigkeit von der Anzahl der Stell- und Messgrößen gewählt werden, d.h. Rang $(\mathbf{D}_{12}) = r_2$ bedeutet, dass $m_1 \geqslant r_2$ sein muss. Dies bedeutet weiter, dass die Anzahl des Zielgrößen in $\mathbf{z}$ mindestens die Anzahl der Stellgrößen in $\mathbf{u}$ betragen muss. Rang $(\mathbf{D}_{21}) = m_2$ ist gleich bedeutend mit der Anforderung, dass $r_1 \geqslant m_2$ sein muss, d.h. die Anzahl der Störgrößen in $\mathbf{w}$ muss mindestens die Anzahl der Messgrößen in $\mathbf{y}$ betragen.

Bemerkung zu Lemma 4.1.1-6:
Die Bedingungen sind nicht notwendig, vereinfachen aber die Darstellung der analytischen Berechnungen des jeweiligen suboptimalen H_∞-Problems.

4.1.2 Grundlegende Zusammenhänge im Frequenzbereich

Als Einführung in die Frequenzbereichsmethoden sei auf [33] und [51] mit ergänzenden Literaturhinweisen verwiesen. Aus den beiden Arbeiten sind die in diesem Abschnitt zitierten Zusammenhänge entnommen. Grundlegenden Einblicke und neue Sichtweisen bezüglich des Reglerentwurfs mittels Faktorisierung sowohl über Polynommatrizen als auch über rationale Matrizen beschreibt die Dissertation von Potthoff [49].

Definition 4.1.1 (Rechtskoprime Faktorisierung von $\mathbf{P}(s)$ in RH_∞). $\mathbf{N}(s) \in RH_\infty^{m \times r}$ und $\mathbf{M}(s) \in RH_\infty^{r \times r}$ stellen eine rechtskoprime Faktorisierung einer TFM $\mathbf{P}(s)$ dar, wenn $\mathbf{P}(s) = \mathbf{N}(s)\mathbf{M}^{-1}(s)$ und $\mathbf{N}(s)$, $\mathbf{M}(s)$ rechtskoprim in RH_∞ sind.

Definition 4.1.2 (Linkskoprime Faktorisierung von $\mathbf{P}(s)$ in RH_∞). $\tilde{\mathbf{N}}(s) \in RH_\infty^{m \times r}$ und $\tilde{\mathbf{M}}(s) \in RH_\infty^{r \times r}$ stellen eine linkskoprime Faktorisierung einer TFM $\mathbf{P}(s)$ dar, wenn $\mathbf{P}(s) = \tilde{\mathbf{M}}^{-1}(s)\tilde{\mathbf{N}}(s)$ und $\tilde{\mathbf{N}}(s)$, $\tilde{\mathbf{M}}(s)$ linkskoprim in RH_∞ sind.

Definition 4.1.3 (Doppelte koprime Faktorisierung von $\mathbf{P}(s)$ in RH_∞). Acht Matrizen, die der rechtskoprimen und linkskoprimen Faktorisierung in RH_∞ genügen und zugleich die verallgemeinerte Bezout-Identität

$$\begin{bmatrix} \mathbf{X}(s) & \mathbf{Y}(s) \\ \tilde{\mathbf{M}}(s) & -\tilde{\mathbf{N}}(s) \end{bmatrix} \begin{bmatrix} \mathbf{N}(s) & \tilde{\mathbf{Y}}(s) \\ \mathbf{M}(s) & -\tilde{\mathbf{X}}(s) \end{bmatrix} = \begin{bmatrix} \mathbf{I}_r & \mathbf{0} \\ \mathbf{0} & \mathbf{I}_m \end{bmatrix} \tag{4.8}$$

in RH_∞ erfüllen, werden als doppelte koprime Faktorisierung einer TFM $\mathbf{P}(s)$ bezeichnet.

Definition 4.1.4 (Unimodulare Matrix in RH_∞). Die quadratische TFM $\mathbf{U}(s) \in RH_\infty^{m \times m}$ wird als unimodular bezeichnet, wenn sämtliche Elemente ihrer Inversen wiederum in RH_∞ enthalten sind. Die Menge aller solcher Matrizen wird als $UH_\infty^{m \times m}$

bezeichnet.

Bemerkung 4.1.1. Laut Definition 4.1.4 ist eine TFM $\mathbf{U}(s) \in RH_\infty^{m \times m}$ genau dann unimodular, wenn die Matrix und ihre Inverse asymptotisch stabil und proper sind.

Bemerkung 4.1.2. Die verallgemeinerte Bezout-Identität aus Definition 4.1.3 kann auch mit

$$\mathbf{X}(s)\mathbf{N}(s) + \mathbf{Y}(s)\mathbf{M}(s) = \mathbf{I}_r, \tag{4.9a}$$

$$\mathbf{X}(s)\tilde{\mathbf{Y}}(s) - \mathbf{Y}(s)\tilde{\mathbf{X}}(s) = \mathbf{0}, \tag{4.9b}$$

$$\tilde{\mathbf{M}}(s)\mathbf{N}(s) - \tilde{\mathbf{N}}(s)\mathbf{M}(s) = \mathbf{0}, \tag{4.9c}$$

$$\tilde{\mathbf{M}}(s)\tilde{\mathbf{Y}}(s) + \tilde{\mathbf{N}}(s)\tilde{\mathbf{X}}(s) = \mathbf{I}_m, \tag{4.9d}$$

angegeben werden.

Matrizen in RH_∞ können numerisch vorteilhaft im Zustandsraum realisiert werden. Im Folgenden werden Realisierung von Faktorisierungen im Zustandsraum einführend beschrieben. Die vollständigen Zusammenhänge sind in [51] ausführlich beschrieben.

Realisierung einer doppelten koprimen Faktorisierung (DKF)

Die TFM

$$\mathbf{P}(s) \simeq \left[\begin{array}{c|c} (\mathbf{I}, \mathbf{A}) & \mathbf{B} \\ \hline \mathbf{C} & \mathbf{D} \end{array} \right] \tag{4.10}$$

sei proper, d.h. im Zustandsraum realisierbar. Für eine Minimalrealisierung gilt (aufgrund der vollständigen Steuer- und Beobachtbarkeit), dass durch Wahl geeigneter Rückführungsmatrizen $\mathbf{F}$ und $\mathbf{H}$, alle Eigenwerte von

$$\mathbf{A}_F := \mathbf{A} + \mathbf{B}\mathbf{F} \tag{4.11}$$

und

$$\mathbf{A}_H := \mathbf{A} + \mathbf{H}\mathbf{C} \tag{4.12}$$

links der imaginären Achse gewählt werden können. Eine Realisierung der doppelten koprimen Faktorisierung im Zustandsraum kann dargestellt werden anhand von

$$\left[\begin{array}{cc} \mathbf{X}(s) & \mathbf{Y}(s) \\ \tilde{\mathbf{M}}(s) & -\tilde{\mathbf{N}}(s) \end{array} \right] \simeq \left[\begin{array}{c|cc} (\mathbf{I}, \mathbf{A}_H) & -\mathbf{H} & \mathbf{B} + \mathbf{H}\mathbf{D} \\ \hline -\Xi^{-1}\mathbf{F} & \mathbf{0} & \Xi^{-1} \\ -\tilde{\Xi}\mathbf{C} & \tilde{\Xi} & -\tilde{\Xi}\mathbf{D} \end{array} \right] \tag{4.13}$$

und

$$\left[\begin{array}{cc} \mathbf{N}(s) & \tilde{\mathbf{Y}}(s) \\ \mathbf{M}(s) & -\tilde{\mathbf{X}}(s) \end{array} \right] \simeq \left[\begin{array}{c|cc} (\mathbf{I}, \mathbf{A}_F) & \mathbf{B}\Xi & -\mathbf{H}\tilde{\Xi}^{-1} \\ \hline \mathbf{C} + \mathbf{D}\mathbf{F} & \mathbf{D}\Xi & \tilde{\Xi}^{-1} \\ \mathbf{F} & \Xi & \mathbf{0} \end{array} \right], \tag{4.14}$$

mit $\Xi \in R^{r \times r}$, $\tilde{\Xi} \in R^{m \times m}$ beliebig und regulär. Dabei beschreiben

$$\begin{bmatrix} \mathbf{N}(s) \\ \mathbf{M}(s) \end{bmatrix} \simeq \left[\begin{array}{c|c} \begin{array}{c} (\mathbf{I}, \mathbf{A}_F) \\ \hline \mathbf{C} + \mathbf{DF} \\ F \end{array} & \begin{array}{c} \mathbf{B\Xi} \\ \mathbf{D\Xi} \\ \Xi \end{array} \end{array} \right] \tag{4.15}$$

und

$$\begin{bmatrix} \tilde{\mathbf{N}}(s) & \tilde{\mathbf{M}}(s) \end{bmatrix} \simeq \left[\begin{array}{c|cc} (\mathbf{I}, \mathbf{A}_H) & \mathbf{B} + \mathbf{HD} & \mathbf{H} \\ \hline \tilde{\Xi}\mathbf{C} & \tilde{\Xi}\mathbf{D} & \tilde{\Xi} \end{array} \right] \tag{4.16}$$

jeweils die Realisierungen der Zähler- und Nennermatrizen der rechts- bzw. linkskoprimen Faktorisierung von $\mathbf{P}(s)$ in RH_∞.

Normalisierte linkskoprime Faktorisierung (NLKF)

Sei $\mathbf{U}(s)$ eine unimodulare Matrix. Zähler- und Nennermatrizen einer koprimen Faktorisierung lassen sich beliebig mit einer unimodularen TFM erweitern und für eine Normierung nutzen. Es gilt

$$\tilde{\mathbf{N}}(s)\tilde{\mathbf{N}}^T(-s) + \tilde{\mathbf{M}}(s)\tilde{\mathbf{M}}^T(-s) = \mathbf{I}_m. \tag{4.17}$$

In diesem Fall wird $\mathbf{P}(s) = \tilde{\mathbf{M}}^{-1}(s)\tilde{\mathbf{N}}(s)$ als normalisierte linkskoprime Faktorisierung in RH_∞ bezeichnet. Systembeschreibungen als normalisierte linkskoprime Faktorisierungen spielen bei einer Variante des H_∞-Problems eine zentrale Rolle. Das so genannten NLKF-Methode von Glover und McFarlane wird auch als "H_∞-loop-shaping" bezeichnet [23], [41].

Zustandsraum-Realisierung für eine NLKF

Die Zustandsraum-Realisierung der normalisierten linkskoprimen Faktorisierung $\mathbf{P}(s) = \tilde{\mathbf{M}}^{-1}(s)\tilde{\mathbf{N}}(s)$ lautet

$$\begin{bmatrix} \tilde{\mathbf{N}}(s) & \tilde{\mathbf{M}}(s) \end{bmatrix} \simeq \left[\begin{array}{c|cc} (\mathbf{I}, \mathbf{A}_H) & \mathbf{B} + \mathbf{HD} & \mathbf{H} \\ \hline \tilde{\Xi}\mathbf{C} & \tilde{\Xi}\mathbf{D} & \tilde{\Xi} \end{array} \right], \tag{4.18}$$

wobei

$$\begin{aligned} \tilde{\Xi} &= \mathbf{R}^{\frac{1}{2}}, & (4.19) \\ \mathbf{R} &:= \left(\mathbf{I}_m + \mathbf{DD}^T \right)^{-1}, & (4.20) \\ \mathbf{H} &:= -\left(\mathbf{BD}^T + \mathbf{ZC}^T \right) \mathbf{R}, & (4.21) \\ \mathbf{A}_H &:= \mathbf{A} + \mathbf{HC} & (4.22) \end{aligned}$$

und $\mathbf{Z}$ die eindeutige symmetrische positiv-definite Lösung der algebraischen Riccati-Gleichung (ARE)

$$\left(\mathbf{A} - \mathbf{BSD}^T\mathbf{C} \right) \mathbf{Z} + \mathbf{Z} \left(\mathbf{A} - \mathbf{BSD}^T\mathbf{C} \right)^T - \mathbf{ZC}^T\mathbf{RCZ}^T + \mathbf{BSB}^T = 0 \tag{4.23}$$

mit $\mathbf{S} := \left(\mathbf{I}_r + \mathbf{DD}^T \right)^{-1}$ ist.

Bemerkung 4.1.3 (Doppelte koprime Faktorisierung (DKF) bei asymptotischer Stabilität von $\mathbf{P}(s)$). Bei asymptotische Stabilität von $\mathbf{P}(s)$, d.h. wenn $\mathbf{P}(s) \in RH_\infty^{m \times r}$ bereits erfüllt ist, können die Rückführungsmatrizen mit $\mathbf{F} = \mathbf{0}$ und $\mathbf{H} = \mathbf{0}$ gewählt werden. Werden zudem $\Xi = \mathbf{I}_r \in R^{r \times r}$ und $\tilde{\Xi} = \mathbf{I}_m \in R^{m \times m}$ gewählt, so folgt

$$\mathbf{N}(s) = \tilde{\mathbf{N}}(s) = \mathbf{P}(s), \tag{4.24a}$$

$$\tilde{\mathbf{M}}(s) = \tilde{\mathbf{Y}}(s) = \mathbf{I}_m, \tag{4.24b}$$

$$\mathbf{M}(s) = \mathbf{Y}(s) = \mathbf{I}_r, \tag{4.24c}$$

$$\mathbf{X}(s) = \tilde{\mathbf{X}}(s) = \mathbf{0}. \tag{4.24d}$$

Somit ist auch die spezielle Matrizengleichung

$$\begin{bmatrix} \mathbf{0} & \mathbf{I}_r \\ \mathbf{I}_m & -\mathbf{P}(s) \end{bmatrix} \begin{bmatrix} \mathbf{P}(s) & \mathbf{I}_m \\ \mathbf{I}_r & \mathbf{0} \end{bmatrix} = \begin{bmatrix} \mathbf{I}_r & \mathbf{0} \\ \mathbf{0} & \mathbf{I}_m \end{bmatrix} \tag{4.25}$$

erfüllt.

Definition 4.1.5 ($\mathbf{J}_\gamma$-verlustfreie TFM [51], teilweise [44]). Sei eine Matrix der Gestalt

$$\mathbf{J}_{\gamma_m} := \begin{bmatrix} \mathbf{I}_{m_1} & \mathbf{0} \\ \mathbf{0} & -\gamma^2 \mathbf{I}_{m_2} \end{bmatrix} \tag{4.26}$$

mit $\gamma > 0$ und eine $(m \times r)$-TFM $(m = m_1 + m_2,\ r = r_1 + r_2)$

$$\mathbf{P}(s) = \begin{bmatrix} \mathbf{P}_{11}(s) & \mathbf{P}_{12}(s) \\ \mathbf{P}_{21}(s) & \mathbf{P}_{22}(s) \end{bmatrix} \tag{4.27}$$

mit

$$\begin{aligned}
\mathbf{P}_{11}(s) &: (m_1 \times r_1), \\
\mathbf{P}_{12}(s) &: (m_1 \times r_2), \\
\mathbf{P}_{21}(s) &: (m_2 \times r_1), \\
\mathbf{P}_{22}(s) &: (m_2 \times r_2)
\end{aligned} \tag{4.28}$$

gegeben, wobei $m_1 \geqslant r_1$ und $m_2 = r_2$ sind, dann wird $\mathbf{P}(s)$ als $\mathbf{J}_\gamma$-verlustfrei bezeichnet, wenn

$$\mathbf{P}^T(-s)\mathbf{J}_{\gamma_m}\mathbf{P}(s) = \mathbf{J}_{\gamma_r}, \tag{4.29}$$

$$[\mathbf{P}(s)^*\mathbf{J}_{\gamma_m}\mathbf{P}(s) - \mathbf{J}_{\gamma_r}] \leqslant \mathbf{0} \ \forall\, s \in \mathbb{C}^+, \tag{4.30}$$

wobei $\mathbf{P}(s)^*$ die konjugiert komplexe TFM von $\mathbf{P}(s)$ bezeichnet.

Satz 4.1.3 (Bedingungen für eine $\mathbf{J}_\gamma$-verlustfreie TFM, [51], Satz 3.8). Für die $(m \times r)$-TFM existiere eine Zustandsraumdarstellung der Gestalt

$$\mathbf{P}(s) \simeq \left[\begin{array}{c|c} (\mathbf{I}, \mathbf{A}) & \mathbf{B} \\ \hline \mathbf{C} & \mathbf{D} \end{array} \right]. \tag{4.31}$$

Dann ist $\mathbf{P}(s)$ genau dann $\mathbf{J}_\gamma$-verlustfrei, wenn

$$\mathbf{D}^T \mathbf{J}_{\gamma_m} \mathbf{D} = \mathbf{J}_{\gamma_r} \tag{4.32}$$

ist und eine positiv-semidefinite reelle symmetrische Matrix $\mathbf{Y}$ existiert, so dass

$$\mathbf{A}^T \mathbf{Y} + \mathbf{Y}\mathbf{A} + \mathbf{C}^T \mathbf{J}_{\gamma_m} \mathbf{C} = \mathbf{0} \tag{4.33}$$

und

$$\mathbf{D}^T \mathbf{J}_{\gamma_m} \mathbf{C} + \mathbf{B}^T \mathbf{Y} = \mathbf{0}. \tag{4.34}$$

Bemerkung 4.1.4. Liegt $\mathbf{P}(s) \simeq \left[\begin{array}{c|c} (\mathbf{I}, \mathbf{A}) & \mathbf{B} \\ \hline \mathbf{C} & \mathbf{D} \end{array} \right]$ als Minimalrealisierung vor, so muss die Matrix $\mathbf{Y}$ der Gleichungen (4.33) und (4.34) aus Satz 4.1.3 positiv-definit sein.

4.1.3 Lösung spezieller H_∞-Probleme durch J-Spektralfaktorisierung

Stellvertretend für die zahlreichen Fragestellungen und Methoden im Frequenzbereich werden die Lösungsmethoden für zwei suboptimale Probleme vorgestellt. Die so genannten 2-Block-Probleme, d.h. z.B. im Fall $\mathbf{P}_{21}(s)$ quadratisch, besitzen unter bestimmten Umständen eine besonders einfache Lösung.

Es sei die $(m \times r)$-TFM

$$\mathbf{P}(s) \simeq \left[\begin{array}{cc} \mathbf{P}_{11}(s) & \mathbf{P}_{12}(s) \\ \mathbf{P}_{21}(s) & \mathbf{P}_{22}(s) \end{array} \right] \tag{4.35}$$

die Realisierung einer abstrakten Regelstrecke. Die Regularitätsbedingungen für den Frequenzbereich seien erfüllt. Ferner sei $\mathbf{P}(s)$ stabilisierbar, d.h. es existiert eine durch Satz 4.1.2 definierte linkskoprime Faktorisierung der Gestalt

$$\mathbf{P}(s) = \tilde{\mathbf{M}}_v^{-1}(s)\tilde{\mathbf{N}}_v(s) \tag{4.36}$$

und der Zählerterm dieser Faktorisierung

$$\tilde{\mathbf{N}}_v(s) = \left[\begin{array}{cc} \mathbf{0} & \tilde{\mathbf{N}}_{v12}(s) \\ \mathbf{I}_m & \tilde{\mathbf{N}}_{v22}(s) \end{array} \right] \tag{4.37}$$

besitzt zudem eine in RL_∞ linksinvertierbare TFM

$$\mathbf{\Omega}(s) := \left[\begin{array}{cc} \tilde{\mathbf{N}}_{v12}(s) & -\tilde{\mathbf{M}}_{v12}(s) \\ -\tilde{\mathbf{N}}_{v22}(s) & \tilde{\mathbf{M}}_{v22}(s) \end{array} \right], \tag{4.38}$$

wobei

$$\mathbf{\Omega}(s) = \left[\begin{array}{cc} \mathbf{\Omega}_{11}(s) & \mathbf{\Omega}_{12}(s) \\ \mathbf{\Omega}_{21}(s) & \mathbf{\Omega}_{22}(s) \end{array} \right] \tag{4.39}$$

mit

$$\begin{aligned}
\boldsymbol{\Omega}_{11}(s) &: (m_1 \times r_1), \\
\boldsymbol{\Omega}_{12}(s) &: (m_1 \times r_2), \\
\boldsymbol{\Omega}_{21}(s) &: (m_2 \times r_1), \\
\boldsymbol{\Omega}_{22}(s) &: (m_2 \times r_2)
\end{aligned} \tag{4.40}$$

beschrieben ist. Die TFM (4.38) ist dabei RL_∞ linksinvertierbar, wenn $\mathbf{P}_{22}(s)$ aus (4.35) streng-proper ist und sowohl $\mathbf{P}_{12}(s)$ als auch $\mathbf{P}_{21}(s)$ quadratisch sind. Da die Faktorisierung nicht eindeutig ist, existieren theoretisch unendlich viele Formulierungen für dieses Problem. Dieses so genannte 2-Block-Problem ist auch als Disturbance-Feedforward-Problem [15] bekannt.

Satz 4.1.4 ([51], Satz 10.1, Beweis s. [24]). Die abstrakte Regelstrecke (4.35) besitze eine linkskoprime Faktorisierung

$$\mathbf{P}(s) = \tilde{\mathbf{M}}_v^{-1}(s)\tilde{\mathbf{N}}_v(s), \tag{4.41}$$

die zugleich den Bedingungen (4.6), (4.6) und (4.37) genügt. (4.38) sei eine in RL_∞ linksinvertierbare TFM. Das einfache suboptimale H_∞-Problem ist für einen vorgegebenen Wert γ genau dann lösbar, wenn eine unimodulare TFM der Gestalt

$$\mathbf{W}(s) \in UH_\infty^{(m_1+m_2) \times (r_1+r_2)} \tag{4.42}$$

existiert, so dass

$$\left[\Omega(s)\mathbf{W}^{-1}(s)\right] \tag{4.43}$$

J_γ-verlustfrei ist. In diesem Fall ergeben sich alle gesuchten Regler aus

$$\mathbf{K}(s) = \mathbf{N}_k(s)\mathbf{M}_k^{-1}(s), \tag{4.44}$$

wobei

$$\left[\begin{array}{c} \mathbf{N}_k(s) \\ \mathbf{M}_k(s) \end{array} \right] = \mathbf{W}^{-1}(s) \left[\begin{array}{c} \mathbf{B}(s) \\ I_m \end{array} \right] \tag{4.45}$$

und $\mathbf{B}(s)$ eine beliebige asymptotisch stabile TFM der Dimension $r \times m$ ist, die nur den Einschränkungen $\|\mathbf{B}(s)\|_\infty < \gamma$ und $\lim\limits_{s \to \infty} \{\det(\mathbf{M}_k(s))\} \neq \mathbf{0}$ unterliegt.

Wenn in Gleichung (4.45) $\mathbf{B}(s) = \mathbf{0}$ gewählt wird, entspricht dies der so genannten zentralen Lösung. Deren Ordnung stimmt mit der Ordnung von (4.45) und damit der Ordnung der abstrakten Regelstrecke überein. Im weiteren wird die Existenz einer geeignete TFM $\mathbf{W}(s)$ für Gleichung (4.45) geprüft. Falls die Existenz von $\mathbf{W}(s)$ gesichert ist, so kann die TFM berechnet werden. Das benötigte Verfahren wird als J_γ-verlustfreie Faktorisierung bezeichnet.

Satz 4.1.5 (J_γ-verlustfreie Faktorisierung, [51], Satz 10.2). Gegeben ist eine $(m \times r)$-TFM (4.39) mit Submatrizen gemäß (4.40) und eine asymptotisch stabile Realisierung im Zustandsraum

$$\boldsymbol{\Omega}(s) \simeq \left[\begin{array}{c|c} (\mathbf{I}, \mathbf{A}) & \mathbf{B} \\ \hline \mathbf{C} & \mathbf{D} \end{array} \right]. \tag{4.46}$$

Es findet sich genau dann eine Matrix $\mathbf{W}(s) \in UH_\infty^{r \times r}$, so dass die TFM

$$\left[\boldsymbol{\Omega}(s)\mathbf{W}^{-1}(s) \right] \tag{4.47}$$

J_γ-verlustfreie ist, wenn

1. eine reelle nichtsinguläre $(m \times r)$-Matrix $\mathbf{D}_W$ existiert, so dass

$$\mathbf{D}^T \mathbf{J}_{\gamma_m} \mathbf{D} = \mathbf{D}_W^T \mathbf{J}_{\gamma_r} \mathbf{D}_W, \tag{4.48}$$

2. eine positiv-semidefinite Lösung $\mathbf{Q}$ der indefiniten Matrix-Riccati-Gleichung

$$\mathbf{Q}\left[\mathbf{A} - \mathbf{B}\mathbf{R}_\gamma \mathbf{D}^T \mathbf{J}_{\gamma_m} \mathbf{C} \right] + \left[\mathbf{A} - \mathbf{B}\mathbf{R}_\gamma \mathbf{D}^T \mathbf{J}_{\gamma_m} \mathbf{C} \right]^T \mathbf{Q}$$
$$-\mathbf{Q}\mathbf{B}\mathbf{R}_\gamma \mathbf{B}^T \mathbf{Q} + \mathbf{C}^T \mathbf{J}_{\gamma_m} \mathbf{C} - \mathbf{C}^T \mathbf{J}_{\gamma_m} \mathbf{D}\mathbf{R}_\gamma \mathbf{D}^T \mathbf{J}_{\gamma_m} \mathbf{C} = \mathbf{0} \tag{4.49}$$

mit

$$\mathbf{R}_\gamma = \left[\mathbf{D}^T \mathbf{J}_{\gamma_m} \mathbf{D} \right]^{-1} \tag{4.50}$$

existiert, so dass alle Eigenwerte der Matrix

$$\left[\mathbf{A} - \mathbf{B}\mathbf{R}_\gamma \left(\mathbf{D}^T \mathbf{J}_{\gamma_m} \mathbf{C} + \mathbf{B}^T \mathbf{Q} \right) \right] \tag{4.51}$$

links der imaginären Achse liegen. Sind diese Bedingungen erfüllt, so ergibt sich eine Lösung für $\mathbf{W}(s)$ aus:

$$\mathbf{W}(s) \simeq \left[\begin{array}{c|c} (\mathbf{I}, \mathbf{A}) & \mathbf{B} \\ \hline \mathbf{J}_{\gamma_m}^{-1} \left(\mathbf{D}_W^{-1} \right)^T \left[\mathbf{D}^T \mathbf{J}_{\gamma_m} \mathbf{C} + \mathbf{B}^T \mathbf{Q} \right] & \mathbf{D}_W \end{array} \right]. \tag{4.52}$$

Zur Berechnung der Matrix $\mathbf{D}_W$

Vorausgesetzt $\mathbf{D}_{22}$ ist regulär und somit invertierbar, so gilt allgemein die Beziehung

$$\mathbf{D} = \begin{bmatrix} \mathbf{D}_{11} & \mathbf{D}_{12} \\ \mathbf{D}_{21} & \mathbf{D}_{22} \end{bmatrix} = \underbrace{\begin{bmatrix} (\mathbf{D}_{11} - \mathbf{D}_{12}\mathbf{D}_{22}^{-1}\mathbf{D}_{21}) & \mathbf{D}_{12}\mathbf{D}_{22}^{-1} \\ \mathbf{0} & \mathbf{I}_{r_2 \times r_2} \end{bmatrix}}_{=\bar{\mathbf{D}}} \underbrace{\begin{bmatrix} \mathbf{I}_{r_1} & \mathbf{0} \\ \mathbf{D}_{21} & \mathbf{D}_{22} \end{bmatrix}}_{=\mathbf{T},\ \text{invertierbar}}. \tag{4.53}$$

Die Matrix $\mathbf{T}$ ist invertierbar und kann daher zur Transformation der Problemstellung verwendet werden: Zunächst wird versucht (4.48) für $\bar{\mathbf{D}}$ zu lösen, d.h. Gleichung (4.48) wird mit

$$\mathbf{D} = \bar{\mathbf{D}}\mathbf{T}, \tag{4.54}$$
$$\mathbf{D}\mathbf{T}^{-1} = \bar{\mathbf{D}}, \tag{4.55}$$
$$\bar{\mathbf{D}}_W = \mathbf{D}_W\mathbf{T}^{-1} \tag{4.56}$$

in

$$\bar{\mathbf{D}}^T \mathbf{J}_{\gamma_m} \bar{\mathbf{D}} = \bar{\mathbf{D}}_W^T \mathbf{J}_{\gamma_r} \bar{\mathbf{D}}_W. \tag{4.57}$$

transformiert. Wegen der Blockdreiecksform von $\bar{\mathbf{D}}$ genügt der Ansatz

$$\bar{\mathbf{D}}_W = \begin{bmatrix} \bar{\mathbf{D}}_{W_{11}} & \bar{\mathbf{D}}_{W_{12}} \\ \mathbf{0} & \bar{\mathbf{D}}_{W_{22}} \end{bmatrix}. \tag{4.58}$$

Unter der Voraussetzung, dass

$$\gamma^2 \bar{\mathbf{D}}_{W_{22}}^T \bar{\mathbf{D}}_{W_{22}} = \underbrace{\gamma^2 \mathbf{I}_{r_2 \times r_2} - \gamma^{-2} \bar{\mathbf{D}}_{12}^T \left[\mathbf{I}_{m_1 \times m_1} - \bar{\mathbf{D}}_{11} \left(\bar{\mathbf{D}}_{11}^T \bar{\mathbf{D}}_{11} \right)^{-1} \bar{\mathbf{D}}_{11}^T \right] \bar{\mathbf{D}}_{12}}_{\text{positiv-definit}} \tag{4.59}$$

gilt, existiert eine Matrix

$$\mathbf{D}_W = \begin{bmatrix} \left(\bar{\mathbf{D}}_{11}^T \bar{\mathbf{D}}_{11} \right)^{\frac{1}{2}} & \left(\bar{\mathbf{D}}_{11}^T \bar{\mathbf{D}}_{11} \right)^{-\frac{1}{2}} \bar{\mathbf{D}}_{11}^T \bar{\mathbf{D}}_{12} \\ \mathbf{0} & \left(\mathbf{I}_{r_2 \times r_2} - \gamma^{-2} \phi \right)^{\frac{1}{2}} \end{bmatrix} \mathbf{T} \tag{4.60}$$

mit

$$\phi = \bar{\mathbf{D}}_{12}^T \left[\mathbf{I}_{m_1 \times m_1} - \bar{\mathbf{D}}_{11} \left(\bar{\mathbf{D}}_{11}^T \bar{\mathbf{D}}_{11} \right)^{-1} \bar{\mathbf{D}}_{11}^T \right] \bar{\mathbf{D}}_{12}. \tag{4.61}$$

Existiert eine Lösung zur Berechnung der Matrix $\mathbf{D}_W$, so sind alle Voraussetzungen zur Methode der $\mathbf{J}_\gamma$-verlustfreien Faktorisierung erfüllt. Und es kann eine geeignete TFM $\mathbf{W}(s)$ bzw. die Realisierung der inversen TFM $\mathbf{W}^{-1}(s)$ und der daraus resultierende Regler zur Lösung des einfachen H$_\infty$-Problems bestimmt werden.

Zur Lösung der so genannten schwierigen H$_\infty$-Standardprobleme sei auf die weiterführende Literatur verwiesen. So ist der zur Lösung schwieriger H$_\infty$-Probleme übliche Ansatz mit zwei algebraischen Riccati-Gleichungen (2-Riccati-Algorithmus) in [24], [25] und [31] zu finden.

4.1.4 H$_\infty$-Problem als Minmax-Differentialspiel im Zeitbereich

In diesem Abschnitt wird die Theorie des Differentialspiels als Möglichkeit zur Lösung des H$_\infty$-Standardproblems im Zeitbereich vorgestellt. Die Theorie des Differentialspiels und die Anwendung dieser Methoden für die Regelungstechnik werden in [3] ausführlich dargestellt. Dabei wird das H$_\infty$-Problem als kontinuierliches Minmax-Spiel mit Sattelpunkten und Differential- und algebraische Gleichungen als Nebenbedingungen (Differentialspiel) formuliert. Unter der Annahme, dass der Gegenspieler (z.B. die Natur) das gleiche erweiterte Gütekriterium wie der Regler zum eigenen Vorteil variiert, dann wird das Gütekriterium bezüglich der Störgrößen maximiert und bezüglich der Stellgrößen minimiert. Dabei wird sichergestellt, dass die Schranken der H$_\infty$-Norm auch unter Einfluss unbekannter, z.B. energiebeschränkter Störfunktionen nicht überschritten werden

(Worst-case-Bedingungen). Dies führt zu einem zweiseitigen Optimierungsproblem der Variationsrechnung. Die Theorie bietet einen strukturierten und relativ anschaulichen Zugang zur Lösung des H_∞-Standardproblems im Zeitbereich.

Der folgenden Diskussion liegt das H_∞-Standardproblem aus Abschnitt 3.4 zugrunde, welches in diesem Zusammenhang auch als Störunterdrückungs-Problem bekannt ist. Es wird ein Regler $\mathbf{K}$ gesucht, der für unbekannte, aber energiebeschränkte Störsignale des Störvektors $\mathbf{w}(t)$ die Energie der Signale im Zielvektor $\mathbf{z}(t)$ der abstrakten Regelstrecke $\mathbf{P}$ begrenzt.

Um die suboptimale analytische Lösung mit Hilfe der Variationsrechnung berechnen zu können, muss die Definition der H_∞-Norm 3.2.3 aus Gleichung (3.1) umformuliert werden.

Mit $\gamma > 0$ folgt:

$$\|\mathbf{T}(t)\|_\infty < \gamma, \tag{4.62}$$

wobei

$$\|\mathbf{T}(t)\|_\infty^2 = \sup_{\mathbf{w(t)} \not\equiv \mathbf{0}} \left(\frac{\|\mathbf{z}(t)\|_2^2}{\|\mathbf{w}(t)\|_2^2} \right) < \gamma^2 \tag{4.63}$$

ist. Dabei gilt $\|\mathbf{z}(t)\|_2^2 = \int\limits_0^\infty \mathbf{z}^T(t)\mathbf{z}(t)dt$ und $\|\mathbf{w}(t)\|_2^2 = \int\limits_0^\infty \mathbf{w}^T(t)\mathbf{w}(t)dt$.

Durch Umformung der Gleichung (4.63) in die Gestalt

$$\sup_{\mathbf{w(t)} \not\equiv \mathbf{0}} \left(\|\mathbf{z}(t)\|_2^2 - \gamma^2 \|\mathbf{w}(t)\|_2^2 \right) < 0, \tag{4.64}$$

wobei $\|\mathbf{w(t)}\|_2 \not\equiv \mathbf{0}$ ist, kann das Gütekriterium durch

$$J(\mathbf{u}(t), \mathbf{w}(t)) = \|\mathbf{z}(t)\|_2^2 - \gamma^2 \|\mathbf{w}(t)\|_2^2 \tag{4.65}$$

beschrieben werden.

Die Minimierung des Gütekriteriums (4.65) bezüglich der Stellgröße $\mathbf{z}(t)$ durch den Spieler (Regler) unter der Annahme, dass der Gegner (die Natur) das gleiche Gütekriterium anhand des Störgrößenvektors $\mathbf{w}(t)$ maximiert. Der jeweilige Spieler wählt die eigene Lösung so, dass sein Gegner damit den kleinsten Schaden anrichten kann. Ein Minmax-Spiel stellt ein zweiseitiges Optimierungsproblem dar und ist eine Worst-case-Betrachtung für den Spieler, der als erster seine Lösung bestimmen muss. Wenn die Reihenfolge der Optimierungsschritte irrelevant ist, so ist dies im spieltheoretischen Sinn ein Sattelpunkt mit der Ungleichung:

$$J(\mathbf{u}^{opt}, \mathbf{w}) \leqslant J(\mathbf{w}^{opt}, \mathbf{w}^{opt}) \leqslant J(\mathbf{u}, \mathbf{w}^{opt}) \tag{4.66}$$

Notwendige Bedingungen für einen Sattelpunkt im spieltheoretischen Sinn sind die folgenden Kriterien:

$$\frac{\partial J}{\partial \mathbf{u}} = 0, \quad \frac{\partial J}{\partial \mathbf{w}} = 0, \quad \frac{\partial^2 J}{\partial \mathbf{u} \partial \mathbf{u}^T} \geqslant 0, \quad \frac{\partial^2 J}{\partial \mathbf{w} \partial \mathbf{w}^T} \leqslant 0. \tag{4.67}$$

Kontinuierliche Minmax-Spiele mit Sattelpunkten und Differentialgleichungen als Nebenbedingungen werden als Differentialspiele bezeichnet. Die Formulierung der H_∞-Forderung als Minmax-Spiel lautet dann:

$$\max_{\mathbf{w}} \min_{\mathbf{u}} J(\mathbf{u}, \mathbf{w}) = J(\mathbf{u}^{opt}, \mathbf{w}^{wc}) < 0$$
$$\Leftrightarrow$$
$$\|\mathbf{T}(t)\|_\infty^2 < \gamma^2 \tag{4.68}$$

Ein wesentlicher Aspekt des weiteren Vorgehens ist die Anwendung des Separationsprinzips, d.h. der Aufteilung einer verallgemeinerten Ausgangsrückführung in die beiden Teilprobleme "Full-Information" und "Output-Estimation". Für weiterführende Studien sei auf [58] verwiesen.

4.2 Lösungsansätze für das nicht-propere H_∞-Standardproblem

4.2.1 Zulässige und erlaubte Realisierungen

Im diesem Abschnitt wird eine Deskriptor-Realisierung der Gestalt (2.60) vorausgesetzt. Die so genannte Impulsfreiheit des (regulären) Matrizenbüschels $(\mathbf{E}, \mathbf{A})$ hängt von der Wahl der Anfangsbedingungen ab. In dieser Arbeit werden ausschließlich reguläre Matrizenbüschel $(\mathbf{E}, \mathbf{A})$ vorausgesetzt, siehe dazu die Erläuterungen zu Gleichung (2.5) in Abschnitt 2.1. Werden die Anfangsbedingungen für Systeme mit höherem Index nicht konsistent gewählt, so treten Impulse in der Lösung auf. Realisierungen mit Index 1 sind generell impulsfrei, d.h. die Anfangsbedingungen können beliebig gewählt werden ohne dass Impulse in der Lösung auftreten [11].

Definition 4.2.1 (Zulässigkeit von $(\mathbf{E}, \mathbf{A})$, [66]). Das Büschel $(\mathbf{E}, \mathbf{A})$ ist zulässig $\Leftrightarrow (\mathbf{E}, \mathbf{A})$ ist asymptotisch stabil und impulsfrei.

Definition 4.2.2 (Zulässige Deskriptor-Realisierungen). Die Deskriptor-Realisierung $\mathbf{T} = (\mathbf{E}, \mathbf{A}, \mathbf{B}, \mathbf{C})$ ist zulässig $\Leftrightarrow (\mathbf{E}, \mathbf{A})$ ist asymptotisch stabil und impulsfrei.

Der in [66] und in Definition 4.2.1 verwendete Begriff der Zulässigkeit bezieht sich nicht auf das Übertragungsverhalten eines Deskriptorsystems, welches somit trotz Impulsverhalten bzgl. der Anfangsbedingungen impulsfrei im Übertragungsverhalten sein kann. Da die Impulsfreiheit von $(\mathbf{E}, \mathbf{A})$ vorausgesetzt wird, erfüllen lediglich Deskriptor-Realisierungen mit Index 1 die Anforderungen der Zulässigkeit.

Die abstrakte Regelstrecke eines H_∞-Problems besitzt jedoch im allgemeinen Fall einen höherer Index als 1. Das Problem besteht darin, dass nicht I-steuerbare und I-beobachtbare Anteile einer Deskriptor-Realisierungen mit höherem Index nicht-properes Übertragungsverhalten verursachen können. Die Problematik wurde einführend in Abschnitt 2.5 an Beispielen veranschaulicht.

Lemma 4.2.1 (Index zulässiger Deskriptor-Realisierungen). Alle zulässige Deskriptor-Realisierungen mit $(\mathbf{E}, \mathbf{A})$ impulsfrei besitzen einen Index $\leqslant 1$.

Für die Gesamtheit aller auf einer zulässigen Deskriptor-Realisierung beruhenden TFM kann folgender Hilfssätze formuliert werden:

Lemma 4.2.2 (Übertragungsverhalten zulässiger Deskriptor-Realisierungen). Das Übertragungsverhalten von zulässigen Deskriptor-Realisierungen ist entweder streng--proper (Index 0) oder proper (Index 1).

Da zulässige Deskriptor-Realisierungen keinen höheren Index als 1 besitzen, wird hier der Begriff der erlaubten Deskriptor-Realisierungen eingeführt. Der neue Begriff bietet den Vorteil, nicht-minimale Deskriptor-Realisierungen mit höherem Index in die H_∞-Synthese einzubeziehen, die properes Übertragungsverhalten vorweisen und damit den Voraussetzungen zur Berechnung einer H_∞-Norm genügen. Somit können z.B. mechanische Deskriptorsysteme mit Index 3 und properem Übertragungsverhalten in die Klasse erlaubter Deskriptor-Realisierungen einbezogen werden, siehe Abschnitt 5.2.

Lemma 4.2.3 (Erlaubte minimale Deskriptor-Realisierung). Eine minimale Deskriptor-Realisierung (2.60) ist erlaubt $\Leftrightarrow$ die Deskriptor-Realisierung asymptotisch stabil und der Index $\leqslant 1$ ist.

Das Übertragungsverhalten einer Index 1 Realisierung ist immer proper, d.h. das Übertragungsverhalten ist generell impulsfrei.

Lemma 4.2.4 (Erlaubte nicht-minimale Deskriptor-Realisierung). Eine nicht minimale Deskriptor-Realisierung (2.60) ist erlaubt $\Leftrightarrow$ das Übertragungsverhalten der Deskriptor-Realisierung asymptotisch stabil und proper ist.

Die C-steuerbare und C-beobachtbare (minimale) Teilrealisierung einer erlaubten nicht-minimalen Deskriptor-Realisierungen muss (notwendigerweise) einen Index $\leqslant 1$ besitzen, da das Übertragungsverhalten proper sein muss. Der Index der übrigen nicht steuerbaren und/oder beobachtbaren Teilsysteme einer nicht minimalen Deskriptor-Realisierungen ist beliebig, da diese Teilsysteme nicht zum Übertragungsverhalten beitragen.
Mit dieser neuen Sichtweise können beispielsweise propere mechanische Deskriptorsysteme mit höherem Index in die H_∞-Synthese mit einbezogen werden. Wesentlich dabei ist lediglich, dass der C-steuerbare und C-beobachtbare Teil einer Deskriptor-Realisierung der Störübertragungsfunktion $\mathbf{T}_{zw}(s)$ auf Index 1 rückführbar ist, da nur dieser zum gesamten Übertragungsverhalten der Deskriptor-Realisierung beiträgt. Die Methode wird ausführlich in Abschnitt 6.4 erläutert. In Abschnitt 7.1 werden notwendige und hinreichende Bedingungen zur Lösung dieses Problems vorgestellt.

4.2.2 Regularitätsbedingungen bei Anwendung von Riccati-Methoden

Für die TFM einer abstrakten Regelstrecke der Gestalt

$$\mathbf{P}(s) = \begin{bmatrix} \mathbf{P}_{11}(s) & \mathbf{P}_{12}(s) \\ \mathbf{P}_{21}(s) & \mathbf{P}_{22}(s) \end{bmatrix}, \tag{4.69}$$

wobei das Übertragungsverhalten durch

$$\begin{bmatrix} \mathbf{z}(s) \\ \mathbf{y}(s) \end{bmatrix} = \mathbf{P}(s) \begin{bmatrix} \mathbf{w}(s) \\ \mathbf{u}(s) \end{bmatrix} \tag{4.70}$$

beschrieben wird, existiert eine (nicht notwendigerweise minimale) Deskriptor-Realisierung

$$\mathbf{P}(s) \simeq \left[\begin{array}{c|cc} (\mathbf{E},\,\mathbf{A}) & \mathbf{B}_1 & \mathbf{B}_2 \\ \hline \mathbf{C}_1 & \mathbf{D}_{11} & \mathbf{D}_{12} \\ \mathbf{C}_2 & \mathbf{D}_{21} & \mathbf{D}_{22} \end{array} \right] \tag{4.71}$$

mit Rang $(\mathbf{E}) < n$ und $(\mathbf{E},\,\mathbf{A})$ regulär.

Aufgrund der nicht notwendigerweise minimalen Realisierung muss zwischen nicht-properem Verhalten bzgl. der Deskriptorvariablen und des Übertragungsverhaltens unterschieden werden. So müssen Abhängigkeiten bei einigen Deskriptorvariablen von Ableitungen der Eingangsgrößen nicht unbedingt im Übertragungsverhalten erscheinen.

Lemma 4.2.5 (Regularitätsbedingungen für Deskriptorsysteme, nach [66]). Die Regularitätsbedingungen zur Lösung des H_∞-Standardproblems mittels Riccati-Methoden lauten:

1. In der Realisierung (4.71) muss $(\mathbf{E},\,\mathbf{A},\,\mathbf{B}_2)$ stabilisierbar und I-steuerbar sein.

2. In der Realisierung (4.71) muss $(\mathbf{E},\,\mathbf{A},\,\mathbf{C}_2)$ ermittelbar und I-beobachtbar sein.

3. Für alle ω muss Rang $\left(\begin{bmatrix} \mathbf{A} - j\omega\mathbf{E} & \mathbf{B}_2 \\ \mathbf{C}_1 & \mathbf{D}_{12} \end{bmatrix} \right) = n + r_2$ erfüllt sein, d.h.
   $\mathbf{P}_{12}(s)$ aus (4.69) besitzt keine Nullstellen auf der $j\omega$-Achse.

4. Für alle ω muss Rang $\left(\begin{bmatrix} \mathbf{A} - j\omega\mathbf{E} & \mathbf{B}_1 \\ \mathbf{C}_2 & \mathbf{D}_{21} \end{bmatrix} \right) = n + m_2$ erfüllt sein, d.h
   $\mathbf{P}_{21}(s)$ aus (4.69) besitzt keine Nullstellen auf der $j\omega$-Achse.

5. Es muss Rang $(\mathbf{D}_{12}) = r_2$ und Rang $(\mathbf{D}_{21}) = m_2$ erfüllt sein, d.h.
   $\mathbf{D}_{12}$ besitzt vollen Spaltenrang und $\mathbf{D}_{21}$ besitzt vollen Zeilenrang.

6. In der Realisierung (4.71) können o.B.d.A $\mathbf{D}_{11} = \mathbf{0}$ und/oder $\mathbf{D}_{22} = \mathbf{0}$ gewählt werden.

Wie bei normalen Systemen gilt auch für Deskriptor-Realisierungen, dass die Bedingung in Lemma 4.2.5-6 nicht notwendig. Sie vereinfachen lediglich die Diskussion und die Darstellung der Lösung des analytischen (suboptimalen) Problems. Die expliziten Durchgriffmatrizen können auch implizit durch eine erweiterte Deskriptor-Realisierung dargestellt werden. Zur vereinfachten Darstellung wird $\mathbf{D}_{11} = \mathbf{0}$ und $\mathbf{D}_{22} = \mathbf{0}$ angenommen:

$$\mathbf{P}(s) \simeq \left[\begin{array}{c|cc} \left(\tilde{\mathbf{E}}, \tilde{\mathbf{A}} \right) & \tilde{\mathbf{B}}_1 & \tilde{\mathbf{B}}_2 \\ \hline \tilde{\mathbf{C}}_1 & \mathbf{0} & \mathbf{0} \\ \tilde{\mathbf{C}}_2 & \mathbf{0} & \mathbf{0} \end{array} \right] \tag{4.72}$$

mit

$$\left(\tilde{\mathbf{E}}, \tilde{\mathbf{A}} \right) = \left(\left[\begin{array}{c|ccc} \mathbf{I}_1 & \mathbf{0} & \mathbf{0} & \mathbf{0} \\ \hline \mathbf{0} & \mathbf{N}_k & \mathbf{0} & \mathbf{0} \\ \mathbf{0} & \mathbf{0} & \mathbf{0} & \mathbf{0} \\ \mathbf{0} & \mathbf{0} & \mathbf{0} & \mathbf{0} \end{array} \right], \left[\begin{array}{c|ccc} \mathbf{A}_1 & \mathbf{0} & \mathbf{0} & \mathbf{0} \\ \hline \mathbf{0} & \mathbf{I}_{N_k} & \mathbf{0} & \mathbf{0} \\ \mathbf{0} & \mathbf{0} & \mathbf{I}_{1112} & \mathbf{0} \\ \mathbf{0} & \mathbf{0} & \mathbf{0} & \mathbf{I}_{2122} \end{array} \right] \right),$$

$$\tilde{\mathbf{B}}_1 = \left[\begin{array}{c} \mathbf{B}_{11} \\ \hline \mathbf{B}_{21} \\ \mathbf{0} \\ -\mathbf{D}_{21} \end{array} \right], \quad \tilde{\mathbf{B}}_2 = \left[\begin{array}{c} \mathbf{B}_{12} \\ \hline \mathbf{B}_{22} \\ -\mathbf{D}_{12} \\ \mathbf{0} \end{array} \right],$$

$$\tilde{\mathbf{C}}_1 = \left[\begin{array}{c|ccc} \mathbf{C}_{11} & \mathbf{C}_{12} & \mathbf{I}_{1112} & \mathbf{0} \end{array} \right],$$

$$\tilde{\mathbf{C}}_2 = \left[\begin{array}{c|ccc} \mathbf{C}_{21} & \mathbf{C}_{22} & \mathbf{0} & \mathbf{I}_{2122} \end{array} \right],$$

wobei

$$\tilde{n}_1 = n_1, \ \tilde{n}_2 = n_2 + (m_1 + m_2),$$
$$\tilde{n} = \tilde{n}_1 + \tilde{n}_2 = n + (m_1 + m_2),$$
$$\tilde{\mathbf{x}} \in R^{\tilde{n}}, \ \tilde{\mathbf{A}} \in R^{\tilde{n} \times \tilde{n}}, \ \tilde{\mathbf{B}}_1 \in R^{\tilde{n} \times r_1}, \ \tilde{\mathbf{B}}_2 \in R^{\tilde{n} \times r_2},$$
$$\tilde{\mathbf{C}}_1 \in R^{m_1 \times \tilde{n}}, \ \tilde{\mathbf{C}}_2 \in R^{m_2 \times \tilde{n}},$$
$$\mathbf{B}_{11} \in R^{n_1 \times r_1}, \ \mathbf{B}_{12} \in R^{n_1 \times r_2},$$
$$\mathbf{B}_{21} \in R^{n_2 \times r_1}, \ \mathbf{B}_{22} \in R^{n_2 \times r_2},$$
$$\mathbf{D}_{12} \in R^{m_1 \times r_2}, \ \mathbf{D}_{21} \in R^{m_2 \times r_1}.$$

Damit eine zulässige Realisierung der Störübertragungsfunktion $\mathbf{T}_{zw}(s)$ erreicht werden kann, muss gesichert sein, dass eine stabilisierende Rückführung des Messgrößenvektors $\mathbf{y}$ auf den Stellgrößenvektor $\mathbf{u}$ für das langsame Subsystem existiert. Notwendige und hinreichende Voraussetzung für die Existenz eine $\mathbf{T}_{zw}(s)$ stabilisierende Rückführung ist die Stabilisierbarkeit und Entdeckbarkeit. Falls das langsame Subsystem die Eigenschaften R-Steuerbarkeit für $(\mathbf{E}, \mathbf{A}, \mathbf{B}_2)$ und R-Beobachtbarkeit für $(\mathbf{E}, \mathbf{A}, \mathbf{C}_2)$ erfüllt, so folgt daraus automatisch sowohl die Stabilisierbarkeit als auch die Entdeckbarkeit.

Da für den geschlossenen Regelkreis eine Realisierung mit Index 1 (proper, impulsfrei) verlangt wird, muss das schnelle Subsystem zusätzlich die Eigenschaften der I-Steuerbarkeit und der I-Beobachtbarkeit erfüllen. Aufgrund diesen Eigenschaften können

Impulse in der Lösung, d.h. im Deskriptorvariablenvektor, unterdrückt werden. Somit wird Zulässigkeit nur dann erreicht, wenn alle Deskriptorvariablen bzgl. der Eingangsgrößen properes Verhalten aufweisen, d.h. nicht von höheren Ableitungen der Eingangsgrößen abhängen. Liegt der geschlossene Regelkreis als Deskriptorsystem mit Index 1 vor, so ist Properheit bzgl. der Deskriptorvariablen immer erfüllt. Folglich ist Properheit bezüglich des Übertragungsverhalten für Realisierungen mit Index 1 immer gegeben.

Der geschlossene Regelkreises kann allerdings nur unter bestimmten strukturellen Voraussetzungen an die abstrakte Regelstrecke und den Regler auf Index 1 reduziert werden. Diese zusätzlichen Anforderungen sind implizit in der Deskriptordarstellung der abstrakten Regelstrecke enthalten. Sie erfordern eine vorausgehende Analyse der abstrakten Regelstrecke und die Erweiterung der Regularitätsbedingungen für Deskriptorsysteme, siehe Abschnitt 7.1. Es sei bemerkt, dass die stärkeren Forderungen nach Normalisierbarkeit und (dualer) Normalisierbarkeit nicht vorausgesetzt werden, d.h. asymptotisch stabile Deskriptor-Realisierungen mit impliziten Durchgriffmatrizen (Index 1, proper) gelten als zulässig.

Die Regularitätsbedingungen 3 und 4 in Lemma 4.2.5 besagen, dass weder $\mathbf{P}_{12}(s)$ noch $\mathbf{P}_{21}(s)$ Nullstellen auf der $j\omega$-Achse besitzen dürfen. Im Gegensatz zur Problematik im Zustandsraum müssen die Übertragungsnullstellen sowohl des streng-properen als auch des properen bzw. nicht-properen Übertragungsverhaltens einer Deskriptor-Realisierung betrachtet werden.

Die Regularitätsbedingung 5 in Lemma 4.2.5 stellt sicher, dass die Anzahl der Ziel- und Störgrößen zu der Anzahl der Stell- und Messgrößen passen. Die beiden RangBedingungen beziehen sich auf die Systemdarstellung (4.71) mit expliziten Durchgriffmatrizen. Die Systemdarstellung (4.72) zeigt jedoch, dass Durchgriffmatrizen in impliziter Form in eine Deskriptor-Realisierung integriert werden können. In Abschnitt 4.2.3 wird dieser Sachverhalt ausführlich erläutert. Zu beachten ist dabei, das sich der effektiv wirkende Durchgriff einer Deskriptor-Realisierung aus den expliziten Durchgriffmatrizen der Darstellung (4.71) und den impliziten properen Anteilen der Lösung des schnellen Teilsystems zusammensetzt, siehe (4.85). Ferner ist zu beachten, dass eine Deskriptor-Realisierung mit streng-properem und/oder nicht-properem Übertragungsverhalten möglich ist, d.h. die Deskriptor-Realisierung würde gar keinen (properen) Durchgriff enthalten und somit die Regularitätsbedingungen verletzen.

4.2.3 Implizite Annahmen an den H∞-Deskriptorregelkreis

In der Regel wird das H∞-Standardproblem für Deskriptorsysteme anhand der, in Abschnitt 3.4 eingeführten, Störübertragungsfunktion

$$\mathbf{T}_{zw}(s) := \mathrm{LLFT}\left(\mathbf{P}(s),\, \mathbf{K}(s)\right). \tag{4.73}$$

diskutiert. Für minimale Realisierung von $\mathbf{T}(s)$ existieren notwendige und hinreichende Bedingungen zur Lösung des suboptimalen H∞-Standardproblems in Deskriptorform

[40], [54]. In den zitierten Arbeiten werden zulässige, d.h. Index 1 und asymptotisch stabile, Deskriptorsysteme für die Realisierung das resultierende Störübertragungsverhaltens vorausgesetzt. Das Besondere an den beiden genannten Arbeiten ist, dass ausdrücklich abstrakte Regelstrecken mit höherem Index und nicht-properem Übertragungsverhalten zur Synthese zugelassen sind, vgl. [40], [57], [55], [56], [54]. Bei eingehender Betrachtung der Lösungsansätze zeigt sich, dass implizite Annahmen bezüglich der abstrakten Regelstrecke berücksichtigt werden müssen und dass nur unter bestimmten Voraussetzungen diese impliziten Annahmen, z.B. durch Modifikation der abstrakten Regelstrecke, erfüllt werden können. Werden diese nicht berücksichtigt, so kann dies zur einer nicht zulässigen Realisierung von $\mathbf{T}_{zw}(s)$ und damit zur Unlösbarkeit des H_∞-Problems mit den zitierten Ansätzen führen.

In der folgenden Diskussion soll diese Problem erörtert und notwendige und hinreichende Bedingungen an die abstrakte Regelstrecke formuliert werden, die die Voraussetzungen zur Darstellung des Störübertragungsverhaltens als zulässige minimale Deskriptor-Realisierung mit Index 1 darstellen.

So wird in den genannten Veröffentlichungen die in der H_∞-Theorie üblichen vereinfachenden Annahmen auf die abstrakte Regelstrecke von Deskriptorsystemen der Gestalt

$$
\begin{aligned}
\mathbf{E\dot{x}} &= \mathbf{Ax} + \mathbf{B}_1\mathbf{w} + \mathbf{B}_2\mathbf{u}, & \text{(4.74a)}\\
\mathbf{z} &= \mathbf{C}_1\mathbf{x} + \mathbf{D}_{11}\mathbf{w} + \mathbf{D}_{12}\mathbf{u}, & \text{(4.74b)}\\
\mathbf{y} &= \mathbf{C}_2\mathbf{x}_1 + \mathbf{D}_{21}\mathbf{w} + \mathbf{D}_{22}\mathbf{u}, & \text{(4.74c)}
\end{aligned}
$$

mit

$$
\mathbf{x} \in R^n,\ \mathbf{A} \in R^{n \times n},\ \mathbf{B}_1 \in R^{n \times r_1},\ \mathbf{B}_2 \in R^{n \times r_2},
$$
$$
\mathbf{C}_1 \in R^{m_1 \times n},\ \mathbf{C}_2 \in R^{m_2 \times n},\ \mathbf{D}_{11} \in R^{m_1 \times r_1},
$$
$$
\mathbf{D}_{12} \in R^{m_1 \times r_2},\ \mathbf{D}_{21} \in R^{m_2 \times r_1},\ \mathbf{D}_{22} \in R^{m_2 \times r_2}.
$$

übertragen. Zur Vereinfachung der Diskussion wird $\mathbf{D}_{22} = \mathbf{0}$ angenommen, d.h.

$$
\begin{aligned}
\mathbf{E\dot{x}} &= \mathbf{Ax} + \mathbf{B}_1\mathbf{w} + \mathbf{B}_2\mathbf{u}, & \text{(4.75a)}\\
\mathbf{z} &= \mathbf{C}_1\mathbf{x} + \mathbf{D}_{11}\mathbf{w} + \mathbf{D}_{12}\mathbf{u}, & \text{(4.75b)}\\
\mathbf{y} &= \mathbf{C}_2\mathbf{x}_1 + \mathbf{D}_{21}\mathbf{w}. & \text{(4.75c)}
\end{aligned}
$$

Die Annahme ist begründet in der Tatsache, dass ein suboptimaler Regler für eine abstrakte Regelstrecke mit $\mathbf{D}_{22} = \mathbf{0}$ durch eine Substitution (siehe nachfolgender Beweis) in einen Regler übergeht, der eine suboptimale Lösung für die abstrakte Regelstrecke mit $\mathbf{D}_{22} \neq \mathbf{0}$ darstellt.

Beweis 4.2.1 ($\mathbf{D}_{22} = \mathbf{0}$). Die allgemeine Messgleichung der abstrakten Regelstrecke lautet

$$
\mathbf{y}(s) = \mathbf{C}_2\mathbf{x}(s) + \mathbf{D}_{21}\mathbf{w}(s) + \mathbf{D}_{22}\mathbf{u}(s), \tag{4.76}
$$

wobei das Übertragungsverhalten des Reglers mit

$$
\mathbf{u}(s) = \mathbf{K}(s)\mathbf{y}(s) \tag{4.77}
$$

beschrieben ist. Sei $\tilde{\mathbf{y}}(s) = \mathbf{C}_2\mathbf{x}(s) + \mathbf{D}_{21}\mathbf{w}(s)$, d.h.

$$\tilde{\mathbf{y}}(s) := \mathbf{y}(s) - \mathbf{D}_{22}\mathbf{u}(s) = \mathbf{y}(s) - \mathbf{D}_{22}\mathbf{K}(s)\mathbf{y}(s) = [\mathbf{I}_{m_2} - \mathbf{D}_{22}\mathbf{K}(s)]\,\mathbf{y}(s). \qquad (4.78)$$

Sei $[\mathbf{I}_{m_2} - \mathbf{D}_{22}\mathbf{K}(s)]$ regulär, so folgt

$$\mathbf{y}(s) = [\mathbf{I}_{m_2} - \mathbf{D}_{22}\mathbf{K}(s)]^{-1}\,\tilde{\mathbf{y}}(s) \qquad (4.79)$$

$$\Rightarrow \mathbf{u}(s) = \mathbf{K}(s)\,[\mathbf{I}_{m_2} - \mathbf{D}_{22}\mathbf{K}(s)]^{-1}\,\tilde{\mathbf{y}}(s) \qquad (4.80)$$

mit

$$\tilde{\mathbf{K}}(s) := \mathbf{K}(s)\,[\mathbf{I}_{m_2} - \mathbf{D}_{22}\mathbf{K}(s)]^{-1}. \quad \text{q.e.d.} \qquad (4.81)$$

Erst wenn das Deskriptorsystem (4.74) in die kanonische Darstellung

$$\begin{aligned}
\dot{\mathbf{x}}_1 &= \mathbf{A}_1\mathbf{x}_1 + \mathbf{B}_{11}\mathbf{w} + \mathbf{B}_{12}\mathbf{u}, & (4.82\text{a}) \\
\mathbf{N}_k\dot{\mathbf{x}}_2 &= \mathbf{x}_2 + \mathbf{B}_{21}\mathbf{w} + \mathbf{B}_{22}\mathbf{u}, & (4.82\text{b}) \\
\mathbf{z} &= \mathbf{C}_{11}\mathbf{x}_1 + \mathbf{C}_{12}\mathbf{x}_2 + \mathbf{D}_{11}\mathbf{w} + \mathbf{D}_{12}\mathbf{u}, & (4.82\text{c}) \\
\mathbf{y} &= \mathbf{C}_{21}\mathbf{x}_1 + \mathbf{C}_{22}\mathbf{x}_2 + \mathbf{D}_{21}\mathbf{w} + \mathbf{D}_{22}\mathbf{u} & (4.82\text{d})
\end{aligned}$$

überführt bzw. als Deskriptor-Realisierung

$$\mathbf{P}(\mathbf{s}) \simeq \left[\begin{array}{c|cc} (\mathbf{I}_1, \mathbf{A}_1) & \mathbf{B}_{11} & \mathbf{B}_{12} \\ \hline \mathbf{C}_{11} & \mathbf{0} & \mathbf{0} \\ \mathbf{C}_{21} & \mathbf{0} & \mathbf{0} \end{array}\right] + \left[\begin{array}{c|cc} (\mathbf{N}_k, \mathbf{I}_2) & \mathbf{B}_{21} & \mathbf{B}_{22} \\ \hline \mathbf{C}_{12} & \mathbf{D}_{11} & \mathbf{D}_{12} \\ \mathbf{C}_{22} & \mathbf{D}_{21} & \mathbf{D}_{22} \end{array}\right] \qquad (4.83)$$

beschrieben und die Lösung von (4.82b)

$$\mathbf{x}_2 = -\sum_{i=0}^{j_w-1} \mathbf{N}_k^i \mathbf{B}_{21}\mathbf{w}^{(i)} - \sum_{i=0}^{j_u-1} \mathbf{N}_k^i \mathbf{B}_{22}\mathbf{u}^{(i)} \qquad (4.84)$$

in (4.82) eingesetzt wird, folgt:

$$\begin{aligned}
\dot{\mathbf{x}}_1 &= \mathbf{A}_1\mathbf{x}_1 + \mathbf{B}_{11}\mathbf{w} + \mathbf{B}_{12}\mathbf{u}, \\
\mathbf{z} &= \mathbf{C}_{11}\mathbf{x}_1 - \sum_{i=0}^{h_{11}-1} \mathbf{C}_{12}\mathbf{N}_k^i\mathbf{B}_{21}\mathbf{w}^{(i)} - \sum_{i=0}^{h_{12}-1} \mathbf{C}_{12}\mathbf{N}_k^i\mathbf{B}_{22}\mathbf{u}^{(i)} + \mathbf{D}_{11}\mathbf{w} + \mathbf{D}_{12}\mathbf{u}, \\
\mathbf{y} &= \mathbf{C}_{21}\mathbf{x}_1 - \sum_{i=0}^{h_{21}-1} \mathbf{C}_{22}\mathbf{N}_k^i\mathbf{B}_{21}\mathbf{w}^{(i)} - \sum_{i=0}^{h_{22}-1} \mathbf{C}_{22}\mathbf{N}_k^i\mathbf{B}_{22}\mathbf{u}^{(i)} + \mathbf{D}_{21}\mathbf{w} + \mathbf{D}_{22}\mathbf{u}.
\end{aligned}$$

$$(4.85)$$

Die Systemdarstellung (4.85) zeigt, dass mit $\mathbf{D}_{ij} = \mathbf{0}$ (wobei $i, j \in \{1, 2\}$) nicht ausgeschlossen werden kann, dass Durchgriffmatrizen bezüglich $\mathbf{w}$, $\mathbf{u}$ und vor allem mit höheren Ableitungen dieser Eingangsgrößen Auswirkungen auf des Übertragungsverhalten haben. Dieser Sachverhalt soll durch eine Separation von properen ($i = 0$) und nicht-properen ($k \geqslant i > 0$) Summentermen in (4.85) weiter verdeutlicht werden:

$$\dot{\mathbf{x}}_1 = \mathbf{A}_1\mathbf{x}_1 + \mathbf{B}_{11}\mathbf{w} + \mathbf{B}_{12}\mathbf{u}, \tag{4.86a}$$

$$\mathbf{z} = \mathbf{C}_{11}\mathbf{x}_1 + [\mathbf{D}_{11} - \mathbf{C}_{12}\mathbf{B}_{21}]\,\mathbf{w} + [\mathbf{D}_{12} - \mathbf{C}_{12}\mathbf{B}_{22}]\,\mathbf{u}$$
$$- \sum_{i=1}^{h_{11}-1} \mathbf{C}_{12}\mathbf{N}_k^i\mathbf{B}_{21}\mathbf{w}^{(i)} - \sum_{i=1}^{h_{12}-1} \mathbf{C}_{12}\mathbf{N}_k^i\mathbf{B}_{22}\mathbf{u}^{(i)}, \tag{4.86b}$$

$$\mathbf{y} = \mathbf{C}_{21}\mathbf{x}_1 + [\mathbf{D}_{21} - \mathbf{C}_{22}\mathbf{B}_{21}]\,\mathbf{w} + [\mathbf{D}_{22} - \mathbf{C}_{22}\mathbf{B}_{22}]\,\mathbf{u}$$
$$- \sum_{i=1}^{h_{21}-1} \mathbf{C}_{22}\mathbf{N}_k^i\mathbf{B}_{21}\mathbf{w}^{(i)} - \sum_{i=1}^{h_{22}-1} \mathbf{C}_{22}\mathbf{N}_k^i\mathbf{B}_{22}\mathbf{u}^{(i)}. \tag{4.86c}$$

Unter den vereinfachenden Annahmen $\mathbf{D}_{11} = \mathbf{0}$ und $\mathbf{D}_{22} = \mathbf{0}$ folgt

$$\dot{\mathbf{x}}_1 = \mathbf{A}_1\mathbf{x}_1 + \mathbf{B}_{11}\mathbf{w} + \mathbf{B}_{12}\mathbf{u}, \tag{4.87a}$$

$$\mathbf{z} = \mathbf{C}_{11}\mathbf{x}_1 + [-\mathbf{C}_{12}\mathbf{B}_{21}]\,\mathbf{w} + [\mathbf{D}_{12} - \mathbf{C}_{12}\mathbf{B}_{22}]\,\mathbf{u}$$
$$- \sum_{i=1}^{h_{11}-1} \mathbf{C}_{12}\mathbf{N}_k^i\mathbf{B}_{21}\mathbf{w}^{(i)} - \sum_{i=1}^{h_{12}-1} \mathbf{C}_{12}\mathbf{N}_k^i\mathbf{B}_{22}\mathbf{u}^{(i)}, \tag{4.87b}$$

$$\mathbf{y} = \mathbf{C}_{21}\mathbf{x}_1 + [\mathbf{D}_{21} - \mathbf{C}_{22}\mathbf{B}_{21}]\,\mathbf{w} + [-\mathbf{C}_{22}\mathbf{B}_{22}]\,\mathbf{u}$$
$$- \sum_{i=1}^{h_{21}-1} \mathbf{C}_{22}\mathbf{N}_k^i\mathbf{B}_{21}\mathbf{w}^{(i)} - \sum_{i=0}^{h_{22}-1} \mathbf{C}_{22}\mathbf{N}_k^i\mathbf{B}_{22}\mathbf{u}^{(i)}. \tag{4.87c}$$

In den vier Übertragungsblöcken sind noch immer Durchgriffmatrizen vorhanden, obwohl $\mathbf{D}_{11} = \mathbf{0}$ und $\mathbf{D}_{22} = \mathbf{0}$ sind. Zudem können die vier Übertragungsblöcke nicht-properes Übertragungsverhalten mit jeweils maximalen Ableitungsgraden $h_{ij} > 1$, $i, j \in \{1, 2\}$ besitzen. Mit den neuen Deskriptorvektoren ξ_{1112} und ξ_{2122} kann ein Deskriptorvektor der Gestalt

$$\begin{bmatrix} \xi_{1112} \\ \xi_{2122} \end{bmatrix} = \begin{bmatrix} \mathbf{0} & \mathbf{D}_{12} \\ \mathbf{D}_{21} & \mathbf{0} \end{bmatrix} \begin{bmatrix} \mathbf{w} \\ \mathbf{u} \end{bmatrix} \tag{4.88}$$

definiert werden. Mit $\mathbf{x}_1$ und (4.88) wird ein weiterer Deskriptorvektor der Gestalt

$$\zeta := \begin{bmatrix} \mathbf{x}_1 \\ \xi_{1112} \\ \xi_{2122} \end{bmatrix} \tag{4.89}$$

konstruiert, mit dem die expliziten Durchgriffmatrizen aus (4.83) in das langsame Deskriptorsystem integriert werden können. Es ist

$$\begin{bmatrix} \mathbf{I}_1 & \mathbf{0} & \mathbf{0} \\ \mathbf{0} & \mathbf{0} & \mathbf{0} \\ \mathbf{0} & \mathbf{0} & \mathbf{0} \end{bmatrix} \dot{\zeta} = \begin{bmatrix} \mathbf{A}_1 & \mathbf{0} & \mathbf{0} \\ \mathbf{0} & \mathbf{I}_{1112} & \mathbf{0} \\ \mathbf{0} & \mathbf{0} & \mathbf{I}_{2122} \end{bmatrix} \zeta + \begin{bmatrix} \mathbf{B}_{11} \\ \mathbf{0} \\ -\mathbf{D}_{21} \end{bmatrix} \mathbf{w} + \begin{bmatrix} \mathbf{B}_{12} \\ -\mathbf{D}_{12} \\ \mathbf{0} \end{bmatrix} \mathbf{u}, \tag{4.90a}$$

$$\mathbf{z} = \begin{bmatrix} \mathbf{C}_{11} & \mathbf{I}_{1112} & \mathbf{0} \end{bmatrix} \zeta - \sum_{i=0}^{h_{11}-1} \mathbf{C}_{12}\mathbf{N}_k^i\mathbf{B}_{21}\mathbf{w}^{(i)} - \sum_{i=0}^{h_{12}-1} \mathbf{C}_{12}\mathbf{N}_k^i\mathbf{B}_{22}\mathbf{u}^{(i)}, \tag{4.90b}$$

$$\mathbf{y} = \begin{bmatrix} \mathbf{C}_{11} & \mathbf{0} & \mathbf{I}_{2122} \end{bmatrix} \zeta - \sum_{i=0}^{h_{21}-1} \mathbf{C}_{22}\mathbf{N}_k^i\mathbf{B}_{21}\mathbf{w}^{(i)} - \sum_{i=0}^{h_{22}-1} \mathbf{C}_{22}\mathbf{N}_k^i\mathbf{B}_{22}\mathbf{u}^{(i)}. \tag{4.90c}$$

Die Systemdarstellung (4.90) zeigt, dass aufgrund der höheren Ableitungen der Eingangsgrößen $\mathbf{w}$ und $\mathbf{u}$ keine Realisierung der Gestalt (4.71) existiert. Nur unter der Annahmen, dass $h_{11} = h_{12} = h_{21} = h_{22} = 1$ gilt, folgt eine Deskriptor-Realisierung mit properem Übertragungsverhalten der Gestalt

$$\bar{\mathbf{P}}(\mathbf{s}) \simeq \left[\begin{array}{c|cc} (\bar{\mathbf{E}}, \bar{\mathbf{A}}) & \bar{\mathbf{B}}_1 & \bar{\mathbf{B}}_2 \\ \hline \bar{\mathbf{C}}_1 & \bar{\mathbf{D}}_{11} & \bar{\mathbf{D}}_{12} \\ \bar{\mathbf{C}}_2 & \bar{\mathbf{D}}_{21} & \bar{\mathbf{D}}_{22} \end{array} \right]. \tag{4.91}$$

Die Problematik impliziter Annahmen wird vor allem dann deutlich, wenn eine Deskriptor-Realisierung der Störübertragungsfunktion betrachtet wird. Angenommen die TFM der abstrakten Regelstrecke entspricht der Darstellung

$$\mathbf{P}(s) = \mathbf{P}_1(s) + \mathbf{P}_2(s) \tag{4.92}$$

mit

$$\mathbf{P}_1(s) = \begin{bmatrix} \bar{\mathbf{P}}_{11}(s) & \bar{\mathbf{P}}_{12}(s) \\ \bar{\mathbf{P}}_{21}(s) & \bar{\mathbf{P}}_{22}(s) \end{bmatrix} \tag{4.93}$$

und

$$\mathbf{P}_2(s) = \begin{bmatrix} \tilde{\mathbf{P}}_{11}(s) & \tilde{\mathbf{P}}_{12}(s) \\ \tilde{\mathbf{P}}_{21}(s) & \tilde{\mathbf{P}}_{22}(s) \end{bmatrix}. \tag{4.94}$$

Mit (4.92) und (3.46) folgt die Darstellung Störübertragungsfunktion

$$\mathbf{T}_{zw}(s) = \underbrace{\tilde{\mathbf{P}}_{11}(s)}_{\text{nicht-proper}} + \left[\underbrace{\bar{\mathbf{P}}_{11}(s) + \mathbf{P}_{12}(s)\mathbf{K}(s)\left(\mathbf{I} - \mathbf{P}_{22}(s)\mathbf{K}(s)\right)^{-1}\mathbf{P}_{21}(s)}_{\text{streng-proper/proper}} \right], \tag{4.95}$$

wobei sich allgemein die Teilübertragungsfunktionen $\mathbf{P}_{12}(s)$, $\mathbf{P}_{21}(s)$ und $\mathbf{P}_{22}(s)$ aus jeweils streng-propere/propere und nicht-propere Anteile zusammensetzen. Die Teilübertragungsfunktionen $\mathbf{P}_{11}(s)$ wird explizit durch die beiden Anteilen $\bar{\mathbf{P}}_{11}(s)$ und $\tilde{\mathbf{P}}_{11}(s)$ repräsentiert. So kann (4.95) als

$$\mathbf{T}_{zw}(s) = \tilde{\mathbf{P}}_{11}(s) + \mathbf{R}(s) \tag{4.96}$$

mit

$$\mathbf{R}(s) = \bar{\mathbf{P}}_{11}(s) + \mathbf{P}_{12}(s)\mathbf{K}(s)\left(\mathbf{I} - \mathbf{P}_{22}(s)\mathbf{K}(s)\right)^{-1}\mathbf{P}_{21}(s) \tag{4.97}$$

dargestellt werden.

Wird in (4.96) $\tilde{\mathbf{P}}_{11}(s) = \mathbf{0}$ angenommen und sind die Regularitätsbedingungen (Lemma (4.2.5)) erfüllt, so kann ein properer bzw. streng-properer Regler $\mathbf{K}^*(s)$ für $\|\mathbf{T}_{zw}\|_\infty < \gamma$ gefunden werden. Wenn $\mathbf{K}^*(s)$ eine suboptimale Lösung darstellt, dann muss (4.97) ebenfalls proper bzw. streng-proper sein, um zu einer properen bzw. streng-properen Störübertragungsfunktion (4.95) zu gelangen.

Die Kompensation des nicht-properen Übertragungsverhaltens $\tilde{\mathbf{P}}_{11}(s)$ in (4.96) ist theoretisch mit einem ebenfalls nicht-properen Übertragungsverhalten $\mathbf{R}(s)$ realisierbar. Im Zeitbereich würden dann Impulse von $\tilde{\mathbf{P}}_{11}(s)$ durch Impulse von $\mathbf{R}(s)$ (mit entgegengesetztem Vorzeichen) kompensiert werden. Jedoch ist solch ein Übertragungsverhalten nicht technisch realisierbar und widerspricht den Anforderungen an die Robustheit des geschlossenen Regelkreises.

Ausgehend von den in diesem Abschnitt diskutierten Problemen werden in Abschnitt 7.1 erweiterte Regularitätsbedingungen für Deskriptorsysteme formuliert, die notwendige und hinreichende Bedingungen zur Lösung des H$_\infty$-Standardproblems für allgemein nicht-propere abstrakte Regelstrecken darstellen.

4.2.4 J-Spektralfaktorisierung für Deskriptorsysteme und polynomiale Methoden nach [66]

J-Spektral-Faktorisierung

Dieser Abschnitt stellt einführend den 1994 veröffentlichten Lösungsansatz [66] für H$_\infty$-Probleme in Deskriptorform auf Basis einer erweiterten J-Spektral-Faktorisierung von Transferfunktionsmatrizen vor. Die Arbeit basiert im wesentlichen auf dem 1990 veröffentlichten Ansatz von Green [25]. Die Erweiterung der Methoden für Zustands-Realisierungen auf Deskriptor-Realisierungen wird im vor allem durch die Verwendung generalisierter algebraischer Riccati-Gleichungen erreicht. So unterscheiden sich die Methoden nur unwesentlich von den in Abschnitt 4.1.2 vorgestellten Faktorisierungsmethoden für Zustandsraum-Realisierungen.

Die Methode der J-Spektral-Faktorisierung wird hier nur so weit vorgestellt, wie es zur Veranschaulichung der Problematik bei Deskriptor-Realisierungen mit höherem Index und allgemein nicht-properem Übertragungsverhalten notwendig ist. So soll anhand des Modell-Anpassungs-Problems gezeigt werden, dass die in Abschnitt 4.2.3 analysierte implizite nicht-propere Struktur der abstrakten Regelstrecke zum Versagen des in [66] vorgestellten Lösungswegs führen kann.

Die nachfolgende Diskussion basiert auf den, in Abschnitt 4.2.2 vorgestellten und in [66] verwendeten Regularitätsbedingungen für Deskriptorsysteme. Es wird die Existenz eines Reglers vorausgesetzt, der den geschlossenen Regelkreis

$$
\begin{aligned}
\mathbf{T}_{zw}(s) &= \mathrm{LLFT}\left(\mathbf{P}(s),\ \mathbf{K}(s)\right) \\
&= \mathbf{P}_{11}(s) + \mathbf{P}_{12}(s)\mathbf{K}(s)\left(\mathbf{I}_{m_2} - \mathbf{P}_{22}(s)\mathbf{K}(s)\right)^{-1}\mathbf{P}_{21}(s)
\end{aligned}
\tag{4.98}
$$

stabilisiert, d.h. es existiert ein $\mathbf{T}_{zw}(s) \in RH_\infty$. Demnach existieren zwei Rückführungsmatrizen $\mathbf{F}$ und $\mathbf{H}$ der Gestalt, dass die beiden Matrizenpaare

$$
(\mathbf{E},\ \mathbf{A}_F) = (\mathbf{E},\ \mathbf{A} + \mathbf{B}_2\mathbf{F}),
\tag{4.99}
$$

$$
(\mathbf{E},\ \mathbf{A}_H) = (\mathbf{E},\ \mathbf{A} + \mathbf{H}\mathbf{C}_2)
\tag{4.100}
$$

als zulässig zu bezeichnen sind, d.h. sie sind laut Definition 4.2.1 regulär, asymptotisch stabil und von Index 1. Nach [66] existiert für (4.100) eine Lösung der generalisierten algebraischen Riccati-Gleichungen der Gestalt

$$
\mathbf{E}^T\mathbf{X} = \mathbf{X}^T\mathbf{E},
\tag{4.101a}
$$

$$
\mathbf{A}_H^T\mathbf{X} + \mathbf{X}^T\mathbf{A}_H + \mathbf{C}_2^T\mathbf{C}_2 = \mathbf{0}.
\tag{4.101b}
$$

Mit den Rückführungsmatrizen $\mathbf{F}$ und $\mathbf{H}$ kann eine doppelte koprime Faktorisierung von $\mathbf{P}_{22}(s)$ über RH_∞ durchgeführt werden,

$$
\mathbf{P}_{22}(s) = \mathbf{N}\mathbf{M}^{-1} = \tilde{\mathbf{M}}^{-1}\tilde{\mathbf{N}}
\tag{4.102}
$$

mit

$$
\begin{bmatrix} \mathbf{M}(s) & -\tilde{\mathbf{Y}}(s) \\ \mathbf{N}(s) & \tilde{\mathbf{X}}(s) \end{bmatrix} \simeq
\left[\begin{array}{c|cc} (\mathbf{E},\ \mathbf{A}_F) & \mathbf{B}_2 & -\mathbf{H} \\ \hline \mathbf{F} & \mathbf{I}_{r_2} & \mathbf{0} \\ \mathbf{C}_2 & \mathbf{0} & \mathbf{I}_{m_2} \end{array}\right]
\tag{4.103}
$$

und

$$
\begin{bmatrix} \mathbf{X}(s) & \mathbf{Y}(s) \\ -\tilde{\mathbf{N}}(s) & \tilde{\mathbf{M}}(s) \end{bmatrix} \simeq
\left[\begin{array}{c|cc} (\mathbf{E},\ \mathbf{A}_H) & -\mathbf{B}_2 & \mathbf{H} \\ \hline \mathbf{F} & \mathbf{I}_{r_2} & \mathbf{0} \\ \mathbf{C}_2 & \mathbf{0} & \mathbf{I}_{m_2} \end{array}\right].
\tag{4.104}
$$

Aufgrund der Regularitätsbedingungen in Lemma 4.2.5 ist eine Realisierung der Störübertragungsfunktion stabilisierbar und die Menge aller stabilisierenden Regler durch eine Q-Parametrierung (Youla-Parametrierung) der Gestalt

$$
\mathbf{K}(s) = \left(\mathbf{M}(s)\mathbf{Q}(s) - \tilde{\mathbf{Y}}(s)\right)\left(\mathbf{N}(s)\mathbf{Q}(s) + \tilde{\mathbf{X}}(s)\right)^{-1}
\tag{4.105}
$$

gegeben, wobei $\mathbf{Q}(s) \in RH_\infty^{r_2 \times m_2}$.

In [66] wird dabei ausdrücklich nicht-properes Übertragungsverhalten der in (4.105) parametrierten Regler eingeschlossen. Somit würde zur Realisierung des nicht-properen Übertragungsverhaltens ein Deskriptorsystem mit höherem Index benötigt. Da das nicht-propere Übertragungsverhalten eines solchen Reglers technisch nicht realisierbar ist, bleibt die Möglichkeit mit einem geeigneten Übertragungsverhalten von $\mathbf{Q}(s)$ einen streng-properen bzw. properen und damit technisch realisierbaren Regler zu finden.

Es soll nun gezeigt werden, dass mit dieser Einschränkung und unter den vorausgesetzten Regularitätsbedingungen das H_∞-Problem für allgemein nicht-propere abstrakte Regelstrecken nicht lösbar sein kann. Dies wird besonders dann deutlich, wenn nicht-properes Übertragungsverhalten von $\mathbf{P}_{11}(s)$ vorausgesetzt wird. Es zeigt sich, dass bei nicht-properem Übertragungsverhalten von $\mathbf{P}_{11}(s)$ das Übertragungsverhalten der Störübertragungsfunktion nicht mit hinreichender numerischer Stabilität auf eine zulässige Deskriptor-Realisierung mit Index 1 zurückzuführen ist. Dies soll an dem in [66] gezeigten Modell-Anpassungs-Problem verdeutlicht werden.

Mit der Beschreibung der Störübertragungsfunktion (4.98) und der Q-Parametrierung (4.105) kann das Modell-Anpassungs-Problems zu

$$\mathbf{T}_{zw}(s) = \mathbf{T}_1(s) + \mathbf{T}_2(s)\mathbf{Q}(s)\mathbf{T}_3(s) \tag{4.106}$$

umgeformt werden, wobei

$$\begin{aligned}
\mathbf{T}_1(s) &= \mathbf{P}_{11}(s) + \mathbf{P}_{12}(s)\tilde{\mathbf{Y}}(s)\tilde{\mathbf{M}}(s)\mathbf{P}_{21}(s) \\[2mm]
&\simeq \left[\begin{array}{c|c} \left(\begin{bmatrix} \mathbf{E} & \mathbf{0} \\ \mathbf{0} & \mathbf{E} \end{bmatrix}, \begin{bmatrix} \mathbf{A}_F & -\mathbf{B}_2\mathbf{F} \\ \mathbf{0} & \mathbf{A}_H \end{bmatrix} \right) & \begin{matrix} \mathbf{B}_1 \\ \mathbf{B}_H \end{matrix} \\ \hline \begin{matrix} \mathbf{C}_1 + \mathbf{D}_{12}\mathbf{F} & -\mathbf{D}_{12}\mathbf{F} \end{matrix} & \mathbf{0} \end{array} \right],
\end{aligned} \tag{4.107}$$

$$\mathbf{T}_2(s) = \mathbf{P}_{12}(s)\tilde{\mathbf{M}}(s) \simeq \left[\begin{array}{c|c} (\mathbf{E}, \mathbf{A}_F) & \mathbf{B}_2 \\ \hline \mathbf{C}_F & \mathbf{D}_{12} \end{array} \right] \tag{4.108}$$

und

$$\mathbf{T}_3(s) = \tilde{\mathbf{M}}(s)\mathbf{P}_{21}(s) \simeq \left[\begin{array}{c|c} (\mathbf{E}, \mathbf{A}_H) & \mathbf{B}_1 + \mathbf{H}\mathbf{D}_{21} \\ \hline \mathbf{C}_2 & \mathbf{D}_{21} \end{array} \right] \tag{4.109}$$

ist. Dabei wird $\mathbf{T}_1(s)$, $\mathbf{T}_2(s)$, $\mathbf{T}_3(s) \in RH_\infty$ angenommen. Dies setzt jedoch voraus, dass $\mathbf{T}_1(s)$, $\mathbf{T}_2(s)$ und $\mathbf{T}_3(s)$ proper bzw. streng-proper sind.

Wenn (4.107) gilt, dann kann lediglich ein nicht-properes Übertragungsverhalten von $\mathbf{P}_{12}(s)\tilde{\mathbf{Y}}(s)\tilde{\mathbf{M}}(s)\mathbf{P}_{21}(s)$ das nicht-propere Übertragungsverhalten von $\mathbf{P}_{11}(s)$ kompensieren. Dies ist jedoch numerisch schwierig zu realisieren, da aufgrund unvollständiger Subtraktionen polynomiale Koeffizienten nicht verschwinden. Das verbleibenden nicht-propere Übertragungsverhalten ist z.B. nur noch über eine minimale Deskriptor-Realisierung von höherem Index beschreibbar und gilt damit als nicht zulässig.

Beispiel 4.2.1 (Abstrakte Regelstrecke (Index 2, NPG 1), Beispiel [66]). Betrachtet wird das Übertragungsverhalten einer abstrakten Regelstrecke

$$\mathbf{P}(s) = \begin{bmatrix} \mathbf{P}_{11}(s) & \mathbf{P}_{12}(s) \\ \mathbf{P}_{21}(s) & \mathbf{P}_{22}(s) \end{bmatrix} \tag{4.110}$$

mit

$$\mathbf{P}_{11}(s) = \begin{bmatrix} \frac{2s}{s+1} \\ s \end{bmatrix},\ \mathbf{P}_{12}(s) = \begin{bmatrix} 2 \\ 2+s \end{bmatrix},$$

$$\mathbf{P}_{21}(s) = \left[-\frac{2}{s+1} + 1 + s \right],\ \mathbf{P}_{22}(s) = 1 + s = -\mathbf{G}(s).$$

Der zentrale Regler wird mit

$$\mathbf{K}(s) = \frac{-s^2 - 3.259s - 2.624}{2s^2 + 6.688s + 5.316} \tag{4.111}$$

angegeben. Die Sensitivitätsfunktion lautet

$$\mathbf{S}(s) = (\mathbf{I}_{m_2} - \mathbf{P}_{22}(s)\mathbf{K}(s))^{-1}. \tag{4.112}$$

Mit dem durch den Regler beeinflussbaren Übertragungsverhalten

$$\mathbf{R}(s) = \mathbf{P}_{12}(s)\mathbf{K}(s)\mathbf{S}(s)\mathbf{P}_{21}(s) \tag{4.113}$$

kann das gesamte Störübertragungsverhalten

$$\begin{aligned} \mathbf{T}_{zw}(s) &= \mathrm{LLFT}\,(\mathbf{P}(s),\ \mathbf{K}(s)) \\ &= \mathbf{P}_{11}(s) + \mathbf{R}(s) \end{aligned} \tag{4.114}$$

beschrieben werden. Die numerischen Berechnung ergibt die Sensitivitätsfunktion

$$\mathbf{S}(s) = \frac{2s^2 + 6.688s + 5.316}{s^3 + 6.259s^2 + 12.57s + 7.94}. \tag{4.115}$$

Wenn ein Problem mit gemischten Empfindlichkeiten angenommen wird, so ist i.d.R.

$$\mathbf{G}(s) = -\mathbf{P}_{22}(s), \tag{4.116}$$

wobei $\mathbf{G}(s)$ das Übertragungsverhalten der realen Regelstrecke darstellt. Das Übertragungsverhalten des geschlossenen realen Regelkreis $\mathbf{G}_g(s)$ kann dann mit

$$\begin{aligned} \mathbf{G}_g(s) &= \mathbf{G}(s)\mathbf{K}(s)\mathbf{S}(s) \\ &= \frac{2\,s^5 + 15.21\,s^4 + 45.57\,s^3 + 67.23\,s^2 + 48.82\,s + 13.95}{2\,s^5 + 19.21\,s^4 + 72.32\,s^3 + 133.2\,s^2 + 119.9\,s + 42.21} \end{aligned} \tag{4.117}$$

berechnet werden. Weiterhin ergeben sich

$$\mathbf{R}(s) = \begin{bmatrix} \frac{-4s^6 - 34.41s^5 - 113.5s^4 - 172.8s^3 - 102.7s^2 + 13.95s + 27.9}{2s^6 + 21.21s^5 + 91.52s^4 + 205.5s^3 + 253.1s^2 + 162.1s + 42.21} \\ \frac{-2s^7 - 21.21s^6 - 91.18s^5 - 199.9s^4 - 224.1s^3 - 95.69s^2 + 27.9s + 27.9}{2s^6 + 21.21s^5 + 91.52s^4 + 205.5s^3 + 253.1s^2 + 162.1s + 42.21} \end{bmatrix}, \tag{4.118}$$

und

$$\mathbf{T}_{zw}(s) = \mathbf{P}_{11}(s) + \mathbf{R}(s)$$

$$= \begin{bmatrix} \dfrac{2s}{s+1} + \dfrac{-4s^6-34.41s^5-113.5s^4-172.8s^3-102.7s^2+13.95s+27.9}{2s^6+21.21s^5+91.52s^4+205.5s^3+253.1s^2+162.1s+42.21} \\[2ex] s + \dfrac{-2s^7-21.21s^6-91.18s^5-199.9s^4-224.1s^3-95.69s^2+27.9s+27.9}{2s^6+21.21s^5+91.52s^4+205.5s^3+253.1s^2+162.1s+42.21} \end{bmatrix}$$

$$= \begin{bmatrix} \dfrac{4s^6+35.09s^5+124.8s^4+230.9s^3+235.6s^2+126.3s+27.9}{2s^7+23.21s^6+112.7s^5+297.1s^4+458.7s^3+415.3s^2+204.3s+42.21} \\[3ex] \dfrac{\overbrace{(2s^7-2s^7)}^{=0}+\overbrace{(21.21s^6-21.21s^6)}^{=0}+0.34s^5+...+70.11s+27.9}{2s^6+21.21s^5+91.52s^4+205.5s^3+253.1s^2+162.1s+42.21} \end{bmatrix}.$$

$$\tag{4.119}$$

Abbildung 4.1 zeigt die berechneten Funktionen als Ortskurven.

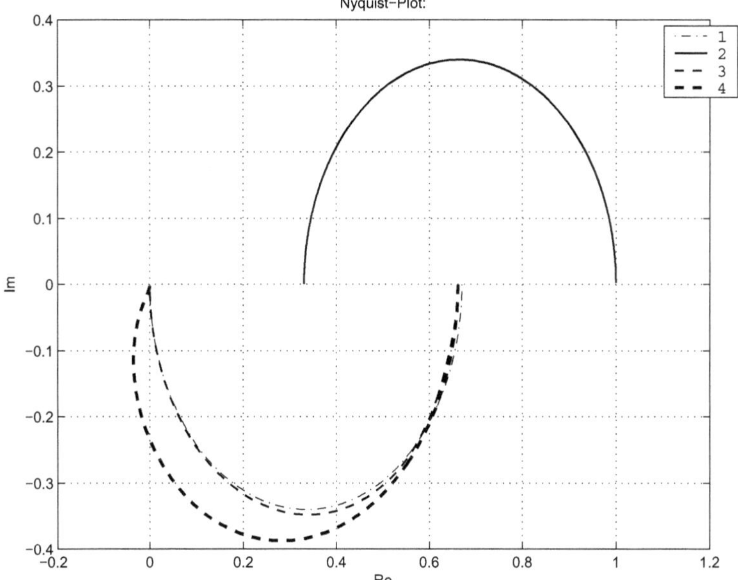

Abbildung 4.1: Nyquist-Plot: $1 \simeq \mathbf{S}(j\omega)$, $2 \simeq \mathbf{G}_g(j\omega)$, $3 \simeq \mathbf{T}_{zw_1}(j\omega)$, $4 \simeq \mathbf{T}_{zw_2}(j\omega)$.

Dem streng-properem Übertragungsverhalten liegt eine Realisierung der Gestalt

$$\mathbf{T}_{zw}(s) = \mathbf{T}_{zw_1}(s)$$

$$\simeq \left[\begin{array}{c|c} (\mathbf{I}_1, \mathbf{A}_1) & \mathbf{B}_1 \\ \hline \mathbf{C}_1 & \mathbf{0} \end{array}\right] \tag{4.120}$$

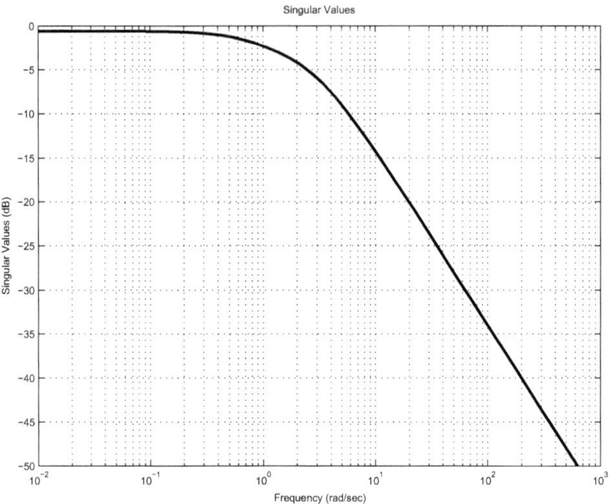

Abbildung 4.2: Singulärwertverlauf von $\mathbf{T}_{zw}(j\omega)$.

und

$$\mathbf{T}_{zw_2}(s) = \mathbf{0} \tag{4.121}$$

zugrunde, wobei

$$\mathbf{A}_1 = \begin{bmatrix} -11.60 & -56.36 & -148.53 & -229.35 & -207.64 & -102.17 & -21.10 \\ 1 & 0 & 0 & 0 & 0 & 0 & 0 \\ 0 & 1 & 0 & 0 & 0 & 0 & 0 \\ 0 & 0 & 1 & 0 & 0 & 0 & 0 \\ 0 & 0 & 0 & 1 & 0 & 0 & 0 \\ 0 & 0 & 0 & 0 & 1 & 0 & 0 \\ 0 & 0 & 0 & 0 & 0 & 1 & 0 \end{bmatrix},$$

$$\mathbf{B}_1 = \begin{bmatrix} 1 & 0 & 0 & 0 & 0 & 0 & 0 \end{bmatrix}^T,$$

$$\mathbf{C}_1 = \begin{bmatrix} 2.0 & 17.55 & 62.39 & 115.43 & 117.78 & 63.13 & 13.95 \\ 0.17 & 2.98 & 17.33 & 47.75 & 68.28 & 49.0 & 13.95 \end{bmatrix}$$

ist. Die numerische Berechnung ergibt einen Wert für die H_∞-Norm von $\|\mathbf{T}_{zw}\|_\infty =$ 0.9347. Der Singulärwertverlauf von $\mathbf{T}_{zw}$ wird in Abbildung 4.2 gezeigt. Aus dem Singulärwertverlauf kann ein Maximalwert von $-0.5866\,\mathrm{dB}$ ermittelt werden (entspricht einem maximalen Singulärwert von 0.9347).

Nicht erlaubtes Übertragungsverhalten von $\mathbf{T}_{zw}(s)$

Betrachtet wird nun eine numerische Unsicherheit im Übertragungsverhalten von

$$\mathbf{P}_{11}(s) = \left[\begin{array}{c} \frac{2s}{s+1} \\ 1.001s \end{array} \right]. \tag{4.122}$$

Das Übertragungsverhalten lautet

$$\begin{aligned} \mathbf{T}_{zw}(s) &= \mathbf{P}_{11}(s) + \mathbf{R}(s) \\ &= \left[\begin{array}{c} \frac{4s^6+35.09s^5+124.8s^4+230.9s^3+235.6s^2+126.3s+27.9}{2s^7+23.21s^6+112.7s^5+297.1s^4+458.7s^3+415.3s^2+204.3s+42.21} \\ \frac{\overbrace{(2.002s^7 - 2s^7)}^{\neq 0}+\overbrace{(21.23121s^6 - 21.21s^6)}^{\neq 0}+0.4315s^5+...+70.15s+27.9}{2s^6+21.21s^5+91.52s^4+205.5s^3+253.1s^2+162.1s+42.21} \end{array} \right] \end{aligned} \tag{4.123}$$

und ist nicht-proper, d.h.

$$\mathbf{T}_{zw}(s) = \mathbf{T}_{zw_1}(s) + \mathbf{T}_{zw_2}(s). \tag{4.124}$$

Das Übertragungsverhalten (4.123) besteht aus einer Realisierung in kanonischer Normalform mit dem Anteil

$$\mathbf{T}_{zw_2}(s) \simeq \left[\begin{array}{c|c} (\mathbf{N}_k, \mathbf{I}_2) & \mathbf{B}_2 \\ \hline \mathbf{C}_2 & \mathbf{0} \end{array} \right] \tag{4.125}$$

mit

$$\mathbf{N}_k = \left[\begin{array}{cc|cc} 0 & 0 & 0 & 0 \\ 1 & 0 & 0 & 0 \\ \hline 0 & 0 & 0 & 0 \\ 0 & 0 & 0 & 0 \end{array} \right], \; \mathbf{B}_2 = \left[\begin{array}{c} -1 \\ 0 \\ \hline 0 \\ 0 \end{array} \right],$$

$$\mathbf{C}_2 = \left[\begin{array}{cc|cc} 0 & 0 & 1 & 0 \\ 0 & 0.001 & 0 & 1 \end{array} \right].$$

Die Realisierung besitzt den Index $k = 2$ $(\mathbf{N}_k^2 = \mathbf{0})$ und ist aufgrund von

$$\text{Rang} \left[\begin{array}{cc} \mathbf{N}_k & \mathbf{B}_2 \end{array} \right] = \text{Rang} \left[\left[\begin{array}{cccc} 0 & 0 & 0 & 0 \\ 1 & 0 & 0 & 0 \\ 0 & 0 & 0 & 0 \\ 0 & 0 & 0 & 0 \end{array} \right] \left[\begin{array}{c} -1 \\ 0 \\ 0 \\ 0 \end{array} \right] \right] = 2 < n_2 = 4 \tag{4.126}$$

nicht normalisierbar. Wegen

$$
\begin{aligned}
&\text{Rang} \begin{bmatrix} \mathbf{N}_k & \mathbf{0} & \mathbf{0} \\ \mathbf{I}_2 & \mathbf{N}_k & \mathbf{B}_2 \end{bmatrix} \\[2mm]
&= \text{Rang} \left[\begin{bmatrix} 0 & 0 & 0 & 0 \\ 1 & 0 & 0 & 0 \\ 0 & 0 & 0 & 0 \\ 0 & 0 & 0 & 0 \\ 1 & 0 & 0 & 0 \\ 0 & 1 & 0 & 0 \\ 0 & 0 & 1 & 0 \\ 0 & 0 & 0 & 1 \end{bmatrix} \begin{matrix} \mathbf{0} \\[10mm] \begin{bmatrix} 0 & 0 & 0 & 0 \\ 1 & 0 & 0 & 0 \\ 0 & 0 & 0 & 0 \\ 0 & 0 & 0 & 0 \end{bmatrix} \end{matrix} \begin{matrix} \mathbf{0} \\[10mm] \begin{bmatrix} -1 \\ 0 \\ 0 \\ 0 \end{bmatrix} \end{matrix} \right] = 5 \\[2mm]
&= \text{Rang}\, \mathbf{N}_k + n_2
\end{aligned}
\tag{4.127}
$$

ist die Realisierung I-steuerbar, siehe Abschnitt 7.1. Gemäß Definition 4.2.1 ist eine Realisierung mit einem Anteil (4.125) nicht zulässig. Es existiert somit auch keine H_∞-Norm für (4.124).

Das Übertragungsverhalten von $\mathbf{T}_{zw}(s)$ setzt sich aus zwei Zielgrößen zusammen. So kann

$$
\mathbf{z}(s) = \mathbf{T}_{zw}(s)\mathbf{w}(s)
\tag{4.128}
$$

mit

$$
\mathbf{T}_{zw}(s) = \begin{bmatrix} \mathbf{T}^{z_1 w}(s) \\ \mathbf{T}^{z_2 w}(s) \end{bmatrix} = \underbrace{\begin{bmatrix} \mathbf{T}_1^{z_1 w}(s) \\ \mathbf{T}_1^{z_2 w}(s) \end{bmatrix}}_{\text{streng-proper}} + \underbrace{\begin{bmatrix} \mathbf{T}_2^{z_1 w}(s) \\ \mathbf{T}_2^{z_2 w}(s) \end{bmatrix}}_{\text{proper/nicht-proper}}
\tag{4.129}
$$

beschrieben werden. Abbildung 4.3 zeigt das streng-propere und das nicht-propere Übertragungsverhalten aufgrund der Parameterunsicherheit im direkten Vergleich. Betrachtet wird jeweils die zweite Komponente.

Aufgrund der Anforderungen an die Robustheit bzgl. der Modellunsicherheiten muss diese Lösung ausgeschlossen werden. Der in [66] diskutierte Ansatz führt somit nur unter der Einschränkung, dass das Übertragungsverhalten von $\mathbf{P}_{11}(s)$ (streng-)proper ist, zu einem technisch realisierbaren (streng-)properen Regler. Aus diesem Grunde werden in Abschnitt 7.1 erweiterte Lösbarkeitsbedingungen für technisch lösbare nicht-proper formulierte H_∞-Probleme vorgestellt. Diese berücksichtigen explizit die allgemein nicht-propere Struktur der abstrakten Regelstrecke und führen zu einer erlaubten, d.h. zulässigen, Realisierung der Störübertragungsfunktion $\mathbf{T}_{zw}(s)$.

Polynomial-Ansatz

Die Arbeiten von Kwakernak [34], [33] und vor allem die Veröffentlichung von Meinsma [43] diskutieren ausdrücklich die H_∞-Problematik abstrakter Regelstrecken mit nicht-

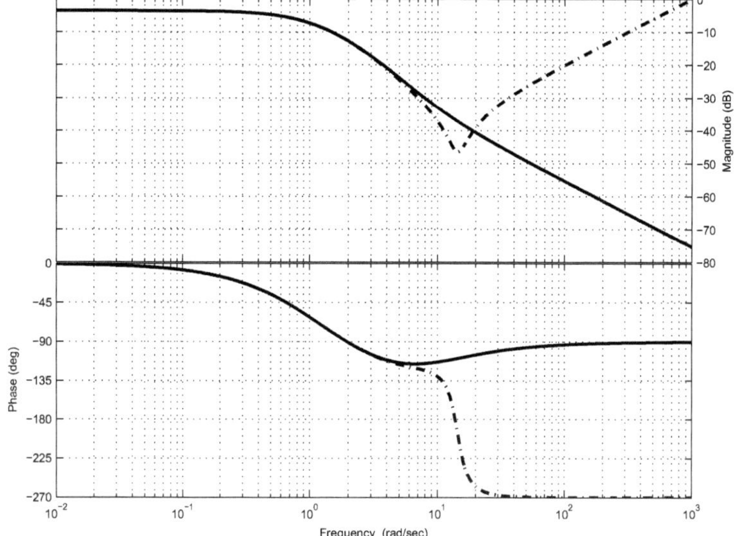

Abbildung 4.3: $\mathbf{T}^{z_2 w}(s)$ mit $\mathbf{P}_{11}(s)$ ungestört (durchgezogene Linien) und gestört (Strichpunktlinie).

properem Übertragungsverhalten. Falls Lösungen für zwei polynomiale J-Spektral-Faktorisierungen existieren, so können alle Regler parametriert werden, die das Übertragungsverhalten des geschlossenen Regelkreises stabilisieren und die H_∞-Norm unterhalb einer vorgegebenen Grenze beschränken. Die Methode in [43] basiert auf der J-verlustfreien Theorie (J-lossless Theory). Vor allem beim Mixed-Sensitivity-Problem spielen nicht-propere Gewichtungsfunktionen eine bedeutende Rolle. Sie führen allgemein zu einem nicht-properen Übertragungsverhalten der gesamten abstrakten Regelstrecke. Im Zustandsraum können nicht-propere Gewichtungsfunktionen nur unter Voraussetzung einer insgesamt properen abstrakten Regelstrecke einfließen [19].

Ein weiterer Ansatz ist die in Abschnitt 6.3 beschriebene Properisierung der offenen abstrakten Deskriptor-Regelstrecke durch Einführung von Formfiltern entsprechender Ordnung. Ein ähnlicher Ansatz wird von Krause [32] für den Frequenzbereich vorgestellt. Der Nachteil dieser Ansätze stellt die Vergrößerung der Dimension der erweiterten (properisierten) abstrakten Regelstrecke dar. Dies führt zwangsläufig, falls die Ordnung nicht reduziert wird, zu einer Dimension des Reglers, die der abstrakten Regelstrecke entspricht.

Dies kann durch den polynomialen Ansatz in [43] vermieden werden. Die Grundidee dieses Vorgehensweise steht im Bezug zu dem in Abschnitt 6.4 vorgestellten Lösungsansatz der Properisierung des Übertragungsverhaltens des geschlossenen Regelkreises durch einen properisierenden Regler. Allerdings schließt der Ansatz den Fall nicht-properen Übertragungsverhaltens von den Stör- zu den Zielgrößen aus. Dies ist jedoch ein Fall, der in der allgemeinen nicht-properen Deskriptor-Realisierung durchaus auftreten kann. Aus diesem Grund wird eine Methode eingeführt, die als Erweiterung der in [43] diskutierten interpretiert werden kann. So gilt zunächst das nicht-propere Übertragungsverhalten der Stör- auf die Zielgrößen als erlaubt. Dies führt jedoch durch Einführung eines Formfilters entsprechender Ordnung zur Beschränkung der Störbandbreite.

Neben der Properisierung der abstrakten Regelstrecke durch den abgekoppelten Anteil des suboptimalen Reglers werden in Abschnitt 7.2 weitere Formfilter zur dynamischen Beschränkung der Stördynamik eingeführt.

4.2.5 Lineare Matrixungleichungen (LMI) für Deskriptorsysteme

Erste Ansätze zur Lösung des suboptimalen H_∞-Standardproblems in Deskriptorform mit Hilfe linearer Matrixungleichungen wurden 1997 von Masubuchi et al. [40] und 1999 und Rehm und Allgöwer [57] veröffentlicht. Es wurden Deskriptor-Realisierungen der abstrakten Regelstrecke mit höherem Index angenommen. Dabei lieferten nichtstrikte Matrixungleichungen Bedingungen für die Existenz eines H_∞-Reglers. Aus den Lösungen der Matrixungleichungen konnte mit Hilfe einer Parametrierung ein Regler berechnet werden, der das H_∞-Problem löst.
Der diskutierte Ansatz [40] kann allgemein zu einer Regler-Realisierung mit höherem Index führen. Folglich werden Regler mit höherem Index als Lösung angesehen, die allgemein nicht-properes Übertragungsverhalten höherer Ordnung besitzen können. Im Zeitbereich würde dies bedeuten, dass Impulse der realen bzw. abstrakten Regelstrecke durch Impulse (mit entgegengesetzten Vorzeichen) des Reglers ausgelöscht werden können. Ferner wird die Möglichkeit eines nicht-properen Übertragungsverhaltens bezüglich der Störungen und damit einer notwendigen Beschränkung der Störklasse bei diesem Ansatz nicht berücksichtigt. Der Ansatz ist aus akademischer Sicht aufgrund der Verallgemeinerung einer klassischen Vorgehensweise auf Deskriptorsysteme interessant. Die für die technische Realisierung notwendigen regelungstechnischer Einschränkungen finden jedoch keine Berücksichtigung.

Bemerkung 4.2.1 (Höherer Index und Properheitseigenschaften). An dieser Stelle sei nochmals darauf verwiesen, dass nicht allein der höhere Index eine technische Regler-Realisierung verbietet. Regler-Realisierungen mit höhere Index können z.B. mit der Deskriptor-Toolbox [68] auf einem Prozessrechner technisch realisiert werden. Vielmehr ist die Frage nach der Properheit des Übertragungsverhalten wesentlich. Deskriptor-Realisierungen mit höherem Index und nicht-properem Übertragungsverhalten können technisch nicht realisiert werden, da verschwindend kleine Zeitkonstanten bei der technischen Differentiation nicht möglich sind. Als Beispiel kann hier der PID-Regler angeführt werden, der in seiner mathematisch idealen Form als nicht-propere Übertragungsglied technisch nicht zu realisieren ist. Bei der Betrachtung von mathematischen Beschreibungen von PID-Reglern ergibt erst der über eine streng-propere Regelstrecke geschlossenen Regelkreis ein properes bzw. streng-properes Übertragungsverhalten. So kann z.B. der propere geschlossene Regelkreis als Realisierung im Zustandsraum mit Durchgriff oder ggf. als minimale Deskriptor-Realisierung mit Index 1 dargestellt werden.

In [55] wird eine abstrakte Regelstrecken-Realisierung in Deskriptorform mit höherem Index diskutiert. Die abstrakte Regelkreis wird auf die semi-explizite Form (EF2, [11]) transformiert, wobei nicht-properes Übertragungsverhalten der abstrakten Regelstrecke auch bei höherem Index nicht ausgeschlossen ist. Allerdings verlangt der Ansatz ebenso wie der in [57] die Lösung von nichtstrikten Matrixungleichungen. Dieser Nachteil wurde in [54] durch eine neue Parametrierung der verwendeten Lyapunovfunktion überwunden.

Der das H_∞-Problem lösende Regler ist jedoch strukturellen Einschränkungen unterworfen. So wird eine normale Realisierung des Reglers im Zustandsraum vorausgesetzt. Vorteilhaft bei diesem Ansatz ist, dass, wenn eine Lösung existiert, die technische Realisierbarkeit des resultierenden H_∞-Reglers gesichert ist. Aufbauend auf den Veröffentlichungen [57], [55] und [54] wird in [56] eine vereinfachte Möglichkeit zur Parametrierung des Reglers vorgestellt.

Im folgenden Beispiel wird gezeigt, dass die in [57] vorausgesetzte abstrakte Regelstrecke jedoch impliziten strukturellen Einschränkungen unterworfen sein muss, da andernfalls das Übertragungsverhalten des geschlossenen Regelkreis bzw. der Störübertragungsfunktion nicht zu einer Index 1-Realisierung führt.

Beispiel 4.2.2 (Nicht-propere abstrakte Regelstrecke [54], Beispiel [66]). Betrachtet wird das Übertragungsverhalten der abstrakten Regelstrecke (4.110). Der anhand der LMI-Methode ermittelte Regler wird als Zustandsraum-Realisierung der Gestalt

$$\mathbf{K}(s) \simeq \left[\begin{array}{c|c} (\mathbf{I}_k,\, \mathbf{A}_k) & \mathbf{B}_k \\ \hline \mathbf{C}_k & \mathbf{D}_k \end{array} \right] \tag{4.130}$$

mit

$$\mathbf{A}_k = \left[\begin{array}{cc} -3.629 & 2.617 \\ 3.948 & -10.137 \end{array} \right],$$

$$\mathbf{B}_k = \left[\begin{array}{c} 2.094 \\ -4.294 \end{array} \right],$$

$$\mathbf{C}_k = \left[\begin{array}{cc} 0.210 & -0.291 \end{array} \right],$$

$$\mathbf{D}_k = \left[-0.550 \right].$$

angegeben. Das Übertragungsverhalten wird durch

$$\mathbf{K}(s) = \frac{-0.55\,s^2 - 5.882\,s - 10.32}{s^2 + 13,77\,s + 26.46} \tag{4.131}$$

beschrieben wird.

Die Sensitivitätmatrix berechnet sich mit (4.130) zu:

$$\begin{aligned}
\mathbf{S}(s) &= (\mathbf{I}_{m_2} - \mathbf{P}_{22}(s)\mathbf{K}(s))^{-1} \\
&= \frac{s^2 + 13.77s + 26.46}{0.55s^3 + 7.432s^2 + 29.97s + 36.78}.
\end{aligned} \tag{4.132}$$

Wird ein Problem mit gemischten Empfindlichkeiten angenommen, so ist i.d.R.

$$\mathbf{G}(s) = -\mathbf{P}_{22}(s), \tag{4.133}$$

wobei $\mathbf{G}(s)$ das Übertragungsverhalten der realen Regelstrecke darstellt. Das Übertragungsverhalten des geschlossenen realen Regelkreises $\mathbf{G}_g(s)$ berechnet sich dann mit

$$\begin{aligned}
\mathbf{G}_g(s) &:= \mathbf{G}(s)\mathbf{K}(s)\mathbf{S}(s) \\
&= \frac{0.55\,s^5 + 14\,s^4 + 119.3\,s^3 + 403.6\,s^2 + 570.8\,s + 273.1}{0.55\,s^5 + 15\,s^4 + 146.8\,s^3 + 646\,s^2 + 1299\,s + 973}.
\end{aligned} \tag{4.134}$$

Es ist ferner

$$\begin{aligned}
\mathbf{R}_{11}(s) &= \mathbf{P}_{12}(s)\mathbf{K}(s)\mathbf{S}(s)\mathbf{P}_{21}(s) \\
&= \begin{bmatrix} \frac{-1.1s^6 - 29.11s^5 - 264.4s^4 - 991.9s^3 - 1525s^2 - 497s + 546.2}{0.55s^6 + 15.55s^5 + 161.8s^4 + 792.8s^3 + 1945s^2 + 2272s + 973} \\ \frac{-0.55s^7 - 15.65s^6 - 161.3s^5 - 760.4s^4 - 1755s^3 - 1774s^2 - 223.9s + 546.2}{0.55s^6 + 15.55s^5 + 161.8s^4 + 792.8s^3 + 1945s^2 + 2272s + 973} \end{bmatrix},
\end{aligned} \tag{4.135}$$

$$\begin{aligned}
\mathbf{T}_{zw}(s) &:= \mathrm{LLFT}\,(\mathbf{P}(s),\ \mathbf{K}(s)) = \mathbf{P}_{11}(s) + \mathbf{R}_{11}(s) \\
&= \begin{bmatrix} \frac{2s}{s+1} + \frac{-1.1s^6 - 29.11s^5 - 264.4s^4 - 991.9s^3 - 1525s^2 - 497s + 546.2}{0.55s^6 + 15.55s^5 + 161.8s^4 + 792.8s^3 + 1945s^2 + 2272s + 973} \\ \frac{-0.55s^7 - 15.65s^6 - 161.3s^5 - 760.4s^4 - 1755s^3 - 1774s^2 - 223.9s + 546.2}{0.55s^6 + 15.55s^5 + 161.8s^4 + 792.8s^3 + 1945s^2 + 2272s + 973} \end{bmatrix} \\
&= \begin{bmatrix} \frac{0.9s^6 + 30.16s^5 + 329.3s^4 + 1373s^3 + 2522s^2 + 1995s + 546.2}{0.55s^7 + 16.1s^6 + 177.4s^5 + 954.7s^4 + 2738s^3 + 4217s^2 + 3245s + 973} \\ \frac{\overbrace{(0.55s^7 - 0.55s^7)}^{=0} - 0.1s^6 + 0.5254s^5 + \ldots + 749.1s + 546.2}{0.55s^6 + 15.55s^5 + 161.8s^4 + 792.8s^3 + 1945s^2 + 2272s + 973} \end{bmatrix}.
\end{aligned} \tag{4.136}$$

Das propere Übertragungsverhalten von $\mathbf{T}_{zw}(s)$ aus (4.136) kann durch eine Realisierung der Gestalt

$$\begin{aligned}
\mathbf{T}_{zw}(s) &= \mathbf{T}_{zw_1}(s) + \mathbf{T}_{zw_2}(s) \\
&\simeq \left[\begin{array}{c|c} (\mathbf{I}_1, \mathbf{A}_1) & \mathbf{B}_1 \\ \hline \mathbf{C}_1 & \mathbf{0} \end{array}\right] + \left[\begin{array}{c|c} (\mathbf{N}_k, \mathbf{I}_2) & \mathbf{B}_2 \\ \hline \mathbf{C}_2 & \mathbf{0} \end{array}\right] \\
&= \left[\begin{array}{c|c} (\mathbf{I}_1, \mathbf{A}_1) & \mathbf{B}_1 \\ \hline \mathbf{C}_1 & \mathbf{D}_{zw} \end{array}\right]
\end{aligned} \tag{4.137}$$

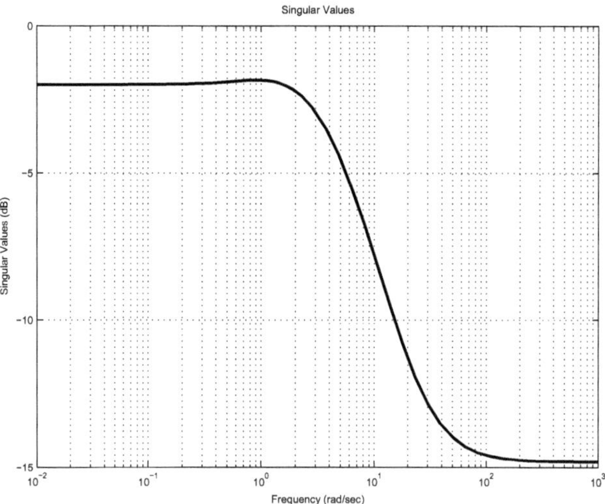

Abbildung 4.4: Singulärwertverlauf von $\mathbf{T}_{zw}(j\omega)$.

mit

$$\mathbf{D}_{zw} = \mathbf{T}_{zw_2}(s) = -\mathbf{C}_2\mathbf{B}_2 \tag{4.138}$$

dargestellt werden, worin

$$\mathbf{A}_1 = \begin{bmatrix} -29.28 & -322.5 & -1736 & -4978 & -7668 & -5900 & -1769 \\ 1 & 0 & 0 & 0 & 0 & 0 & 0 \\ 0 & 1 & 0 & 0 & 0 & 0 & 0 \\ 0 & 0 & 1 & 0 & 0 & 0 & 0 \\ 0 & 0 & 0 & 1 & 0 & 0 & 0 \\ 0 & 0 & 0 & 0 & 1 & 0 & 0 \\ 0 & 0 & 0 & 0 & 0 & 1 & 0 \end{bmatrix},$$

$$\mathbf{B}_1 = \begin{bmatrix} 1 & 0 & 0 & 0 & 0 & 0 & 0 \end{bmatrix}^T,$$

$$\mathbf{C}_1 = \begin{bmatrix} 1.636 & 54.83 & 598.7 & 2496 & 4585 & 3628 & 993.1 \\ 6.097 & 118.6 & 721 & 2157 & 3662 & 3428 & 1315 \end{bmatrix},$$

$$\mathbf{D}_{zw} = \begin{bmatrix} 0 \\ -0.1818 \end{bmatrix}$$

ist. Abbildung 4.4 zeigt den Singulärwertverlauf von $\mathbf{T}_{zw}$ und Abbildung 4.5 zeigt die Ortskurven der diskutierten Übertragungsfunktionen.

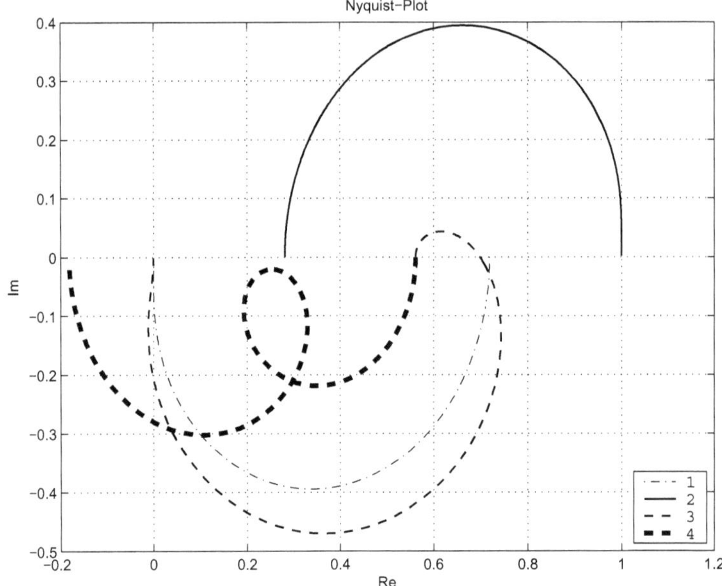

Abbildung 4.5: Nyquist-Plot: $1 \simeq \mathbf{S}(j\omega)$; $2 \simeq \mathbf{G}_g(j\omega)$; $3 \simeq \mathbf{T}_{z_1w}(j\omega)$, $4 \simeq \mathbf{T}_{z_2w}(j\omega)$.

Die Berechnung der Norm liefert $\|\mathbf{T}_{zw}\|_\infty = 0.808$. Der Maximalwert von $-1.854\,\mathrm{dB}$ entspricht dem maximalen Singulärwert von 0.8078.

Unerlaubtes Übertragungsverhalten von $\mathbf{T}_{zw}(s)$

Im Folgenden werden, analog zum Beispiel 4.2.1, die Auswirkungen der numerischen Unsicherheit im Übertragungsverhalten von $\mathbf{P}_{11}(s)$ betrachtet. Das Übertragungsverhalten von

$$
\begin{aligned}
\mathbf{T}_{zw}(s) \;&=\; \mathbf{P}_{11}(s) + \mathbf{R}_{11}(s) \\[2mm]
&=\; \left[\frac{4s^6+35.09s^5+124.8s^4+230.9s^3+235.6s^2+126.3s+27.9}{2s^7+23.21s^6+112.7s^5+297.1s^4+458.7s^3+415.3s^2+204.3s+42.21} \right. \\[4mm]
&\qquad \left. \frac{\overbrace{\left(2.002s^7 - 2s^7\right)}^{\neq 0} + \overbrace{\left(21.23121s^6 - 21.21s^6\right)}^{\neq 0} + 0.4315s^5 + \ldots + 70.15s + 27.9}{2s^6+21.21s^5+91.52s^4+205.5s^3+253.1s^2+162.1s+42.21} \right]
\end{aligned}
\tag{4.139}
$$

bleibt bzw. wird aufgrund der numerischen Unsicherheit nicht-proper. Es ist also

$$
\mathbf{T}_{zw}(s) = \mathbf{T}_{zw_1}(s) + \mathbf{T}_{zw_2}(s).
\tag{4.140}
$$

Das schnelle Übertragungsverhalten von (4.139) kann durch

$$\mathbf{T}_{zw_2}(s) \simeq \left[\begin{array}{c|c} (\mathbf{N}_k, \mathbf{I}_2) & \mathbf{B}_2 \\ \hline \mathbf{C}_2 & \mathbf{0} \end{array}\right] \tag{4.141}$$

mit

$$\mathbf{N}_k = \left[\begin{array}{cc|cc} 0 & 0 & 0 & 0 \\ 1 & 0 & 0 & 0 \\ \hline 0 & 0 & 0 & 0 \\ 0 & 0 & 0 & 0 \end{array}\right], \ \mathbf{B}_2 = \left[\begin{array}{c} -1 \\ 0 \\ \hline 0 \\ 0.1818 \end{array}\right],$$

$$\mathbf{C}_2 = \left[\begin{array}{cc|cc} 0 & 0 & 1 & 0 \\ 0 & 0.001 & 0 & 1 \end{array}\right]$$

beschrieben werden. Das Gesamt-Übertragungsverhalten kann folglich in die Anteile

$$\mathbf{T}_{zw}(s) = \left[\begin{array}{c} \mathbf{T}^{z_1 w}(s) \\ \mathbf{T}^{z_2 w}(s) \end{array}\right] = \underbrace{\left[\begin{array}{c} \mathbf{T}_1^{z_1 w}(s) \\ \mathbf{T}_1^{z_2 w}(s) \end{array}\right]}_{\text{streng-proper}} + \underbrace{\left[\begin{array}{c} \mathbf{T}_2^{z_1 w}(s) \\ \mathbf{T}_2^{z_2 w}(s) \end{array}\right]}_{\text{proper/nicht-proper}} \tag{4.142}$$

separiert werden, wobei der polynomiale Anteil durch

$$\left[\begin{array}{c} \mathbf{T}_2^{z_1 w}(s) \\ \mathbf{T}_2^{z_2 w}(s) \end{array}\right] = \left[\begin{array}{c} 0 \\ 0.001\,s - 0.1818 \end{array}\right] \tag{4.143}$$

ausgedrückt wird. Es handelt sich hierbei um eine Index 2 Deskriptor-Realisierung, da $\mathbf{N}_k^2 = \mathbf{0}$ ist. Diese Deskriptor-Realisierung ist aufgrund der Rang-Bedingung

$$\text{Rang}\left[\begin{array}{cc} \mathbf{N}_k & \mathbf{B}_2 \end{array}\right] = \text{Rang}\left[\begin{array}{cccc} \left[\begin{array}{cccc} 0 & 0 & 0 & 0 \\ 1 & 0 & 0 & 0 \\ 0 & 0 & 0 & 0 \\ 0 & 0 & 0 & 0 \end{array}\right] & \left[\begin{array}{c} -1 \\ 0 \\ 0 \\ 0.1818 \end{array}\right] \end{array}\right] = 2 < n_2 = 4 \tag{4.144}$$

nicht normalisierbar. sie ist jedoch wegen

$$\text{Rang}\left[\begin{array}{ccc} \mathbf{N}_k & \mathbf{0} & \mathbf{0} \\ \mathbf{I}_2 & \mathbf{N}_k & \mathbf{B}_2 \end{array}\right]$$

$$= \text{Rang}\left[\begin{array}{ccc} \left[\begin{array}{cccc} 0 & 0 & 0 & 0 \\ 1 & 0 & 0 & 0 \\ 0 & 0 & 0 & 0 \\ 0 & 0 & 0 & 0 \end{array}\right] & \mathbf{0} & \mathbf{0} \\ \left[\begin{array}{cccc} 1 & 0 & 0 & 0 \\ 0 & 1 & 0 & 0 \\ 0 & 0 & 1 & 0 \\ 0 & 0 & 0 & 1 \end{array}\right] & \left[\begin{array}{cccc} 0 & 0 & 0 & 0 \\ 1 & 0 & 0 & 0 \\ 0 & 0 & 0 & 0 \\ 0 & 0 & 0 & 0 \end{array}\right] & \left[\begin{array}{c} -1 \\ 0 \\ 0 \\ 0.1818 \end{array}\right] \end{array}\right] = 5$$

$$= \text{Rang}\,\mathbf{N}_k + n_2$$

$$\tag{4.145}$$

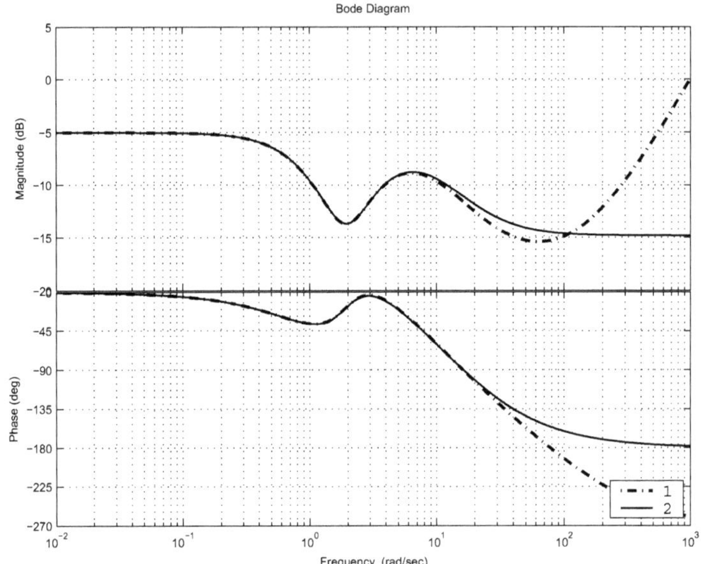

Abbildung 4.6: $\mathbf{T}^{z_2 w}(s)$: $1 \simeq$ mit $\mathbf{P}_{11}(s)$ gestört, $2 \simeq \mathbf{P}_{11}(s)$ nicht gestört.

I-steuerbar. Gemäß Definition 4.2.1 ist eine Realisierung nicht zulässig, d.h. es existiert keine H_∞-Norm für (4.140).

Abbildung 4.6 zeigt das Übertragungsverhalten von $\mathbf{T}^{z_2 w}(s)$ für den Fall, dass $\mathbf{P}_{11}(s)$ ungestört und mit der Parameterunsicherheit versehen ist. Deutlich ist die Abweichung vom ungestörten gegenüber dem gestörtem $\mathbf{T}^{z_2 w}(s)$ für hohe Frequenzen erkennbar.

Zusammenfassend führen die beiden Methoden [54], [57] und [66] zu mathematisch gültigen Lösungen, die jedoch mit den genannten Nachteilen behaftet sind. In [66] scheitert bereits die technische Algorithmus-Umsetzung auf einem Prozessrechner, da auch Regler-Parametrierungen mit nicht-properem Übertragungsverhalten als Lösung angesehen werden. Selbst wenn technisch realisierbare Regler mittels beider Methoden gefunden werden, können Impulse innerhalb des geschlossenen Regelkreises auftreten. So wäre eine erweiterter Zugang wünschenswert, der auf die genannten Methoden zurückgreift, dabei aber lediglich numerisch robuste und technisch realisierbare Lösungen, d.h. Regler, liefert. In Abschnitt 7.1 werden daher erweiterte Lösbarkeitsbedingungen für diese Problemklasse vorgestellt. Diese berücksichtigen explizit die allgemein nicht-propere Struktur der abstrakten Regelstrecke und führen zu einer erlaubten oder ggf. zulässigen Realisierung der Störübertragungsfunktion $\mathbf{T}_{zw}(s)$.

5 Nicht-propere Regelstrecken in Deskriptorform

5.1 Mechanische Systeme mit höherem Index und properem Übertragungsverhalten

In diesem Kapitel wird Bezug auf die Dissertationen [61] und [18] genommen. Bei linearen mechanischen Systemen kann, ausgehend von der Lagrangeschen Methode erster Art oder der auf Impuls- und Drallsatz beruhenden Newton-Eulerschen Methode, die Bewegungsgleichung des mechanischen Systems hergeleitet werden. Beide Methoden führen auf ein differential-algebraisches Gleichungssystem (DAE) der Gestalt

$$\mathbf{M}\ddot{\mathbf{z}} + \mathbf{P}\dot{\mathbf{z}} + \mathbf{Q}\mathbf{z} = \mathbf{S}\mathbf{u} + \mathbf{F}^T\lambda + \mathbf{G}^T\mu + \mathbf{J}^T v + \hat{\mathbf{Z}}\xi, \tag{5.1a}$$

$$\mathbf{F}\mathbf{z} = \mathbf{S}_h\mathbf{u}, \tag{5.1b}$$

$$\mathbf{G}\dot{\mathbf{z}} + \mathbf{H}\mathbf{z} = \mathbf{S}_n\mathbf{u}, \tag{5.1c}$$

$$\mathbf{J}\ddot{\mathbf{z}} + \mathbf{L}\dot{\mathbf{z}} + \mathbf{K}\mathbf{z} = \mathbf{S}_b\mathbf{u}, \tag{5.1d}$$

$$\mathbf{Y}\dot{\mathbf{z}} + \mathbf{X}\mathbf{z} + \mathbf{Z}\xi = \mathbf{S}_k\mathbf{u}. \tag{5.1e}$$

Das mechanische System besteht aus p holonomen, q nicht-holonomen und s Beschleunigungsbindungen sowie t Kraftkopplungen. Die Lagekoordinaten werden durch den f-dimensionalen Vektor $\mathbf{z}$ beschrieben, wobei die Zahl f der Anzahl der Freiheitsgrade des ungebundenen Systems entspricht. Der Vektor $\mathbf{u}$ ist ein r-dimensionaler Eingangsvektor. Der p-dimensionale Vektor λ beschreibt die holonomen und der q-dimensionale Vektor μ die nicht-holonomen Zwangskräfte des Systems. Der s-dimensionale Vektor v und der t-dimensionale Vektor ξ beschreiben Kräfte, die sich aus Beschleunigungs- und Kraftbindungen ergeben.

Eingangsfunktionen der Kräfte oder Momente wirken über die Matrix $\mathbf{S}$ auf die einzelnen Massen des mechanischen Systems. Die Matrizen $\mathbf{S}$, $\mathbf{S}_h$, $\mathbf{S}_n$, $\mathbf{S}_b$ und $\mathbf{S}_k$ gestatten die direkte Einwirkung auf der Lageebene ($\mathbf{S}_h\mathbf{u}$), der Geschwindigkeitsebene ($\mathbf{S}_n\mathbf{u}$), der Beschleunigungsebene ($\mathbf{S}_b\mathbf{u}$) und der Kraftebene ($\mathbf{S}_k\mathbf{u}$).

Die symmetrische und positiv definite Matrix $\mathbf{M} \in R^{f \times f}$ ist die Massenmatrix. Parameter der Dämpfungs- und Kreiselkräfte finden sich in der Matrix $\mathbf{P}$ wieder. Die Matrix $\mathbf{Q}$ charakterisiert konservative Kräfte (z.B. Federkräfte) und zirkulatorische Kräfte [48]. $\mathbf{S} \in R^{f \times r}$ ist die Stellmatrix. Die Matrix $\mathbf{F} \in R^{p \times f}$ und die Matrizen $\mathbf{G} \in R^{q \times f}$, $\mathbf{H} \in R^{q \times f}$ beschreiben die holonomen und nicht-holonomen Zwangsbedingungen. Die Matrizen $\mathbf{J} \in R^{s \times f}$, $\mathbf{L} \in R^{s \times f}$ und $\mathbf{K} \in R^{s \times f}$ beschreiben die Kopplung auf Beschleunigungsebene. Die Matrizen $\mathbf{X}$, $\mathbf{Y}$, $\hat{\mathbf{Z}}^T \in R^{t \times f}$ und $\mathbf{Z} \in R^{t \times t}$ charakterisieren die für die Kopplung verwendeten Kraftgesetze. Dabei ist die reguläre Matrix $\mathbf{Z} \in R^{t \times t}$ in vielen Fällen eine Einheitsmatrix. $\hat{\mathbf{Z}} \in R^{t \times f}$ verteilt die Kraftkopplungen auf die verschiedenen Angriffspunkte.

Um die Redundanz von verschiedenen Zwangskräften bei der Modellierung von mechanischen Systemen zu vermeiden und um damit die Unabhängigkeit der Zwangsbedingungen zu garantieren, muss Rang $\left[\begin{array}{cccc} \mathbf{F}^T & \mathbf{G}^T & \mathbf{J}^T & \hat{\mathbf{Z}} \end{array}\right] = p + q + s + t$ gelten. Um die Dynamik des Systems nicht vollständig zu unterdrücken sollte $p + q + s + t < f$ sein.

Der Deskriptorvektor

$$\mathbf{x}_m = \left[\begin{array}{cc|cccc} \mathbf{z}^T & \dot{\mathbf{z}}^T & \lambda^T & \mu^T & \upsilon^T & \xi^T \end{array}\right]^T \tag{5.2}$$

dient der Beschreibung des mechnischen Systems (5.1) in Deskriptorfom. Wird das Deskriptorsystem (5.1) als eine Realisierung des Übertragungsverhaltens interpretiert, so kann diese in der Kurzschreibweise

$$\mathbf{G}_m = \left[\begin{array}{c|c} (\mathbf{E}_m, \mathbf{A}_m) & \mathbf{B}_m \\ \hline \mathbf{C}_m & 0 \end{array}\right] \tag{5.3}$$

beschrieben werden, wobei die Systemmatrizen durch

$$\mathbf{E}_m = \left[\begin{array}{cc|cccc} \mathbf{I}_f & 0 & 0 & 0 & 0 & 0 \\ 0 & \mathbf{M} & 0 & 0 & 0 & 0 \\ \hline 0 & 0 & 0 & 0 & 0 & 0 \\ 0 & 0 & 0 & 0 & 0 & 0 \\ 0 & -\mathbf{J} & 0 & 0 & 0 & 0 \\ 0 & 0 & 0 & 0 & 0 & 0 \end{array}\right], \quad \mathbf{A}_m = \left[\begin{array}{cc|cccc} 0 & \mathbf{I}_f & 0 & 0 & 0 & 0 \\ -\mathbf{Q} & -\mathbf{P} & \mathbf{F}^T & \mathbf{G}^T & \mathbf{J}^T & \hat{\mathbf{Z}} \\ \hline \mathbf{F} & 0 & 0 & 0 & 0 & 0 \\ \mathbf{H} & \mathbf{G} & 0 & 0 & 0 & 0 \\ \mathbf{K} & \mathbf{L} & 0 & 0 & 0 & 0 \\ \mathbf{X} & \mathbf{Y} & 0 & 0 & 0 & \mathbf{Z} \end{array}\right],$$

$$\mathbf{C}_m = \left[\begin{array}{cc|cccc} \mathbf{C}_z & \mathbf{C}_{\dot{z}} & \mathbf{C}_h & \mathbf{C}_n & \mathbf{C}_b & \mathbf{C}_k \end{array}\right] \quad \text{und} \quad \mathbf{B}_m = \left[\begin{array}{c} 0 \\ \mathbf{S} \\ \hline \mathbf{S}_h \\ \mathbf{S}_n \\ \mathbf{S}_b \\ \mathbf{S}_k \end{array}\right]$$

charakterisiert sind. Der Ausgangsvektor ist durch

$$\mathbf{y} = \left[\begin{array}{c} \mathbf{T}_1 \mathbf{z} \\ \mathbf{T}_2 \dot{\mathbf{z}} \\ \mathbf{T}_3 \ddot{\mathbf{z}} \\ \mathbf{T}_4 \lambda \\ \mathbf{T}_5 \mu \\ \mathbf{T}_6 \upsilon \\ \mathbf{T}_7 \xi \end{array}\right] \tag{5.4}$$

beschrieben. Die Struktur der Ausgangsmatrix $\mathbf{C}_m$ in (5.3) berücksichtigt dabei die Messung von Positionen, Geschwindigkeiten und der Zwangskräfte. Zusätzlich enthält der Deskriptorvektor (5.2) Zwangskräfte von Gelenken und anderen Verbindungselementen, die gemesssen werden können. So setzt sich die Ausgangsmatrix $\mathbf{C}_m$ aus den Matrizen

$$\mathbf{C_z} = \begin{bmatrix} \mathbf{T}_1 \\ \mathbf{0} \\ -\mathbf{T}_3\mathbf{M}^{-1}\mathbf{Q} \\ \mathbf{0} \\ \mathbf{0} \\ \mathbf{0} \\ \mathbf{0} \end{bmatrix} , \ \mathbf{C}_{\dot{\mathbf{z}}} = \begin{bmatrix} \mathbf{0} \\ \mathbf{T}_2 \\ -\mathbf{T}_3\mathbf{M}^{-1}\mathbf{P} \\ \mathbf{0} \\ \mathbf{0} \\ \mathbf{0} \\ \mathbf{0} \end{bmatrix} , \tag{5.5}$$

$$\mathbf{C}_h = \begin{bmatrix} \mathbf{0} \\ \mathbf{0} \\ \mathbf{T}_3\mathbf{M}^{-1}\mathbf{F}^T \\ \mathbf{T}_4 \\ \mathbf{0} \\ \mathbf{0} \\ \mathbf{0} \end{bmatrix} , \ \mathbf{C}_n = \begin{bmatrix} \mathbf{0} \\ \mathbf{0} \\ \mathbf{T}_3\mathbf{M}^{-1}\mathbf{G}^T \\ \mathbf{0} \\ \mathbf{T}_5 \\ \mathbf{0} \\ \mathbf{0} \end{bmatrix} \tag{5.6}$$

und

$$\mathbf{C}_b = \begin{bmatrix} \mathbf{0} \\ \mathbf{0} \\ \mathbf{T}_3\mathbf{M}^{-1}\mathbf{J}^T \\ \mathbf{0} \\ \mathbf{0} \\ \mathbf{T}_6 \\ \mathbf{0} \end{bmatrix} , \ \mathbf{C}_k = \begin{bmatrix} \mathbf{0} \\ \mathbf{0} \\ \mathbf{T}_3\mathbf{M}^{-1}\hat{\mathbf{Z}} \\ \mathbf{0} \\ \mathbf{0} \\ \mathbf{0} \\ \mathbf{T}_7 \end{bmatrix} \tag{5.7}$$

zusammen und beinhaltet Kraftmessungen, die mit $\mathbf{T}_4$, $\mathbf{T}_5$, $\mathbf{T}_6$ und $\mathbf{T}_7$ beschrieben sind. Die Messung der Beschleunigungen wird durch die Matrix $\mathbf{T}_3$ bestimmt.

Wie in Abschnitt 2.7.2 gezeigt, existieren Zusammenhänge zwischen dem maximalen Ableitungsgrad der Stellgröße $\mathbf{u}$ im Deskriptor- bzw. Ausgangsvektor und dem Index eines Deskriptorsystems. In der Literatur wird die Existenz nicht-properer mechanischer Regelstrecken i.d.R. nicht in Betracht gezogen, obwohl mechanische Deskriptorsysteme mit höherem Index bei der Modellbildung auftreten können und damit potenziell die Voraussetzung für nicht-properes Verhalten gegeben ist.

In [61] wird diese Abhängigkeit zwischen der Art der Zwangsbedingungen zum Index des Deskriptorsystem erläutert. So besitzt ein Deskriptorsystem in minimalen Koordinaten, d.h. ohne Zwangsbedingungen, den Index $k = 0$. Deskriptorsysteme mit Index $k = 1$ treten bei der Existenz von Zwangsbedingungen auf Kraft- und Beschleunigungsebene auf. Zwangsbedingungen auf der Ebene von Geschwindigkeiten sind durch nicht-holonome mechanische Systeme mit Index $k = 2$ charakterisiert. Der bei mechanischen Systemen höchste vorkommende Index $k = 3$ tritt bei holonomen Zwangsbedingungen auf, d.h. wenn Zwangsbedingungen bezüglich der Lagekoordinaten vorliegen. So werden holonome mechanische Deskriptorsystem anhand einer Eingangsmatrix $\mathbf{B}_m$ mit den

Eingangs-Submatrizen $\mathbf{S} \neq \mathbf{0}$ und $\mathbf{S}_h = \mathbf{0}$, $\mathbf{S}_n = \mathbf{0}$, $\mathbf{S}_b = \mathbf{0}$, $\mathbf{S}_k = \mathbf{0}$ und den Ausgangs-Submatrizen $\mathbf{C}_z \neq \mathbf{0}$, $\mathbf{C}_{\dot{z}} \neq \mathbf{0}$ und $\mathbf{C}_h = \mathbf{0}$, $\mathbf{C}_n = \mathbf{0}$, $\mathbf{C}_b = \mathbf{0}$, $\mathbf{C}_k = \mathbf{0}$ diskutiert. Dabei sind $\mathbf{T}_1 \neq \mathbf{0}$, $\mathbf{T}_2 \neq \mathbf{0}$ und $\mathbf{T}_i = \mathbf{0}$, $i = 3,\, \ldots,\, 7$.

Unter diesen Voraussetzungen kann das machanische System durch die Darstellung des Übertragungsverhaltens

$$\mathbf{G}_s = \left[\begin{array}{c|c} (\mathbf{E}_s,\, \mathbf{A}_s) & \mathbf{B}_s \\ \hline \mathbf{C}_s & \mathbf{0} \end{array} \right] \tag{5.8}$$

mit

$$\mathbf{E}_s = \left[\begin{array}{cc|cccc} \mathbf{I}_f & \mathbf{0} & \mathbf{0} & \mathbf{0} & \mathbf{0} & \mathbf{0} \\ \mathbf{0} & \mathbf{M} & \mathbf{0} & \mathbf{0} & \mathbf{0} & \mathbf{0} \\ \hline \mathbf{0} & \mathbf{0} & \mathbf{0} & \mathbf{0} & \mathbf{0} & \mathbf{0} \\ \mathbf{0} & \mathbf{0} & \mathbf{0} & \mathbf{0} & \mathbf{0} & \mathbf{0} \\ \mathbf{0} & -\mathbf{J} & \mathbf{0} & \mathbf{0} & \mathbf{0} & \mathbf{0} \\ \mathbf{0} & \mathbf{0} & \mathbf{0} & \mathbf{0} & \mathbf{0} & \mathbf{0} \end{array} \right], \quad \mathbf{A}_s = \left[\begin{array}{cc|cccc} \mathbf{0} & \mathbf{I}_f & \mathbf{0} & \mathbf{0} & \mathbf{0} & \mathbf{0} \\ -\mathbf{Q} & -\mathbf{P} & \mathbf{F}^T & \mathbf{G}^T & \mathbf{J}^T & \hat{\mathbf{Z}} \\ \hline \mathbf{F} & \mathbf{0} & \mathbf{0} & \mathbf{0} & \mathbf{0} & \mathbf{0} \\ \mathbf{H} & \mathbf{G} & \mathbf{0} & \mathbf{0} & \mathbf{0} & \mathbf{0} \\ \mathbf{K} & \mathbf{L} & \mathbf{0} & \mathbf{0} & \mathbf{0} & \mathbf{0} \\ \mathbf{X} & \mathbf{Y} & \mathbf{0} & \mathbf{0} & \mathbf{0} & \mathbf{Z} \end{array} \right],$$

$$\mathbf{C}_s = \left[\begin{array}{cc|cccc} \mathbf{C}_z & \mathbf{C}_{\dot{z}} & \mathbf{0} & \mathbf{0} & \mathbf{0} & \mathbf{0} \end{array} \right], \quad \mathbf{B}_s = \left[\begin{array}{c} \mathbf{0} \\ \mathbf{S} \\ \mathbf{0} \\ \mathbf{0} \\ \mathbf{0} \\ \mathbf{0} \end{array} \right]$$

und dem Deskriptorvektor (5.2) beschrieben werden. Mechanische Deskriptorsysteme der Gestalt (5.8) sind laut [61] strukturell proper[1]. So konnte anhand der analytischen Kronecker-Normalform gezeigt werden, dass diese Systemklasse mit höherem Index stets proper bezüglich der Deskriptorvariablen ist und folglich stets properes Übertragungsverhalten aufweist.

Das mechanische System besteht aus einem langsamen und schnellen Teilsystem und wird daher durch eine streng-propere und eine proper TFM

$$\mathbf{G}_s \;=\; \underbrace{\mathbf{G}_{s_1}}_{\text{streng-proper}} \;+\; \underbrace{\mathbf{G}_{s_2}}_{\text{proper}} \tag{5.9}$$

mit

$$\mathbf{G}_{s_1} = \left[\begin{array}{c|c} (\mathbf{I}_{s_1},\, \mathbf{A}_{s_1}) & \mathbf{B}_{s_1} \\ \hline \mathbf{C}_{s_1} & \mathbf{0} \end{array} \right], \quad \mathbf{G}_{s_2} = \left[\begin{array}{c|c} (\mathbf{N}_{s_k},\, \mathbf{I}_{s_2}) & \mathbf{B}_{s_2} \\ \hline \mathbf{C}_{s_2} & \mathbf{0} \end{array} \right].$$

---

[1] In [61] wird der Begriff der Kausalität anstelle der Properheit verwendet. Der Begriff der Kausalität ist jedoch eng mit zeitdiskreten Systemen verbunden, siehe dazu auch [26]. Für zeitkontinuierliche Systeme ist jedoch der Begriff der Properheit zutreffend, wie er von der Theorie linearer zeitinvarianter Systeme bekannt ist.

beschrieben. Für holonome Systeme mit Index k = 3 gilt

$$\mathbf{N}_{s_k} = \begin{bmatrix} \mathbf{0} & \mathbf{I}_p & \mathbf{0} \\ \mathbf{0} & \mathbf{0} & \mathbf{I}_p \\ \mathbf{0} & \mathbf{0} & \mathbf{0} \end{bmatrix}, \quad \mathbf{N}_{s_k}^2 = \begin{bmatrix} \mathbf{0} & \mathbf{0} & \mathbf{I}_p \\ \mathbf{0} & \mathbf{0} & \mathbf{0} \\ \mathbf{0} & \mathbf{0} & \mathbf{0} \end{bmatrix}, \quad \mathbf{B}_{s_2} = \begin{bmatrix} \mathbf{FM}^{-1}\mathbf{S} \\ \mathbf{0} \\ \mathbf{0} \end{bmatrix}$$

$$\mathbf{G}_{s_2} = -\sum_{i=0}^{2} \mathbf{C}_{s_2}\mathbf{N}_{s_k}^i\mathbf{B}_{s_2}u^{(i)} = -\mathbf{C}_{s_2}\begin{bmatrix} \mathbf{B}_{s_2} & \mathbf{0} & \mathbf{0} \end{bmatrix}\begin{bmatrix} u \\ \dot{u} \\ \ddot{u} \end{bmatrix} \quad \rightarrow \quad \text{proper.}$$

$$(5.10)$$

Für nicht-holonome Systeme mit Index k = 2 folgt

$$\mathbf{N}_{s_k} = \begin{bmatrix} \mathbf{0} & \mathbf{I}_p \\ \mathbf{0} & \mathbf{0} \end{bmatrix}, \quad \mathbf{N}_{s_k}^2 = \begin{bmatrix} \mathbf{0} & \mathbf{0} \\ \mathbf{0} & \mathbf{0} \end{bmatrix}, \quad \mathbf{B}_{s_2} = \begin{bmatrix} \mathbf{GM}^{-1}\mathbf{S} \\ \mathbf{0} \end{bmatrix}$$

$$\mathbf{G}_{s_2} = -\sum_{i=0}^{1} \mathbf{C}_{s_2}\mathbf{N}_{s_k}^i\mathbf{B}_{s_2}u^{(i)} = -\mathbf{C}_{s_2}\begin{bmatrix} \mathbf{B}_{s_2} & \mathbf{0} \end{bmatrix}\begin{bmatrix} u \\ \dot{u} \end{bmatrix} \quad \rightarrow \quad \text{proper.}$$

$$(5.11)$$

Da Deskriptorsysteme mit Zwangsbedingungen auf Kraft- und Beschleunigungsebene durch den Index $k = 1$ (d.h. $\mathbf{N}_{s_k} = \mathbf{0}$) charakterisiert werden, gilt auch

$$\mathbf{G}_{s_2} = -\mathbf{C}_{s_2}\mathbf{B}_{s_2}u \quad \rightarrow \quad \text{proper.} \tag{5.12}$$

So ergibt sich für das Deskriptorsystem (5.8) eine propere Gesamtrealisierung der Gestalt

$$\mathbf{G}_s = \left[\begin{array}{c|c} (\mathbf{I}_{s_1},\ \mathbf{A}_{s_1}) & \mathbf{B}_{s_1} \\ \hline \mathbf{C}_{s_1} & -\mathbf{C}_{s_2}\mathbf{B}_{s_2} \end{array} \right]. \tag{5.13}$$

5.2 Mechanische Mehrkörpersysteme mit höherem Index und nicht-properem Übertragungsverhalten

Eine Untermenge mechanischer Mehrkörpersysteme mit holonomen Zwangsbedingungen werden als Mechanismen bezeichnet und können als Deskriptorsystem mit Index 3 dargestellt werden. Dabei beeinflussen die Stellgrößen über die algebraischen Bindungsgleichungen das Systemverhalten. Im Gegensatz zu der in Abschnitt 5.1 beschriebenen Systemklasse kann bei diesen Deskriptorsystemen nicht-properes Übertragungsverhalten auftreten. Es ist Γ maximal 2, d.h. der Nicht-Properheitsgrad bezüglich des Übertragungsverhaltens ist maximal der um 1 verminderte Index des Deskriptorsystems, siehe Definition 2.7.10.

Zur Darstellung dieser Eigenschaften wird im Folgenden von einer System-Realisierung der Gestalt

$$\mathbf{G}_h \simeq \left[\begin{array}{c|c} (\mathbf{E}_h,\ \mathbf{A}_h) & \mathbf{B}_h \\ \hline \mathbf{C}_h & \mathbf{0} \end{array} \right] \tag{5.14}$$

ausgegangen, wobei

$$\mathbf{E}_h = \begin{bmatrix} \mathbf{I}_f & \mathbf{0} & \mathbf{0} \\ \mathbf{0} & \mathbf{M} & \mathbf{0} \\ \mathbf{0} & \mathbf{0} & \mathbf{0}_p \end{bmatrix}, \quad \mathbf{A}_h = \begin{bmatrix} \mathbf{0} & \mathbf{I}_f & \mathbf{0} \\ -\mathbf{Q} & -\mathbf{P} & \mathbf{F}^T \\ \mathbf{F} & \mathbf{0} & \mathbf{0}_p \end{bmatrix},$$

$$\mathbf{C}_h = \begin{bmatrix} \mathbf{C}_z & \mathbf{C}_{\dot z} & \mathbf{C}_\lambda \end{bmatrix}, \quad \mathbf{B}_h = \begin{bmatrix} \mathbf{0} \\ \mathbf{S} \\ \mathbf{S}_h \end{bmatrix}$$

und der Deskriptorvektor $\mathbf{x}_h = \begin{bmatrix} \mathbf{z}^T & \dot{\mathbf{z}}^T & \lambda^T \end{bmatrix}^T$ ist. Unter der Annahme, dass die Messgleichung durch die Matrix

$$\mathbf{C}_h = \begin{bmatrix} \mathbf{C}_z & \mathbf{C}_{\dot z} & \mathbf{C}_\lambda \end{bmatrix} = \begin{bmatrix} \mathbf{T}_1 & \mathbf{0} & \mathbf{0} \\ \mathbf{0} & \mathbf{T}_2 & \mathbf{0} \\ \mathbf{0} & \mathbf{0} & \mathbf{T}_3 \end{bmatrix}$$

beschrieben ist, führt eine Koordinaten-Transformation nach [61] von (5.14) mit den Matrizen

$$\mathbf{P}_h = \left[\begin{array}{ccc} \bar{\mathbf{L}}\left(\mathbf{I}_f - \bar{\mathbf{V}}^T\mathbf{F}\right) & \mathbf{0} & \bar{\mathbf{U}}\mathbf{P}\bar{\mathbf{V}}^T \\ \bar{\mathbf{U}}\mathbf{P}\bar{\mathbf{V}}^T\mathbf{F} & \bar{\mathbf{U}} & \bar{\mathbf{U}}\left(\mathbf{Q} - \mathbf{P}\bar{\mathbf{L}}^+\bar{\mathbf{U}}\mathbf{P}\right)\bar{\mathbf{V}}^T \\ \hline \mathbf{0} & \mathbf{F}\mathbf{M}^{-1} & \mathbf{0} \\ \mathbf{F} & \mathbf{0} & \mathbf{0} \\ \mathbf{0} & \mathbf{0} & \mathbf{I}_p \end{array} \right], \tag{5.15}$$

$$\mathbf{Q}_h = \left[\begin{array}{cc|ccc} \bar{\mathbf{L}}^+ & \mathbf{0} & \mathbf{0} & \mathbf{0} & \bar{\mathbf{V}}^T \\ \mathbf{0} & \bar{\mathbf{L}}^+ & \mathbf{0} & \bar{\mathbf{V}}^T & -\bar{\mathbf{L}}^+\bar{\mathbf{U}}\mathbf{P}\bar{\mathbf{V}}^T \\ \bar{\mathbf{V}}\mathbf{Q}\bar{\mathbf{L}}^+ & \bar{\mathbf{V}}\mathbf{P}\bar{\mathbf{L}}^+ & \left(\mathbf{F}\mathbf{M}^{-1}\mathbf{F}^T\right)^{-1} & \bar{\mathbf{V}}\mathbf{P}\bar{\mathbf{V}}^T & \bar{\mathbf{V}}\left(\mathbf{Q} - \mathbf{P}\bar{\mathbf{L}}^+\bar{\mathbf{U}}\mathbf{P}\right)\bar{\mathbf{V}}^T \end{array} \right]$$

$$\tag{5.16}$$

auf eine Systemdarstellung in kanonischer Form (2.11) der Gestalt

$$\mathbf{G}_h \simeq \left[\begin{array}{c|c} \left(P_h\mathbf{E}_h\mathbf{Q}_h,\ P_h\mathbf{A}_h\mathbf{Q}_h\right) & P_h\mathbf{B}_h \\ \hline \mathbf{C}_h\mathbf{Q}_h & \mathbf{0} \end{array} \right] \tag{5.17}$$

mit

$$\mathbf{P}_h\mathbf{E}_h\mathbf{Q}_h = \left[\begin{array}{c|c} \mathbf{I}_{n_1} & \mathbf{0} \\ \hline \mathbf{0} & \mathbf{N}_k \end{array} \right], \tag{5.18}$$

$$\mathbf{P}_h\mathbf{A}_h\mathbf{Q}_h = \left[\begin{array}{c|c} \mathbf{A}_1 & \mathbf{0} \\ \hline \mathbf{0} & \mathbf{I}_{n_2} \end{array} \right], \tag{5.19}$$

$$\mathbf{P}_h\mathbf{B}_h = \left[\begin{array}{c} \mathbf{B}_1 \\ \hline \mathbf{B}_2 \end{array} \right], \tag{5.20}$$

$$\mathbf{C}_h\mathbf{Q}_h = \begin{bmatrix} \mathbf{C}_1 & \mathbf{C}_2 \end{bmatrix}, \tag{5.21}$$

wobei

$$\mathbf{I}_{n_1} = \begin{bmatrix} \mathbf{I}_{f-p} & 0 \\ 0 & \mathbf{I}_{f-p} \end{bmatrix}, \quad \mathbf{A}_1 = \begin{bmatrix} 0 & \mathbf{I}_{f-p} \\ -\bar{\mathbf{U}}\mathbf{Q}\bar{\mathbf{L}}^+ & -\bar{\mathbf{U}}\mathbf{P}\bar{\mathbf{L}}^+ \end{bmatrix},$$

$$\mathbf{I}_{n_2} = \begin{bmatrix} \mathbf{I}_p & 0 & 0 \\ 0 & \mathbf{I}_p & 0 \\ 0 & 0 & \mathbf{I}_p \end{bmatrix}, \quad \mathbf{B}_1 = \begin{bmatrix} \bar{\mathbf{U}}\mathbf{P}\bar{\mathbf{V}}^T\mathbf{S}_h \\ \bar{\mathbf{U}}\mathbf{S} + \bar{\mathbf{U}}\left(\mathbf{Q} - \mathbf{P}\bar{\mathbf{L}}^+\bar{\mathbf{U}}\mathbf{P}\right)\bar{\mathbf{V}}^T\mathbf{S}_h \end{bmatrix},$$

$$\mathbf{N}_k = \begin{bmatrix} 0 & \mathbf{I}_p & 0 \\ 0 & 0 & \mathbf{I}_p \\ 0 & 0 & 0 \end{bmatrix}, \quad \mathbf{B}_2 = \begin{bmatrix} \mathbf{F}\mathbf{M}^{-1}\mathbf{S} \\ 0 \\ \mathbf{S}_h \end{bmatrix},$$

$$\mathbf{C}_1 = \begin{bmatrix} \mathbf{T}_1\bar{\mathbf{L}}^+ & 0 \\ 0 & \mathbf{T}_2\bar{\mathbf{L}}^+ \\ \mathbf{T}_3\bar{\mathbf{V}}\mathbf{Q}\bar{\mathbf{L}}^+ & \mathbf{T}_3\bar{\mathbf{V}}\mathbf{P}\bar{\mathbf{L}}^+ \end{bmatrix},$$

$$\mathbf{C}_2 = \begin{bmatrix} 0 & 0 & \mathbf{T}_1\bar{\mathbf{V}}^T \\ 0 & \mathbf{T}_2\bar{\mathbf{V}}^T & -\mathbf{T}_2\bar{\mathbf{L}}^+\bar{\mathbf{U}}\mathbf{P}\bar{\mathbf{V}}^T \\ \mathbf{T}_3\left(\mathbf{F}\mathbf{M}^{-1}\mathbf{F}^T\right)^{-1} & \mathbf{T}_3\bar{\mathbf{V}}\mathbf{P}\bar{\mathbf{V}}^T & \mathbf{T}_3\bar{\mathbf{V}}\left(\mathbf{Q} - \mathbf{P}\bar{\mathbf{L}}^+\bar{\mathbf{U}}\mathbf{P}\right)\bar{\mathbf{V}}^T \end{bmatrix}$$

ist. Einzelheiten zur analytischen Transformationen mechanischer Deskriptorsystem in die kanonische Darstellung finden sich in [61].

Das Deskriptorsystem (5.17) mit Index $k = 3$ kann analog zu (2.13) mit Hilfe der Lösung des schnellen Subsystems

$$\mathbf{x}_2 = -\sum_{i=0}^{k-1}\mathbf{N}_k^i\mathbf{B}_2\mathbf{u}^i \tag{5.22}$$

in die Gestalt

$$\dot{\mathbf{x}}_1 = \begin{bmatrix} 0 & \mathbf{I}_{f-p} \\ -\bar{\mathbf{U}}\mathbf{Q}\bar{\mathbf{L}}^+ & -\bar{\mathbf{U}}\mathbf{P}\bar{\mathbf{L}}^+ \end{bmatrix}\mathbf{x}_1 + \begin{bmatrix} \bar{\mathbf{U}}\mathbf{P}\bar{\mathbf{V}}^T\mathbf{S}_h \\ \bar{\mathbf{U}}\mathbf{S} + \bar{\mathbf{U}}\left(\mathbf{Q} - \mathbf{P}\bar{\mathbf{L}}^+\bar{\mathbf{U}}\mathbf{P}\right)\bar{\mathbf{V}}^T\mathbf{S}_h \end{bmatrix}\mathbf{u}, \tag{5.23a}$$

$$\mathbf{y} = \begin{bmatrix} \mathbf{T}_1\bar{\mathbf{L}}^+ & 0 \\ \hline 0 & \mathbf{T}_2\bar{\mathbf{L}}^+ \\ \hline \mathbf{T}_3\bar{\mathbf{V}}\mathbf{Q}\bar{\mathbf{L}}^+ & \mathbf{T}_3\bar{\mathbf{V}}\mathbf{P}\bar{\mathbf{L}}^+ \end{bmatrix}\mathbf{x}_1$$
$$- \begin{bmatrix} \mathbf{T}_1\bar{\mathbf{V}}^T\mathbf{S}_h \\ \hline -\mathbf{T}_2\bar{\mathbf{L}}^+\bar{\mathbf{U}}\mathbf{P}\bar{\mathbf{V}}^T\mathbf{S}_h \\ \hline \mathbf{T}_3\left(\mathbf{F}\mathbf{M}^{-1}\mathbf{F}^T\right)^{-1}\mathbf{F}\mathbf{M}^{-1}\mathbf{S} + \mathbf{T}_3\bar{\mathbf{V}}\left(\mathbf{Q} - \mathbf{P}\bar{\mathbf{L}}^+\bar{\mathbf{U}}\mathbf{P}\right)\bar{\mathbf{V}}^T\mathbf{S}_h \end{bmatrix}\mathbf{u}$$
$$- \begin{bmatrix} 0 \\ \hline \mathbf{T}_2\bar{\mathbf{V}}^T\mathbf{I}_p\mathbf{S}_h \\ \hline \mathbf{T}_3\bar{\mathbf{V}}\mathbf{P}\bar{\mathbf{V}}^T\mathbf{I}_p\mathbf{S}_h \end{bmatrix}\dot{\mathbf{u}} - \begin{bmatrix} 0 \\ \hline 0 \\ \hline \mathbf{T}_3\left(\mathbf{F}\mathbf{M}^{-1}\mathbf{F}^T\right)^{-1}\mathbf{I}_p\mathbf{S}_h \end{bmatrix}\ddot{\mathbf{u}} \tag{5.23b}$$

überführt werden. Unter der Voraussetzung $\mathbf{S}_h \neq \mathbf{0}$ zeigt die Ausgangsgleichung (5.23b) die Abhängigkeit der Übertragungsverhaltens von höheren Ableitungen des Eingangsvektors $\mathbf{u}$ bis zum maximalen Ableitungsgrad (Nicht-Properheitsgrad) 2.

Ob der maximale Ableitungsgrad tatsächlich im Übertragungsverhalten erscheint hängt jedoch von der Gestalt der übrigen Matrizen ab. So können z.B. anhand der Matrizen $\mathbf{T}_2$ und $\mathbf{T}_3$ nicht-propere Anteile im Übertragungsverhalten ausgeblendet werden. Ist beispielsweise $\mathbf{T}_2 = \mathbf{0}$ und $\mathbf{T}_3 = \mathbf{0}$, so kann nicht-properes Übertragungsverhalten nur noch bezüglich des Deskriptorvektors in Erscheinung treten.

5.3 Entwurf von nicht-properen H_∞-Gewichtungsfunktionen

In der Praxis des H_∞-Entwurfs ist es oft aufgrund der Robustheitsanforderungen des Regelkreises wünschenswert nicht-propere Gewichtungsfunktionen einzusetzen [19]. Diskutiert wird dies in den Arbeiten [32], [33] und [42].

Ein grundlegendes Problem ist, dass H_∞-Methoden, die auf Realisierungen im Zustandsraum basieren, keine Möglichkeit bieten, nicht-properes Übertragungsverhalten von Gewichtungsfunktionen zu modellieren. Es existieren jedoch Ansätze für normale Systeme, die das nicht-propere Verhalten einer Gewichtungsfunktion approximieren [8].

Die Modellierung nicht-properer Gewichtungsfunktionen ist dagegen bei Deskriptorsystemen mit höherem Index auf natürliche Weise möglich. Es muss jedoch berücksichtigt werden, dass, obwohl die reale Regelstrecke proper bzw. streng-proper ist, durch die Wahl entsprechender nicht-properer Gewichtungsfunktionen der abstrakte Regelkreis insgesamt ebenfalls nicht-properes Übertragungsverhalten zeigen kann. Die Auswirkungen auf den H_∞-Entwurf in Deskriptorform wird in Abschnitt 7.1 diskutiert.

6 Properisierung nicht-properer Regelstrecken

6.1 Einsatz von Formfiltern zur Properisierung

In diesem Kapitel werden Formfilter vorgestellt, die für die Analyse und Synthese nicht-properer H_∞-Probleme eingesetzt werden. Dabei werden unterschiedlich Realisierungen diskutiert.

Das Übertragungsverhalten $\mathbf{F}(s)$ eines Formfilters sei beschrieben durch eine Realisierung im Zustandsraum der Gestalt

$$\mathbf{F} \simeq \left[\begin{array}{c|c} (\mathbf{I}_f, \mathbf{A}_f) & \mathbf{B}_f \\ \hline \mathbf{C}_f & \mathbf{D}_f \end{array} \right]. \tag{6.1}$$

Der Zustandsvektor einer Realisierung wird beschrieben durch

$$\mathbf{x}_f = \left[\begin{array}{c} \xi_1 \\ \vdots \\ \xi_r \end{array} \right], \quad \xi_e = \left[\begin{array}{c} \xi_{e_1} \\ \vdots \\ \xi_{e_{n_e}} \end{array} \right], \quad e = 1, \ldots, r. \tag{6.2}$$

Dabei ist r die Anzahl der Eingangsgrößen, wobei diese Steuer- oder Störgrößen sein können, n_f ist die Dimension des gesamten MIMO-Formfilters[1], wobei

$$n_f = \sum_{e=1}^{r} n_e \tag{6.3}$$

ist.

Vorausgesetzt wird, dass das Formfilter E/A-entkoppelt ist, d.h. das dynamische Verhalten eines jeden Ausgangs kann eindeutig einem Eingang zugeordnet werden. Für die anschauliche Beschreibung der einzelnen SISO-Formfilter[2]. wird eine Realisierung in Regelungsnormalform gewählt.

---

[1]

    MIMO: Multi-Input-Multi-Output.

[2]

    SISO: Single-Input-Multi-Output.

Es sei

$$F_e \simeq \left[\begin{array}{c|c} (\mathbf{I}_{f_e}, \mathbf{A}_{f_e}) & \mathbf{b}_{f_e} \\ \hline \mathbf{c}_{f_e} & d_{f_e} \end{array} \right] \tag{6.4}$$

mit

$$\mathbf{A}_{f_e} = \left[\begin{array}{ccccc} 0 & 1 & 0 & \cdots & 0 \\ 0 & 0 & 1 & \cdots & 0 \\ & & & \ddots & \\ -\frac{a_0^e}{a_{n_{f_e}}^e} & -\frac{a_1^e}{a_{n_{f_e}}^e} & -\frac{a_2^e}{a_{n_{f_e}}^e} & \cdots & -\frac{a_{n_{f_e}-1}^e}{a_{n_{f_e}}^e} \end{array} \right], \quad \mathbf{b}_{f_e} = \left[\begin{array}{c} 0 \\ 0 \\ \vdots \\ 0 \\ \frac{1}{a_{n_{f_e}}^e} \end{array} \right],$$

$$\mathbf{c}_{f_e} = \left[\left(b_0^e - a_0^e \frac{b_{n_{f_e}}^e}{a_{n_{f_e}}^e} \right) \quad \left(b_1^e - a_1^e \frac{b_{n_{f_e}}^e}{a_{n_{f_e}}^e} \right) \quad \cdots \quad \left(b_{n_{f_e}-1}^e - a_{n_{f_e}-1}^e \frac{b_{n_{f_e}}^e}{a_{n_{f_e}}^e} \right) \right],$$

$$d_{f_e} = \frac{b_{n_{f_e}}^e}{a_{n_{f_e}}^e}.$$

Jede dieser Realisierungen hat die Dimension n_{f_e}.

Im Frequenzbereich wird das Übertragungsverhalten des Formfilters beschrieben durch

$$\mathbf{u}(s) = \mathbf{F}(s)\mathbf{v}(s) \tag{6.5}$$

und setzt sich aus r Formfilter der Gestalt

$$u_e(s) = F_e(s)v_e(s) \tag{6.6}$$

mit

$$F_e(s) = \frac{Z_e(s)}{N_e(s)} = \frac{b_0^e + b_1^e s + b_2^e s^2 + \ldots + b_{n_{f_e}}^e s^{n_{f_e}}}{a_0^e + a_1^e s + a_2^e s^2 + \ldots + a_{n_{f_e}}^e s^{n_{f_e}}} \tag{6.7}$$

zusammen. Falls

$$\lim_{s \to \infty} F_e(s) = \frac{b_{n_e}^e}{a_{n_e}^e} \Leftrightarrow b_{n_e}^e \neq 0 \wedge a_{n_e}^e \neq 0. \tag{6.8}$$

gilt, so beschreibt (6.7) properes Übertragungsverhalten, d.h. der Zählergrad ist genau gleich dem Nennergrad der Übertragungsfunktion (6.7). Existiert dieser Grenzwert mindestens für ein SISO-Filter, so zeigt das gesamte MIMO-Filter properes Übertragungsverhalten. Ist dagegen

$$\lim_{s \to \infty} F_e(s) = 0 \Leftrightarrow b_{n_e}^e = 0 \wedge a_{n_e}^e \neq 0 \tag{6.9}$$

für alle r Formfilter erfüllt, so ist das Übertragungsverhalten des gesamten MIMO-Formfilters streng-proper, d.h. der Zählergrad ist kleiner als der Nennergrad aller SISO-Übertragungsfunktionen. In der Literatur wird dieser Zusammenhang häufig durch den so genannten Differenzgrad = Nennergrad − Zählergrad ausgedrückt. Das Übertragungsverhalten $\mathbf{F}(s)$ des gesamten MIMO-Filter ist somit

$$
\mathbf{F}(s) = \operatorname*{diag}_{e=1,\ldots,r} [F_e(s)]
$$

$$
= \begin{bmatrix} F_1(s) & & \\ & \ddots & \\ & & F_r(s) \end{bmatrix}. \tag{6.10}
$$

Für die H_∞-Synthese wird i.d.R. Stabilität des Formfilters vorausgesetzt. Um diese sicherzustellen, müssen alle Pole der TFM in der linken s-Ebene liegen, d.h. jedes der r SISO-Formfilter muss stabil entworfen werden. Die Wahl der Zeitkonstanten ist abhängig von den Zielen des übergeordneten Regelungsproblems und erfordert u.U. eine Analyse der Störbandbreite des realen Systems. So könnten z.B. die Zeitkonstanten der r Formfilter so ausgelegt werden, dass deren Sprungantworten an eine Sprungfunktionen angenähert sind. In Abschnitt 6.2 werden die Dimensionen der r SISO-Formfilter bestimmt, die zur Properisierung von nicht-properen Regelstrecken durch des Formfilter benötigt werden.

Unter MATLAB wird der numerische Entwurf stabiler Formfilter durch die LMI Control Toolbox mit Hilfe des Programms `magshape` unterstützt, das eine grafischen Benutzer-Schnittstelle besitzt. Um numerische Schwierigkeiten beim übergeordneten H_∞-Problem zu vermeiden, wird empfohlen, die Pole $\mathrm{Re}(s) \leqslant -10^{-3}$ zu wählen (`magshape` berücksichtigt dies automatisch) [19]. Die Funktionsweise des Programms wird anhand des folgenden Beispiels veranschaulicht.

Beispiel 6.1.1 (`magshape`). Das zu bestimmende Filter wird durch einzelne charakteristische Punkte des Amplitudengangs spezifiziert. Zudem wird die Ordnung und der Name der Filter-Realisierung unter MATLAB festgelegt.
Auf Grundlage dieser Angaben wird eine stabile und streng-propere bzw. propere Approximation berechnet. Optional kann von einem vorhandenen Filter der Amplitudengang angezeigt und ein neu zu entwerfendes Filter auf dieses Filter abgestimmt werden. Zur Veranschaulichung dient das propere Formfilter 3. Ordnung

$$
F \simeq \left[\begin{array}{c|c} \left(\begin{bmatrix} 1 & 0 & 0 \\ 0 & 1 & 0 \\ 0 & 0 & 1 \end{bmatrix}, \begin{bmatrix} -1.6805 & -0.2997 & -0.0284 \\ 1 & 0 & 0 \\ 0 & 1 & 0 \end{bmatrix} \right) & \begin{bmatrix} 1 \\ 0 \\ 0 \end{bmatrix} \\ \hline \begin{bmatrix} 0.9910 & 1.4249 & 0.2749 \end{bmatrix} & 0.01 \end{array} \right]. \tag{6.11}
$$

Abbildung 6.1 zeigt die grafische Benutzer-Schnittstelle beim Entwurf eines stabilen Formfilters und Abbildung 6.2 den entsprechenden Nyquist-Plot.

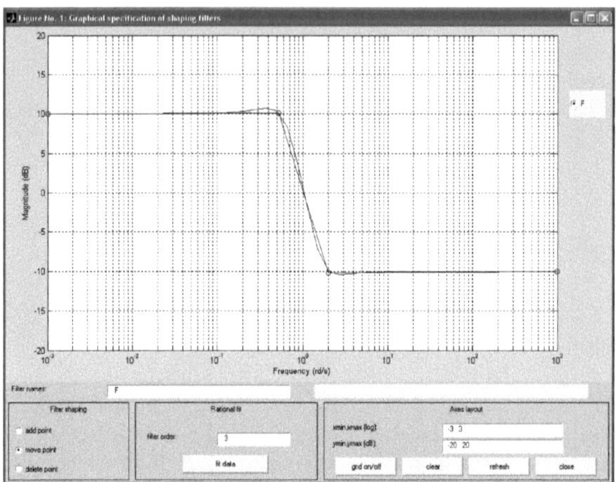

Abbildung 6.1: Entwurf des stabilen Formfilters (6.11) mit **magshape**.

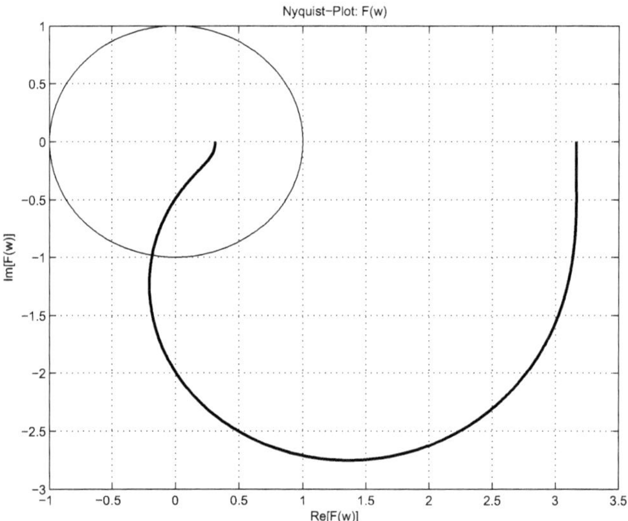

Abbildung 6.2: Nyquist-Plot des stabilen Formfilters (6.11).

Eine spezielle Form eines Formfilters stellt das Tiefpassfilter

$$F_e(s) = \frac{Z_e(s)}{N_e(s)} = \frac{b_0^e}{a_0^e + a_1^e s + a_2^e s^2 + \ldots + a_{n_{fe}}^e s^{n_{fe}}} \tag{6.12}$$

dar. Die Systemdarstellung zu (6.12) ist

$$F_e \simeq \left[\begin{array}{c|c} (\mathbf{I}_{f_e}, \mathbf{A}_{f_e}) & \mathbf{b}_{f_e} \\ \hline \mathbf{c}_{f_e} & 0 \end{array} \right] \tag{6.13}$$

mit

$$\mathbf{A}_{f_e} = \left[\begin{array}{ccccc} 0 & 1 & 0 & \cdots & 0 \\ 0 & 0 & 1 & \cdots & 0 \\ & & & \ddots & \\ -\frac{a_0^e}{a_{n_e}^e} & -\frac{a_1^e}{a_{n_e}^e} & -\frac{a_2^e}{a_{n_e}^e} & \cdots & -\frac{a_{n_e-1}^e}{a_{n_e}^e} \end{array} \right], \quad \mathbf{b}_{f_e} = \left[\begin{array}{c} 0 \\ 0 \\ \vdots \\ 0 \\ \frac{1}{a_{n_e}^e} \end{array} \right],$$

$$\mathbf{c}_{f_e} = \left[\begin{array}{cccc} b_0^e & 0 & \cdots & 0 & 0 \end{array} \right].$$

Das gesamte Übertragungsverhalten wird beschrieben durch (6.10). Bei diesem Formfilter sind keine Übertragungsnullstellen vorhanden und es wird als Tiefpassfilter n_{fe}-ter Ordnung bezeichnet. In den folgenden Abschnitten wird die Bedeutung eines solchen Tiefpassfilters für die H_∞-Synthese eingehend diskutiert. Aus der Grenzwertbetrachtung

$$\lim_{s \to \infty} F_e(s) = 0 \tag{6.14}$$

wird streng-properes Übertragungsverhalten erkennbar.

Eine weitere Variante des Formfilters ist das ideale Integratorfilter. Wie in [47] gezeigt, eignet sich dieses Formfilter zur theoretischen Regularisierung eines linear-quadratischen Optimierungsproblems. Das diskutierte Deskriptorsystem zeigt nicht-properes Übertragungsverhalten bezüglich der Deskriptorvariablen. Unter Verwendung von Integratorketten und proportionaler Rückführungen für die langsamen und schnellen Deskriptorvariablen wird das Optimierungsproblem gelöst. Da diese Integratorfilter Polstellen genau auf der imaginären Achse besitzen, eignen sich diese Formfilter, aufgrund des grenzstabilen Verhaltens, nur eingeschränkt für die H_∞-Synthese.

6.2 Properisierung nicht-properer Regelstrecken

In diesem Abschnitt wird gezeigt, unter welchen Voraussetzungen das in Abschnitt 6.1 eingeführte Formfilter (6.10) das nicht-propere Übertragungsverhalten $\mathbf{P}(s)$ in ein properes Übertragungsverhalten der Gesamtrealisierung $\mathbf{T}(s)$ gemäß Abbildung 6.3 überführt werden kann.

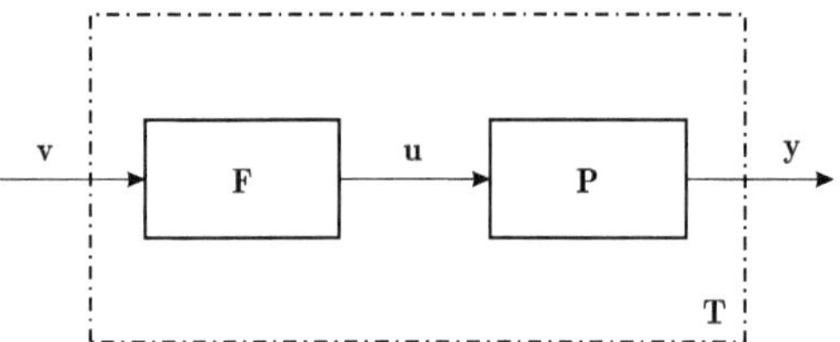

Abbildung 6.3: Formfilter $\mathbf{F}$ und Regelstrecke $\mathbf{P}$.

Dabei wird angenommen, dass die Realisierung von $\mathbf{P}(s)$ in kanonischer Form (2.64) vorliegt, d.h.

$$\mathbf{P} = \mathbf{P}_1 + \mathbf{P}_2 \tag{6.15}$$

mit

$$\mathbf{P}_1 \simeq \left[\begin{array}{c|c} (s\mathbf{I}_1 - \mathbf{A}_1) & \mathbf{B}_1 \\ \hline \mathbf{C}_1 & \mathbf{0} \end{array} \right] \tag{6.16}$$

und

$$\mathbf{P}_2 \simeq \left[\begin{array}{c|c} (s\mathbf{N}_k - \mathbf{I}_2) & \mathbf{B}_2 \\ \hline \mathbf{C}_2 & \mathbf{0} \end{array} \right]. \tag{6.17}$$

Der Ansatz basiert auf der Einführung properisierender Integratorketten für eine proportionale Deskriptorvariablen-Rückführung bei einem linear-quadratischen Optimierungsproblem [47]. Das Filter mit idealen Integratorketten stellt einen Sonderfall des Formfilters mit Tiefpassverhalten dar. Das aus

$$\mathbf{T} = \mathbf{P}\mathbf{F} = (\mathbf{P}_1 + \mathbf{P}_2)\mathbf{F} = \mathbf{P}_1\mathbf{F} + \mathbf{P}_2\mathbf{F} = \mathbf{T}_1 + \mathbf{T}_2 \tag{6.18}$$

resultierende Übertragungsverhalten setzt sich aus einem streng-properen Anteil

$$\mathbf{T}_1 = \mathbf{P}_1\mathbf{F} \simeq \left[\begin{array}{c|c} (\mathbf{I}_{t_1}, \mathbf{A}_{t_2}) & \mathbf{B}_{t_1} \\ \hline \mathbf{C}_{t_1} & \mathbf{0} \end{array} \right] \tag{6.19}$$

mit

$$(\mathbf{I}_{t_1},\, \mathbf{A}_{t_1}) = \left(\begin{bmatrix} \mathbf{I}_f & \mathbf{0} \\ \mathbf{0} & \mathbf{I}_1 \end{bmatrix},\, \begin{bmatrix} \mathbf{A}_f & \mathbf{0} \\ \mathbf{B}_1\mathbf{C}_f & \mathbf{A}_1 \end{bmatrix} \right),$$

$$\mathbf{B}_{t_1} = \begin{bmatrix} \mathbf{B}_f \\ \mathbf{0} \end{bmatrix},$$

$$\mathbf{C}_{t_1} = \begin{bmatrix} \mathbf{0} & \mathbf{C}_1 \end{bmatrix}$$

und einem properen- bzw. nicht-properen Anteil

$$\mathbf{T}_2 = \mathbf{P}_2\mathbf{F} \simeq \left[\begin{array}{c|c} (\mathbf{E}_{t_2},\, \mathbf{A}_{t_2}) & \mathbf{B}_{t_2} \\ \hline \mathbf{C}_{t_2} & \mathbf{D}_{t_2} \end{array} \right] \tag{6.20}$$

mit

$$(\mathbf{E}_{t_2},\, \mathbf{A}_{t_2}) = \left(\begin{bmatrix} \mathbf{I}_f & \mathbf{0} \\ \mathbf{0} & \mathbf{N}_k \end{bmatrix},\, \begin{bmatrix} \mathbf{A}_f & \mathbf{0} \\ \mathbf{B}_2\mathbf{C}_f & \mathbf{I}_2 \end{bmatrix} \right),$$

$$\mathbf{B}_{t_1} = \begin{bmatrix} \mathbf{B}_f \\ \mathbf{0} \end{bmatrix},$$

$$\mathbf{C}_{t_2} = \begin{bmatrix} \mathbf{0} & \mathbf{C}_2 \end{bmatrix}$$

zusammen.

Allgemein kann die propere Serienkopplung von Formfilter und schnellem Übertragungsverhalten der Regelstrecke entweder als Zustandsraum-Realisierung

$$\mathbf{T}_2 \simeq \left[\begin{array}{c|c} \left(\hat{\mathbf{I}}_2,\, \hat{\mathbf{A}}_2\right) & \hat{\mathbf{B}}_2 \\ \hline \hat{\mathbf{C}}_2 & \hat{\mathbf{D}}_2 \end{array} \right],\ \hat{n}_2 = n_f,\ \hat{\mathbf{D}}_2 \neq \mathbf{0} \tag{6.21}$$

oder als Deskriptor-Realisierung mit Index 1

$$\mathbf{T}_2 \simeq \left[\begin{array}{c|c} \left(\breve{\mathbf{E}}_2,\, \breve{\mathbf{A}}_2\right) & \breve{\mathbf{B}}_2 \\ \hline \breve{\mathbf{C}}_2 & \mathbf{0} \end{array} \right],\ \breve{n}_2 = n_f + n_2 \tag{6.22}$$

entworfen werden.

Satz 6.2.1 (Dimension des properisierenden Formfilters). Die Realisierung einer Regelstrecke mit nicht-properem Übertragungsverhalten (6.15) und dem maximalen Nicht-Properheitsgrad bezüglich des Übertragungsverhaltens $\Gamma := h - 1$, kann durch ein Formfilter mit Tiefpassverhalten (6.10) in eine Realisierung mit properem Übertragungsverhalten der Gestalt

$$\mathbf{T} \simeq \left[\begin{array}{c|c} (\mathbf{I}_t,\, \mathbf{A}_t) & \mathbf{B}_t \\ \hline \mathbf{C}_t & \mathbf{D}_t \end{array} \right] \tag{6.23}$$

mit

$$(\mathbf{I}_t, \mathbf{A}_t) = \left(\begin{bmatrix} \mathbf{I}_f & \mathbf{0} \\ \mathbf{0} & \mathbf{I}_1 \end{bmatrix}, \begin{bmatrix} \mathbf{A}_f & \mathbf{0} \\ \mathbf{B}_1\mathbf{C}_f & \mathbf{A}_1 \end{bmatrix} \right),$$

$$\mathbf{B}_t = \begin{bmatrix} \mathbf{B}_f \\ \mathbf{0} \end{bmatrix},$$

$$\mathbf{C}_t = \left[-\sum_{i=0}^{h-1} \left[\mathbf{C}_2\mathbf{N}_k^i\mathbf{B}_2\mathbf{C}_f\mathbf{A}_f^i \right] \quad \mathbf{C}_1 \right],$$

$$\mathbf{D}_t = -\mathbf{C}_2\mathbf{N}_k^{h-1}\mathbf{B}_2\mathbf{C}_f\mathbf{A}_f^{h-2}\mathbf{B}_f$$

und

$$\mathbf{x}_t = \begin{bmatrix} \mathbf{x}_f \\ \mathbf{x}_1 \end{bmatrix}$$

überführt werden $\Leftrightarrow \mathbf{A}_f \in R^{n_f \times n_f}$, $n_f = r\,(h-1)$ asymptotisch stabil.

Beweis 6.2.1. Die Gesamtrealisierung besteht nach Gleichung (6.15) aus den beiden Realisierungen (6.16) und (6.17). Falls eine Realisierung der Gestalt (6.19) existiert, so kann diese nur streng-properes Übertragungsverhalten besitzen, da diese auf einer Deskriptor-Realisierung mit Index 0 in Minimalkoordinaten oder einer streng-properen und nicht-minimalen Deskriptor-Realisierung mit $\mathbf{B}_1 = \mathbf{0}$ und höherem Index basiert. Betrachtet wird zunächst die Gesamtrealisierung der Serienkopplung (6.18) in kanonischer Normalform, d.h.

$$\mathbf{T} = \mathbf{PF} \simeq \left[\begin{array}{c|c} (\bar{\mathbf{E}}, \bar{\mathbf{A}}) & \bar{\mathbf{B}} \\ \hline \bar{\mathbf{C}} & \bar{\mathbf{D}} \end{array} \right], \ \bar{n} = n_f + n, \ n = n_1 + n_2, \tag{6.24}$$

wobei

$$\bar{\mathbf{x}} = \begin{bmatrix} \mathbf{x}_f^T & \mathbf{x}_1^T & \mathbf{x}_2^T \end{bmatrix}^T \in R^{\bar{n}}, \ \mathbf{x}_f \in R^{n_f}, \ \mathbf{x}_1 \in R^{n_1}, \ \mathbf{x}_2 \in R^{n_2},$$

$$\bar{\mathbf{A}} \in R^{\bar{n} \times \bar{n}}, \ \bar{\mathbf{B}} \in R^{\bar{n} \times r}, \ \bar{\mathbf{C}} \in R^{m \times \bar{n}}, \ \bar{\mathbf{D}} \neq \mathbf{0} \in R^{m \times r},$$

$$\mathbf{y}(s) = \mathbf{T}(s)\,\mathbf{v}(s),$$

$$(\bar{\mathbf{E}}, \bar{\mathbf{A}}) = \left(\begin{bmatrix} \mathbf{I}_f & \mathbf{0} & \mathbf{0} \\ \mathbf{0} & \mathbf{I}_1 & \mathbf{0} \\ \mathbf{0} & \mathbf{0} & \mathbf{N}_k \end{bmatrix}, \begin{bmatrix} \mathbf{A}_f & \mathbf{0} & \mathbf{0} \\ \mathbf{B}_1\mathbf{C}_f & \mathbf{A}_1 & \mathbf{0} \\ \mathbf{B}_2\mathbf{C}_f & \mathbf{0} & \mathbf{I}_2 \end{bmatrix} \right),$$

$$\bar{\mathbf{C}} = \begin{bmatrix} \mathbf{0} & \mathbf{C}_1 & \mathbf{C}_2 \end{bmatrix}, \ \bar{\mathbf{B}} = \begin{bmatrix} \mathbf{B}_f \\ \mathbf{B}_1\mathbf{D}_f \\ \mathbf{B}_2\mathbf{D}_f \end{bmatrix}, \ \bar{\mathbf{D}} = \mathbf{0}.$$

Die Realisierung besteht somit aus 3 Teilsysteme, wobei das erste System

$$\dot{\mathbf{x}}_f = \mathbf{A}_f\mathbf{x}_f + \mathbf{B}_f\mathbf{v}, \tag{6.25a}$$

$$\mathbf{u} = \mathbf{C}_f\mathbf{x}_f + \mathbf{D}_f\mathbf{v} \tag{6.25b}$$

das Formfilter darstellt. Das langsame Teilsystem wird durch

$$\dot{\mathbf{x}}_1 \;=\; \mathbf{A}_1\mathbf{x}_1 + \mathbf{B}_1\mathbf{u}, \tag{6.26a}$$

$$\mathbf{y}_1 \;=\; \mathbf{C}_1\mathbf{x}_1 \tag{6.26b}$$

und das schnelle Teilsystem durch

$$\mathbf{N}_k\dot{\mathbf{x}}_2 \;=\; \mathbf{x}_2 + \mathbf{B}_2\mathbf{u}, \tag{6.27a}$$

$$\mathbf{y}_2 \;=\; \mathbf{C}_2\mathbf{x}_2 \tag{6.27b}$$

beschrieben. Das resultierende Übertragungsverhalten ergibt sich aus der Superposition der Ausgangsvektoren der beiden (ursprünglich langsamen und schnellen) Teilsysteme, d.h.

$$\mathbf{y} = \mathbf{y}_1 + \mathbf{y}_2. \tag{6.28}$$

Die Kopplung des Formfilters mit dem langsamen Teilsystem wird durch die Realisierung

$$\mathbf{T}_1 \simeq \left[\begin{array}{c|c} (\bar{\mathbf{E}}_1, \bar{\mathbf{A}}_1) & \bar{\mathbf{B}}_1 \\ \hline \bar{\mathbf{C}}_1 & \bar{\mathbf{D}}_1 \end{array} \right], \; \bar{n}_1 = n_f + n_1 \tag{6.29}$$

mit

$$\bar{\mathbf{x}}_1 = \left[\, \mathbf{x}_f^T \;\; \mathbf{x}_1^T \,\right]^T \in R^{\bar{n}_1}, \; \mathbf{x}_f \in R^{n_f}, \; \mathbf{x}_1 \in R^{n_1},$$

$$\bar{\mathbf{A}}_1 \in R^{\bar{n}_1 \times \bar{n}_1}, \; \bar{\mathbf{B}}_1 \in R^{\bar{n}_1 \times r}, \; \bar{\mathbf{C}}_1 \in R^{m \times \bar{n}_1}, \; \bar{\mathbf{D}}_1 \neq \mathbf{0} \in R^{m \times r},$$

$$\mathbf{y}_1(s) = \mathbf{T}_1(s)\,\mathbf{v}(s),$$

$$(\bar{\mathbf{E}}_1, \bar{\mathbf{A}}_1) = \left(\left[\begin{array}{cc} \mathbf{I}_f & \mathbf{0} \\ \mathbf{0} & \mathbf{I}_1 \end{array} \right], \left[\begin{array}{cc} \mathbf{A}_f & \mathbf{0} \\ \mathbf{B}_1\mathbf{C}_f & \mathbf{A}_1 \end{array} \right] \right),$$

$$\bar{\mathbf{C}}_1 = \left[\, \mathbf{0} \;\; \mathbf{C}_1 \,\right], \; \bar{\mathbf{B}}_1 = \left[\begin{array}{c} \mathbf{B}_f \\ \mathbf{B}_1\mathbf{D}_f \end{array} \right], \; \bar{\mathbf{D}}_1 = \mathbf{0}$$

beschrieben. Das gesamte Übertragungsverhalten der Realisierung ist streng-proper, da $\bar{\mathbf{D}}_1 = \mathbf{0}$ ist. Somit wird das streng-propere Übertragungsverhalten der langsamen Teil-Realisierung durch die Kopplung mit dem properen Formfilter nicht beeinflusst. Das Übertragungsverhalten der Regelstrecke wird durch das vorgeschaltete Formfilter zwar qualitativ verändert, der Tiefpasscharakter der Regelstrecke bleibt jedoch erhalten.

Für das mit dem Formfilter seriell gekoppelte schnelle Teilsystem ergibt sich eine Realisierung des Übertragungsverhalten

$$\mathbf{T}_2 \simeq \left[\begin{array}{c|c} (\bar{\mathbf{E}}_2, \bar{\mathbf{A}}_2) & \bar{\mathbf{B}}_2 \\ \hline \bar{\mathbf{C}}_2 & \bar{\mathbf{D}}_2 \end{array} \right], \; \bar{n}_2 = n_f + n_2 \tag{6.30}$$

mit

$$\bar{\mathbf{x}}_2 = \begin{bmatrix} \mathbf{x}_f^T & \mathbf{x}_2^T \end{bmatrix}^T \in R^{\bar{n}_2}, \ \mathbf{x}_f \in R^{n_f}, \ \mathbf{x}_2 \in R^{n_2},$$

$$\bar{\mathbf{A}}_2 \in R^{\bar{n}_2 \times \bar{n}_2}, \ \bar{\mathbf{B}}_2 \in R^{\bar{n}_2 \times r}, \ \bar{\mathbf{C}}_2 \in R^{m \times \bar{n}_2}, \ \bar{\mathbf{D}}_2 \neq \mathbf{0} \in R^{m \times r},$$

$$\mathbf{y}_2(s) = \mathbf{T}_2(s)\,\mathbf{v}(s),$$

$$(\bar{\mathbf{E}}_2, \bar{\mathbf{A}}_2) = \left(\begin{bmatrix} \mathbf{I}_f & \mathbf{0} \\ \mathbf{0} & \mathbf{N}_k \end{bmatrix}, \begin{bmatrix} \mathbf{A}_f & \mathbf{0} \\ \mathbf{B}_2\mathbf{C}_f & \mathbf{I}_2 \end{bmatrix} \right),$$

$$\bar{\mathbf{C}}_2 = \begin{bmatrix} \mathbf{0} & \mathbf{C}_2 \end{bmatrix}, \ \bar{\mathbf{B}}_2 = \begin{bmatrix} \mathbf{B}_f \\ \mathbf{B}_2\mathbf{D}_f \end{bmatrix}, \ \bar{\mathbf{D}}_2 = \mathbf{0}.$$

Es wird ein einheitlicher Ableitungsgrad $\Gamma = j - 1$ bezüglich der Deskriptorvariablen angenommen. So kann das Übertragungsverhalten des Teilsystems mit der Lösung

$$\begin{aligned}
\mathbf{x}_2 &= -\sum_{i=0}^{j-1} \mathbf{N}_k^i \mathbf{B}_2 \mathbf{u}^{(i)} \\
&= -\mathbf{B}_2\mathbf{u} - \mathbf{N}_k^i\mathbf{B}_2\dot{\mathbf{u}} - \ldots - \mathbf{N}_k^{j-2}\mathbf{B}_2\mathbf{u}^{(j-2)} - \mathbf{N}_k^{j-1}\mathbf{B}_2\mathbf{u}^{(j-1)}, & \text{(6.31a)} \\
\mathbf{y}_2 &= \mathbf{C}_2\mathbf{x}_2 & \text{(6.31b)}
\end{aligned}$$

als Kopplung eines Formfilters (6.25) mit dem differenzierenden Übertragungssystem

$$\begin{aligned}
\dot{\mathbf{x}}_f &= \mathbf{A}_f\mathbf{x}_f + \mathbf{B}_f\mathbf{v}, & \text{(6.32a)} \\
\mathbf{u} &= \mathbf{C}_f\mathbf{x}_f + \mathbf{D}_f\mathbf{v}, & \text{(6.32b)} \\
\mathbf{y}_2 &= -\sum_{i=0}^{h-1} \mathbf{C}_2\mathbf{N}_k^i\mathbf{B}_2\mathbf{u}^{(i)}. & \text{(6.32c)}
\end{aligned}$$

beschrieben werden. Für die Realisierung des Übertragungsverhaltens gilt $\Gamma = h - 1$, siehe Abschnitt 2.7.2.

Die Ableitungen $\mathbf{u}^{(i)}$, $i = 0, \ldots, h - 1$, sind anhand der Systemmatrizen des Formfilters durch

$$\begin{aligned}
\mathbf{u} &= \mathbf{C}_f\mathbf{x}_f + \mathbf{D}_f\mathbf{v}, \\
\dot{\mathbf{u}} &= \mathbf{C}_f\mathbf{A}_f\mathbf{x}_f + \mathbf{C}_f\mathbf{B}_f\mathbf{v} + \mathbf{D}_f\dot{\mathbf{v}}, \\
\ddot{\mathbf{u}} &= \mathbf{C}_f\mathbf{A}_f^2\mathbf{x}_f + \mathbf{C}_f\mathbf{A}_f\mathbf{B}_f\mathbf{v} + \mathbf{C}_f\mathbf{B}_f\dot{\mathbf{v}} + \mathbf{D}_f\ddot{\mathbf{v}}, \\
\mathbf{u}^{(3)} &= \mathbf{C}_f\mathbf{A}_f^3\mathbf{x}_f + \mathbf{C}_f\mathbf{A}_f^2\mathbf{B}_f\mathbf{v} + \mathbf{C}_f\mathbf{A}_f\mathbf{B}_f\dot{\mathbf{v}} + \mathbf{C}_f\mathbf{B}_f\ddot{\mathbf{v}} + \mathbf{D}_f\mathbf{v}^{(3)}, \\
\mathbf{u}^{(4)} &= \mathbf{C}_f\mathbf{A}_f^4\mathbf{x}_f + \mathbf{C}_f\mathbf{A}_f^3\mathbf{B}_f\mathbf{v} + \mathbf{C}_f\mathbf{A}_f^2\mathbf{B}_f\dot{\mathbf{v}} + \mathbf{C}_f\mathbf{A}_f\mathbf{B}_f\ddot{\mathbf{v}} + \mathbf{C}_f\mathbf{B}_f\dddot{\mathbf{v}} + \mathbf{D}_f\mathbf{v}^{(4)}, \\
&\quad\vdots \\
\mathbf{u}^{(i)} &= \mathbf{C}_f\mathbf{A}_f^i\mathbf{x}_f + \mathbf{C}_f\mathbf{A}_f^{i-1}\mathbf{B}_f\mathbf{v} + \mathbf{C}_f\mathbf{A}_f^{i-2}\mathbf{B}_f\dot{\mathbf{v}} + \ldots + \mathbf{C}_f\mathbf{B}_f\mathbf{v}^{(i-1)} + \mathbf{D}_f\mathbf{v}^{(i)}, \\
&\quad\vdots
\end{aligned}$$

$$\text{(6.33)}$$

$$\mathbf{u}^{(h-1)} = \mathbf{C}_f\mathbf{A}_f^{h-1}\mathbf{x}_f + \underbrace{\mathbf{C}_f\mathbf{A}_f^{h-2}\mathbf{B}_f\mathbf{v}}_{\text{proper}}$$

$$+ \underbrace{\mathbf{C}_f\mathbf{A}_f^{h-3}\mathbf{B}_f\dot{\mathbf{v}} + \ldots + \mathbf{C}_f\mathbf{B}_f\mathbf{v}^{(h-2)}}_{\text{nicht-proper}} + \underbrace{\mathbf{D}_f\mathbf{v}^{(h-1)}}_{\text{nicht-proper}}$$

$$(6.34)$$

beschreibbar. Das allgemeine Bildungsgesetz für (6.33) lautet

$$\mathbf{u}^{(i)} = \begin{cases} \mathbf{C}_f\mathbf{x}_f + \mathbf{D}_f\mathbf{v} & : i = 0 \\ \mathbf{C}_f\mathbf{A}_f^i\mathbf{x}_f + \sum\limits_{p=0}^{i-1}\mathbf{C}_f\mathbf{A}_f^p\mathbf{B}_f\mathbf{v}^{(i-1-p)} + \mathbf{D}_f\mathbf{v}^{(i)} & : i > 0 \end{cases}$$

$$(6.35)$$

und kann auch durch

$$\mathbf{u}^{(i)} = \begin{cases} \mathbf{C}_f\mathbf{x}_f + \mathbf{D}_f\mathbf{v} & : i = 0 \\ \mathbf{C}_f\mathbf{A}_f\mathbf{x}_f + \underbrace{\mathbf{C}_f\mathbf{B}_f\mathbf{v}}_{\text{proper}} + \underbrace{\mathbf{D}_f\dot{\mathbf{v}}}_{\text{nicht-proper}} & : i = 1 \\ \mathbf{C}_f\mathbf{A}_f^i\mathbf{x}_f + \underbrace{\mathbf{C}_f\mathbf{A}_f^{i-1}\mathbf{B}_f\mathbf{v}}_{\text{proper}} + \underbrace{\sum\limits_{p=0}^{i-2}\mathbf{C}_f\mathbf{A}_f^p\mathbf{B}_f\mathbf{v}^{(i-1-p)} + \mathbf{D}_f\mathbf{v}^{(i)}}_{\text{nicht-proper}} & : i > 1 \end{cases}$$

$$(6.36)$$

dargestellt werden.

Definition 6.2.1 (Markov-Parameter). Die Matrizen $\boldsymbol{\Psi}_p = \mathbf{C}_f\mathbf{A}_f^p\mathbf{B}_f$, $p = 0, \ldots, i-1$, werden als Markov-Parameter des Formfilters bezeichnet.

Bemerkung 6.2.1 (Markov-Parameter). Das Übertragungsverhalten einer normalen Realisierung kann durch

$$\mathbf{H}(s) = \mathbf{C}\left(s\mathbf{I} - \mathbf{A}\right)^{-1}\mathbf{B} = \sum_{i=1}^{\infty}\frac{\mathbf{C}\mathbf{A}^i\mathbf{B}}{s^i}$$

beschrieben werden. Dabei sind die Matrizen $\mathbf{M}_i = \mathbf{C}\mathbf{A}^i\mathbf{B}$ die Matrizen der Markov-Parameter [12].

Der Ausgangsvektor $\mathbf{y}_2$ aus (6.32) ist nur dann proper, wenn alle Markov-Parameter des Formfilters bis auf die letzte Matrix verschwinden, d.h. wenn in (6.36) der nicht-propere Anteil

$$\boldsymbol{\Psi}_p = \mathbf{C}_f\mathbf{A}_f^p\mathbf{B}_f = \mathbf{0} \ \forall \ p = 0, \ldots, i-2$$

$$(6.37)$$

und der propere Anteil

$$\Psi_{i-1} = \mathbf{C}_f \mathbf{A}_f^{i-1} \mathbf{B}_f \neq \mathbf{0} \tag{6.38}$$

ist. In vektorieller Schreibweise bedeutet dies, dass mit

$$\boldsymbol{\Omega}_i := \begin{bmatrix} \Psi_0 & \Psi_1 & \cdots & \Psi_{i-2} & \Psi_{i-1} \end{bmatrix} \tag{6.39}$$

und

$$\chi_i := \begin{bmatrix} \left(\mathbf{u}^{(i-1)}\right)^T & \left(\mathbf{u}^{(i-1)}\right)^T & \cdots & \dot{\mathbf{u}}^T & \mathbf{u}^T \end{bmatrix}^T \tag{6.40}$$

gilt:

$$\begin{aligned} \boldsymbol{\Omega}_i \chi_i &= \begin{bmatrix} \Psi_0 & \Psi_1 & \cdots & \Psi_{i-2} & \Psi_{i-1} \end{bmatrix} \begin{bmatrix} \left(\mathbf{u}^{(i-1)}\right)^T & \left(\mathbf{u}^{(i-2)}\right)^T & \cdots & \dot{\mathbf{u}}^T & \mathbf{u}^T \end{bmatrix}^T \\ &= \Psi_{i-1} \mathbf{u} \end{aligned} \tag{6.41}$$

$\Leftrightarrow$

$$\boldsymbol{\Omega}_i = \begin{bmatrix} \mathbf{0} & \mathbf{0} & \cdots & \mathbf{0} & \Psi_{i-1} \end{bmatrix}. \tag{6.42}$$

Da properes Übertragungsverhalten erreicht werden soll, darf Ψ_{i-1} in mindestens einer skalaren Komponente nicht verschwinden. Die Forderungen (6.37) und (6.38) können mit einem Tiefpassfilter der Gestalt (6.13) erfüllt werden. Jedes dieser r SISO-Filter entspricht einer Realisierung in normierter Darstellung der Form (6.13) mit $a_{n_e}^e = 1$ und $b_0^e = 1$, wobei $n_{f_1} = n_{f_2} = \ldots = n_{f_r}$.

Unter der Annahme von einheitlicher Ableitungsgraden ergibt sich $\Psi_{f_e}^p = \mathbf{c}_{f_e} \mathbf{A}_{f_e}^p \mathbf{b}_{f_e}$. Damit ist

$$\Psi_f^p = \mathbf{C}_f \mathbf{A}_f^p \mathbf{B}_f = \operatorname*{diag}_{e=1,\ldots,r} \left(\Psi_{f_e}^p \right) = \begin{bmatrix} \Psi_{f_1}^p & & \\ & \ddots & \\ & & \Psi_{f_r}^p \end{bmatrix} = \mathbf{0} \ \forall \, p = 0,\ldots,i-2. \tag{6.43}$$

Bis auf die letzte Matrix, d.h. für $p = i - 1$, gilt

$$\Psi_f^{i-1} = \mathbf{C}_f \mathbf{A}_f^{i-1} \mathbf{B}_f = \operatorname*{diag}_{e=1,\ldots,r} \left(\Psi_{f_e}^{i-1} \right) = \begin{bmatrix} \Psi_{f_1}^{i-1} & & \\ & \ddots & \\ & & \Psi_{f_r}^{i-1} \end{bmatrix} \neq \mathbf{0}. \tag{6.44}$$

Unter Berücksichtigung individueller Ableitungsgrade Γ_e werden die Ordnungen der r SISO-Formfilter entsprechend der individuellen Ableitungsgrade der Eingangsgrößen gewählt, siehe Abschnitt 2.7.1.

Für einheitliche Ableistungsgrade ergibt sich speziell

$$\Psi_f^{i-1} = \begin{bmatrix} \Psi_{f_1}^{i-1} & & \\ & \ddots & \\ & & \Psi_{f_r}^{i-1} \end{bmatrix} = \begin{bmatrix} 1 & & \\ & \ddots & \\ & & 1 \end{bmatrix} = \mathbf{I} \in R^{r \times r}. \tag{6.45}$$

So ist im Bildungsgesetz (6.36) für $i > 1$ der Anteil

$$\sum_{p=0}^{i-2} \Psi_p \mathbf{v}^{(i-1-p)} = \mathbf{0}. \tag{6.46}$$

Wird für die Realisierung (6.23) streng-properes Übertragungsverhalten gefordert, so gilt

$$\mathbf{D}_f = \lim_{s \to \infty} \mathbf{F}(s) = \mathbf{0}. \tag{6.47}$$

Das Bildungsgesetz (6.36) kann dann unter Berücksichtigung von (6.47) als

$$\mathbf{u}^{(i)} = \begin{cases} \mathbf{C}_f \mathbf{x}_f & : i = 0 \\ \mathbf{C}_f \mathbf{A}_f^i \mathbf{x}_f + \mathbf{C}_f \mathbf{A}_f^{i-1} \mathbf{B}_f \mathbf{v} & : i > 0 \end{cases} \tag{6.48}$$

vereinfacht dargestellt werden.

Das schnelle Übertragungsverhalten wird durch (6.32c) beschrieben. Durch Einsetzen von (6.48) in (6.32c) folgt

$$\begin{aligned} \mathbf{y}_2 &= -\underbrace{\mathbf{C}_2 \mathbf{B}_2 \mathbf{C}_f \mathbf{x}_f}_{i=0} - \sum_{i=1}^{h-1} \mathbf{C}_2 \mathbf{N}_k^i \mathbf{B}_2 \left[\mathbf{C}_f \mathbf{A}_f^i \mathbf{x}_f + \mathbf{C}_f \mathbf{A}_f^{i-1} \mathbf{B}_f \mathbf{v} \right] \\ &= -\underbrace{\mathbf{C}_2 \mathbf{B}_2 \mathbf{C}_f \mathbf{x}_f}_{i=0} - \sum_{i=1}^{h-1} \left[\mathbf{C}_2 \mathbf{N}_k^i \mathbf{B}_2 \mathbf{C}_f \mathbf{A}_f^i \mathbf{x}_f \right] - \sum_{i=1}^{h-1} \left[\mathbf{C}_2 \mathbf{N}_k^i \mathbf{B}_2 \mathbf{C}_f \mathbf{A}_f^{i-1} \mathbf{B}_f \mathbf{v} \right] \\ &= -\sum_{i=0}^{h-1} \left[\mathbf{C}_2 \mathbf{N}_k^i \mathbf{B}_2 \mathbf{C}_f \mathbf{A}_f^i \right] \mathbf{x}_f - \sum_{i=1}^{h-1} \left[\mathbf{C}_2 \mathbf{N}_k^i \mathbf{B}_2 \mathbf{C}_f \mathbf{A}_f^{i-1} \mathbf{B}_f \right] \mathbf{v} \end{aligned} \tag{6.49}$$

Mit diesen Ergebnissen kann nun die Realisierung des Übertragungsverhaltens in

$$\dot{\mathbf{x}}_f = \mathbf{A}_f \mathbf{x}_f + \mathbf{B}_f \mathbf{v} \tag{6.50a}$$

$$\mathbf{y}_2 = -\sum_{i=0}^{h-1} \left[\mathbf{C}_2 \mathbf{N}_k^i \mathbf{B}_2 \mathbf{C}_f \mathbf{A}_f^i \right] \mathbf{x}_f - \sum_{i=1}^{h-1} \left[\mathbf{C}_2 \mathbf{N}_k^i \mathbf{B}_2 \mathbf{C}_f \mathbf{A}_f^{i-1} \mathbf{B}_f \right] \mathbf{v} \tag{6.50b}$$

überführt werden, welches einer Realisierung des Übertragungsverhaltens im Zustandsraum mit Durchgriff entspricht.

Zur Bestimmung der Durchgriffmatrix in Gleichung (6.50b) wird nur der letzte nicht verschwindende Summenterm

$$\mathbf{C}_f \mathbf{A}_f^{h-2} \mathbf{B}_f \neq \mathbf{0} \tag{6.51}$$

in (6.43) benötigt, da alle vorhergehenden Matrizen der Form-Parameter aufgrund der Beziehung (6.43) verschwinden, d.h.

$$\mathbf{C}_f \mathbf{A}_f^{i-1} \mathbf{B}_f = \mathbf{0} \ \forall \ i = 0, \ldots, h - 2. \tag{6.52}$$

Für alle r Formfilter gilt

$$\mathbf{c}_{f_e}\mathbf{A}_{f_e}^{n_{f_e}-1}\mathbf{b}_{f_e} \neq \mathbf{0} \;\Leftrightarrow\; n_{f_e} = h_e - 1. \tag{6.53}$$

Bei einheitlichen Ableitungsgraden, d.h. wenn $n_{f_1} = n_{f_2} = \ldots = n_{f_{r-1}} = n_{f_r}$ gilt, ist die Dimension des gesamten properisierenden Formfilters durch

$$n_f = \sum_{e=1}^{r} n_{f_e} = r\,(h-1) \tag{6.54}$$

gegeben. Damit kann eine propere (und somit normale) Realisierung der Gestalt

$$\mathbf{T}_2 \simeq \left[\begin{array}{c|c} \left(\tilde{\mathbf{E}}_2,\,\tilde{\mathbf{A}}_2\right) & \tilde{\mathbf{B}}_2 \\ \hline \tilde{\mathbf{C}}_2 & \tilde{\mathbf{D}}_2 \end{array}\right],\; \tilde{n}_2 = n_f = r\,(h-1) \tag{6.55}$$

mit

$$\tilde{\mathbf{x}}_2 = \mathbf{x}_f \in R^{\tilde{n}_2},$$
$$\tilde{\mathbf{A}}_2 \in R^{\tilde{n}\times\tilde{n}},\; \tilde{\mathbf{B}}_2 \in R^{\tilde{n}\times r},\; \tilde{\mathbf{C}}_2 \in R^{m\times\tilde{n}},\; \tilde{\mathbf{D}}_2 \in R^{m\times r},$$
$$\mathbf{y}_2(s) = \mathbf{T}_2(s)\,\mathbf{v}(s),$$
$$\left(\tilde{\mathbf{E}}_2,\,\tilde{\mathbf{A}}_2\right) = (\mathbf{I}_f,\,\mathbf{A}_f),$$
$$\tilde{\mathbf{B}}_2 = \mathbf{B}_f,$$
$$\tilde{\mathbf{C}}_2 = -\sum_{i=0}^{h-1}\left[\mathbf{C}_2\mathbf{N}_k^{i}\mathbf{B}_2\mathbf{C}_f\mathbf{A}_f^{i}\right],$$
$$\tilde{\mathbf{D}}_2 = -\mathbf{C}_2\mathbf{N}_k^{h-1}\mathbf{B}_2\mathbf{C}_f\mathbf{A}_f^{h-2}\mathbf{B}_f$$

gefunden werden. Die Darstellung (6.55) entspricht einer Zustandsraum-Realisierung mit Durchgriffmatrix. Das Übertragungsverhalten kann auch als Deskriptorsystem mit Index 1 realisiert werden:

$$\dot{\mathbf{x}}_f \;=\; \mathbf{A}_f\mathbf{x}_f + \mathbf{B}_f\mathbf{v}, \tag{6.56a}$$
$$0 \;=\; \zeta + \mathbf{B}_\zeta\mathbf{v}, \tag{6.56b}$$
$$\mathbf{y}_2 \;=\; -\sum_{i=0}^{h-1}\left[\mathbf{C}_2\mathbf{N}_k^{i}\mathbf{B}_2\mathbf{C}_f\mathbf{A}_f^{i}\right]\mathbf{x}_f + \mathbf{C}_2\zeta, \tag{6.56c}$$

wobei

$$\mathbf{B}_\zeta = \mathbf{N}_k^{h-1}\mathbf{B}_2\mathbf{C}_f\mathbf{A}_f^{h-2}\mathbf{B}_f \tag{6.57}$$

ist.

Das Übertragungsverhalten von (6.56) wird beschrieben durch

$$\mathbf{T}_2(s) \simeq \left[\begin{array}{c|c} \left(\tilde{\tilde{\mathbf{E}}}_2,\,\tilde{\tilde{\mathbf{A}}}_2\right) & \tilde{\tilde{\mathbf{B}}}_2 \\ \hline \tilde{\tilde{\mathbf{C}}}_2 & \tilde{\tilde{\mathbf{D}}}_2 \end{array}\right],\; \tilde{\tilde{n}}_2 = n_f + n_2 = r\,(h-1) + n_2 \tag{6.58}$$

mit

$$\tilde{\tilde{\mathbf{x}}}_2 = \begin{bmatrix} \mathbf{x}_f^T & \zeta^T \end{bmatrix}^T \in R^{\tilde{\tilde{n}}_2}, \ \mathbf{x}_f \in R^{n_f}, \ \zeta \in R^{n_2},$$

$$\tilde{\tilde{\mathbf{A}}}_2 \in R^{\tilde{\tilde{n}}_2 \times \tilde{\tilde{n}}_2}, \ \tilde{\tilde{\mathbf{B}}}_2 \in R^{\tilde{\tilde{n}}_2 \times r}, \tilde{\tilde{\mathbf{C}}}_2 \in R^{m \times \tilde{\tilde{n}}_2}, \ \tilde{\tilde{\mathbf{D}}}_2 \in R^{m \times r},$$

$$\mathbf{y}_2(s) = \mathbf{T}_2(s)\,\mathbf{v}(s),$$

$$\left(\tilde{\tilde{\mathbf{E}}}_2, \tilde{\tilde{\mathbf{A}}}_2 \right) = \left(\begin{bmatrix} \mathbf{I}_f & \mathbf{0} \\ \mathbf{0} & \mathbf{0} \end{bmatrix}, \begin{bmatrix} \mathbf{A}_f & \mathbf{0} \\ \mathbf{0} & \mathbf{I}_\zeta \end{bmatrix} \right),$$

$$\tilde{\tilde{\mathbf{B}}}_2 = \begin{bmatrix} \mathbf{B}_f \\ \mathbf{B}_\zeta \end{bmatrix}, \ \mathbf{B}_\zeta = \mathbf{N}_k^{h-1}\mathbf{B}_2\mathbf{C}_f\mathbf{A}_f^{h-2}\mathbf{B}_f,$$

$$\tilde{\tilde{\mathbf{C}}}_2 = \begin{bmatrix} -\sum_{i=0}^{h-1} \begin{bmatrix} \mathbf{C}_2\mathbf{N}_k^i\mathbf{B}_2\mathbf{C}_f\mathbf{A}_f^i \end{bmatrix} & \mathbf{C}_2 \end{bmatrix},$$

$$\tilde{\tilde{\mathbf{D}}}_2 = \mathbf{0}.$$

Für das gesamte Übertragungsverhalten des properisierenden Gesamtsystems gilt

$$\begin{bmatrix} \dot{\mathbf{x}}_f \\ \dot{\mathbf{x}}_1 \end{bmatrix} = \begin{bmatrix} \mathbf{A}_f 0 \\ \mathbf{B}_1\mathbf{C}_f & \mathbf{A}_1 \end{bmatrix} \begin{bmatrix} \mathbf{x}_f \\ \mathbf{x}_1 \end{bmatrix} + \begin{bmatrix} \mathbf{B}_f \\ \mathbf{0} \end{bmatrix} \mathbf{v}, \tag{6.59a}$$

$$\mathbf{y} = \begin{bmatrix} -\sum_{i=0}^{h-1} \begin{bmatrix} \mathbf{C}_2\mathbf{N}_k^i\mathbf{B}_2\mathbf{C}_f\mathbf{A}_f^i \end{bmatrix} & \mathbf{C}_1 \end{bmatrix} \begin{bmatrix} \mathbf{x}_f \\ \mathbf{x}_1 \end{bmatrix} + \begin{bmatrix} -\mathbf{C}_2\mathbf{N}_k^{h-1}\mathbf{B}_2\mathbf{C}_f\mathbf{A}_f^{h-2}\mathbf{B}_f \end{bmatrix} \mathbf{v}. \tag{6.59b}$$

Die Gesamtrealisierung des das Übertragungsverhaltens mit Index 0 lautet

$$\mathbf{T}(s) \simeq \left[\begin{array}{c|c} \left(\tilde{\mathbf{E}}, \tilde{\mathbf{A}} \right) & \tilde{\mathbf{B}} \\ \hline \tilde{\mathbf{C}} & \tilde{\mathbf{D}} \end{array} \right], \ \tilde{n}_2 = n_f = r\,(h-1) \tag{6.60}$$

mit

$$\tilde{\mathbf{x}}_2 = \begin{bmatrix} \mathbf{x}_f^T & \mathbf{x}_1^T \end{bmatrix}^T \in R^{\tilde{n}_2}, \ \mathbf{x}_f \in R^{n_f}, \ \mathbf{x}_1 \in R^{n_1},$$

$$\tilde{\mathbf{A}}_2 \in R^{\tilde{n} \times \tilde{n}}, \ \tilde{\mathbf{B}}_2 \in R^{\tilde{n} \times r}, \ \tilde{\mathbf{C}}_2 \in R^{m \times \tilde{n}}, \ \tilde{\mathbf{D}}_2 \in R^{m \times r},$$

$$\mathbf{y}(s) = \mathbf{T}(s)\,\mathbf{v}(s),$$

$$\left(\tilde{\mathbf{E}}, \tilde{\mathbf{A}} \right) = \left(\begin{bmatrix} \mathbf{I}_f & \mathbf{0} \\ \mathbf{0} & \mathbf{I}_1 \end{bmatrix}, \begin{bmatrix} \mathbf{A}_f & \mathbf{0} \\ \mathbf{B}_1\mathbf{C}_f & \mathbf{A}_1 \end{bmatrix} \right),$$

$$\tilde{\mathbf{B}} = \begin{bmatrix} \mathbf{B}_f \\ \mathbf{0} \end{bmatrix},$$

$$\tilde{\mathbf{C}} = \begin{bmatrix} -\sum_{i=0}^{h-1} \begin{bmatrix} \mathbf{C}_2\mathbf{N}_k^i\mathbf{B}_2\mathbf{C}_f\mathbf{A}_f^i \end{bmatrix} & \mathbf{C}_1 \end{bmatrix},$$

$$\tilde{\mathbf{D}} = -\mathbf{C}_2\mathbf{N}_k^{h-1}\mathbf{B}_2\mathbf{C}_f\mathbf{A}_f^{h-2}\mathbf{B}_f.$$

Ebenso kann das Übertragungsverhalten als Deskriptorsystem mit Index 1 realisiert werden:

$$\begin{bmatrix} \mathbf{I}_f & 0 & 0 \\ 0 & \mathbf{I}_1 & 0 \\ 0 & 0 & 0 \end{bmatrix} \begin{bmatrix} \dot{\mathbf{x}}_f \\ \dot{\mathbf{x}}_1 \\ \dot{\xi} \end{bmatrix} = \begin{bmatrix} \mathbf{A}_f & 0 & 0 \\ \mathbf{B}_1\mathbf{C}_f & \mathbf{A}_1 & 0 \\ 0 & 0 & \mathbf{I}_\xi \end{bmatrix} \begin{bmatrix} \mathbf{x}_f \\ \mathbf{x}_1 \\ \xi \end{bmatrix} + \begin{bmatrix} \mathbf{B}_f \\ 0 \\ \mathbf{B}_\xi \end{bmatrix} \mathbf{v}, \qquad (6.61a)$$

$$\mathbf{y} = \begin{bmatrix} -\sum_{i=0}^{h-1} \left[\mathbf{C}_2\mathbf{N}_k^i\mathbf{B}_2\mathbf{C}_f\mathbf{A}_f^i \right] & \mathbf{C}_1 & \mathbf{C}_2 \end{bmatrix} \begin{bmatrix} \mathbf{x}_f \\ \mathbf{x}_1 \\ \xi \end{bmatrix}$$

$$(6.61b)$$

mit

$$\mathbf{B}_\xi = \mathbf{N}_k^{h-1}\mathbf{B}_2\mathbf{C}_f\mathbf{A}_f^{h-2}\mathbf{B}_f, \ (\mathbf{N}_\xi = 0). \tag{6.62}$$

Die Systemdarstellung lautet

$$\mathbf{T} \simeq \left[\begin{array}{c|c} \left(\breve{\mathbf{E}}, \breve{\mathbf{A}}\right) & \breve{\mathbf{B}} \\ \hline \breve{\mathbf{C}} & \breve{\mathbf{D}} \end{array} \right], \ \breve{n} = n_f + n_1 + n_2 = r\,(h-1) + n \tag{6.63}$$

mit

$$\breve{\mathbf{x}} = \begin{bmatrix} \mathbf{x}_f \\ \mathbf{x}_1 \\ \xi \end{bmatrix} \in R^{\breve{n}\,2}, \ \mathbf{x}_f \in R^{n_f}, \ \mathbf{x}_1 \in R^{n_1}, \ \xi \in R^{n_2 \times r},$$

$$\breve{\mathbf{A}}_2 \in R^{\breve{n} \times \breve{n}}, \ \breve{\mathbf{B}}_2 \in R^{\breve{n} \times r}, \ \breve{\mathbf{C}}_2 \in R^{m \times \breve{n}}, \ \breve{\mathbf{D}}_2 \in R^{m \times r},$$

$$\mathbf{y}(s) = \mathbf{T}(s)\,\mathbf{v}(s),$$

$$\left(\breve{\mathbf{E}}, \breve{\mathbf{A}}\right) = \left(\begin{bmatrix} \mathbf{I}_f & 0 & 0 \\ 0 & \mathbf{I}_1 & 0 \\ 0 & 0 & 0 \end{bmatrix}, \begin{bmatrix} \mathbf{A}_f & 0 & 0 \\ \mathbf{B}_1\mathbf{C}_f & \mathbf{A}_1 & 0 \\ 0 & 0 & \mathbf{I}_\xi \end{bmatrix} \right),$$

$$\breve{\mathbf{B}} = \begin{bmatrix} \mathbf{B}_f \\ 0 \\ \mathbf{N}_k^{h-1}\mathbf{B}_2\mathbf{C}_f\mathbf{A}_f^{h-2}\mathbf{B}_f \end{bmatrix}.$$

Bemerkung 6.2.2. Streng-properes Übertragungsverhalten kann durch die Wahl von $n_{f_e} > h_e - 1 \ \forall\, i = 1, \dots, r$ und

$$n_f = \sum_{e=1}^{r} n_{f_e} > r\,(h-1)$$

erreicht werden. Umgekehrt bleibt nicht-properes Übertragungsverhalten erhalten (bzw. der NPG wird lediglich reduziert), wenn mit $n_{f_e} < h_e - 1 \ \forall\, i = 1, \dots, r \ \forall\, i = 1, \dots, r$ gilt

$$n_f = \sum_{e=1}^{r} n_{f_e} < r\,(h-1).$$

Zudem kann durch die Auswahl einzelner n_{f_e} die Ordnungen der r Filter individuell für jeden Eingang gewählt werden. Anwendung findet dies z.B. in der Lösung des nicht-properen H_∞-Problems in Kapitel 7. In diesem Fall wurden entsprechende Dimensionen für die r Formfilter gewählt.

Der hier vorgestellte allgemeine Filteransatz wird in den folgenden Abschnitten auf abstrakte nicht-properer H_∞-Regelstrecken erweitert.

6.3 Properisierung der offenen abstrakten H_∞-Regelstrecke

In diesem Abschnitt wird gezeigt, wie die in Abschnitt 6.1 eingeführten Formfilter (6.10) das Übertragungsverhalten einer nicht-properen abstrakten H_∞-Regelstrecke properisieren. Properes Übertragungsverhalten der abstrakten Regelstrecken $\mathbf{P}$ ist Voraussetzung zur Lösung des H_∞-Problems. Im Folgenden wird das Übertragungsverhalten (4.92) betrachtet. Das Übertragungsverhalten bestehe zum einen aus der streng-properen Realisierung

$$\mathbf{P}_1 \simeq \left[\begin{array}{c|cc} (\mathbf{I}_1, \mathbf{A}_1) & \mathbf{B}_{11} & \mathbf{B}_{12} \\ \hline \mathbf{C}_{11} & & \\ \mathbf{C}_{21} & & 0 \end{array} \right] \tag{6.64}$$

mit

$$\mathbf{x}_1 \in R^{n_1},\ \mathbf{B}_{11} \in R^{n_1 \times r_1},\ \mathbf{B}_{12} \in R^{n_1 \times r_2},$$
$$\mathbf{C}_{11} \in R^{m_1 \times n_1},\ \mathbf{C}_{21} \in R^{m_2 \times n_1}$$

und aus einer properen/nicht-properen Realisierung

$$\mathbf{P}_2 \simeq \left[\begin{array}{c|cc} (\mathbf{N}_k, \mathbf{I}_2) & \mathbf{B}_{21} & \mathbf{B}_{22} \\ \hline \mathbf{C}_{12} & & \\ \mathbf{C}_{22} & & 0 \end{array} \right] \tag{6.65}$$

mit

$$\mathbf{x}_2 \in R^{n_2},\ \mathbf{B}_{21} \in R^{n_2 \times r_1},\ \mathbf{B}_{22} \in R^{n_2 \times r_2},$$
$$\mathbf{C}_{12} \in R^{m_1 \times n_2},\ \mathbf{C}_{22} \in R^{m_2 \times n_2}.$$

Durch den Entwurf der in Abschnitt 6.1 eingeführten Formfilter für die Eingänge der abstrakten Regelstrecke, wird ein properes Übertragungsverhalten der erweiterten abstrakten Regelstrecke erreicht. Der Ansatz führt zu einem H_∞-Regler, der unter Beschränkung der Störungen durch das Formfilter das Optimierungsziel erreicht. Das hat zur Folge, das klassische Verfahren zur Bestimmung der Robustheit unter diesen Voraussetzungen nicht ohne weiteres anwendbar sind. Im Folgenden soll gezeigt werden, dass dieser Ansatz dennoch nicht nur theoretischen Forderungen genügt, sondern auch den Entwurf eines technisch realisierbaren H_∞-Reglers für nicht-propere abstrakte Regelstrecken ermöglicht.

Die Analyse der auf die reale Regelstrecke einwirkenden Störungen ist bei der Modellbildung realer Regelstrecken eine notwendige Voraussetzung für das Erreichen der Regelungsziele. Werden z.B. Zeitkonstanten der Stellglieder oder Grenzfrequenzen der Störungen nicht oder falsch berücksichtigt, so können relevante Moden nicht geregelt werden. Die Frage nach dem Frequenzbereich in dem das Modell noch gültig ist, muss im Rahmen einer Modellbildung beantwortet werden. Wenn das aus Versuchen ermittelte Übertragungsverhalten vorliegt, können anhand der Amplitudenfrequenzgänge Formfilter beliebiger Ordnung entworfen werden. Ebenso wie bei der Berücksichtigung der Störungen kann beim Entwurf der Formfilter das Übertragungsverhalten der Stellglieder berücksichtigt werden. Die Ordnung der einzelnen SISO-Filter wird durch das Ziel, eine propere abstrakte Regelstrecke zu erreichen, festgelegt. Wie in Abschnitt 6.2 gezeigt, ist die Dimension der Formfilter-Realisierungen eindeutig bestimmbar.

Bemerkung 6.3.1. Bei normalen Realisierungen im Zustandsraum werden ähnliche Formfilter zur Berücksichtigung der Stördynamik benutzt. Im Gegensatz zu Realisierungen in Deskriptorform wird jedoch das Formfilter nicht zur Properisierung verwendet, da das Übertragungsverhalten von Realisierungen im Zustandsraum immer streng-properes oder properes Übertragungsverhalten aufweist. Das Übertragungsverhalten von Realisierungen im Zustandsraum kann mit idealen (nicht stetig differenzierbaren) Sprungfunktionen bei properem Übertragungsverhalten oder mit Impulsen bei streng-properem Übertragungsverhalten getestet werden, ohne dass die Sprungantwort selber Impulse enthält. Die Verwendung von nicht stetig differenzierbaren Testfunktionen ist bei klassischen Methoden, z.B. zur Abschätzung der Robustheit eines Regelkreises gegenüber Störungen oder Modellunsicherheiten, selbstverständlich. Die Verwendung idealer Testfunktionen steht jedoch im Widerspruch zur physikalischen Realität. Beim allgemein nicht-properen Deskriptor-Ansatz hingegen, bei dem die Verwendung entsprechend hinreichend oft differenzierbarer Eingangsfunktionen notwendig ist, wird in natürlicher Weise die physikalische Realität berücksichtigt.

Im Folgenden werden die Formfilter für die Störungen und die Stellgrößen betrachtet, siehe Abbildung 6.4.

Die individuelle Dimensionierung der Formfilter richtet sich nach den Anforderungen der Properisierung einzelner Stör- und Stellgrößen.

Das Übertragungsverhalten des ersten Formfilters

$$\mathbf{w}(s) = \mathbf{F}_1(s)\bar{\mathbf{w}}(s) \tag{6.66}$$

legt die Störklasse der einwirkenden Störungen fest. Dabei ist

$$\mathbf{F}_1 \simeq \left[\begin{array}{c|c} (\mathbf{I}_{f_1}, \mathbf{A}_{f_1}) & \mathbf{B}_{f_1} \\ \hline \mathbf{C}_{f_1} & \mathbf{0} \end{array} \right], \tag{6.67}$$

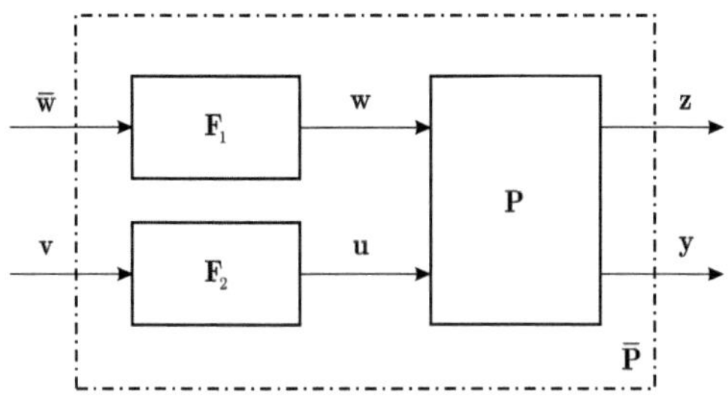

Abbildung 6.4: Erweiterte abstrakte H_∞-Regelstrecke $\bar{\mathbf{P}}$ mit Formfilter $\mathbf{F}_1$ und $\mathbf{F}_2$.

wobei $\xi_1 \in R^{n_{f_1}}$, $\mathbf{A}_{f_1} \in R^{n_{f_1} \times n_{f_1}}$, $\mathbf{B}_{f_1} \in R^{n_{f_1} \times r_1}$, $\mathbf{C}_{f_1} \in R^{r_1 \times n_{f_1}}$.

Das zweite Formfilter besitzt ein Übertragungsverhalten der Gestalt

$$\mathbf{u}(s) = \mathbf{F}_2(s)\mathbf{v}(s). \tag{6.68}$$

Es dient zur Berücksichtigung der physikalisch vorhandenen Stellglied-Dynamik. Dabei ist

$$\mathbf{F}_2 \simeq \left[\begin{array}{c|c} (\mathbf{I}_{f_2}, \mathbf{A}_{f_2}) & \mathbf{B}_{f_2} \\ \hline \mathbf{C}_{f_2} & \mathbf{0} \end{array} \right], \tag{6.69}$$

wobei $\xi_2 \in R^{n_{f_2}}$, $\mathbf{A}_{f_2} \in R^{n_{f_2} \times n_{f_2}}$, $\mathbf{B}_{f_2} \in R^{n_{f_2} \times r_2}$, $\mathbf{C}_{f_2} \in R^{r_2 \times n_{f_2}}$. Die Kopplung von (6.66) und (6.68) führt zu einer erweiterten Deskriptor-Realisierung mit

$$\left[\begin{array}{c} \dot{\xi}_1 \\ \dot{\xi}_2 \end{array} \right] = \left[\begin{array}{cc} \mathbf{A}_{f_1} & \mathbf{0} \\ \mathbf{0} & \mathbf{A}_{f_2} \end{array} \right] \left[\begin{array}{c} \xi_1 \\ \xi_2 \end{array} \right] + \left[\begin{array}{cc} \mathbf{B}_{f_1} & \mathbf{0} \\ \mathbf{0} & \mathbf{B}_{f_2} \end{array} \right] \left[\begin{array}{c} \bar{\mathbf{w}} \\ \mathbf{v} \end{array} \right], \tag{6.70a}$$

$$\left[\begin{array}{c} \mathbf{w} \\ \mathbf{u} \end{array} \right] = \left[\begin{array}{cc} \mathbf{C}_{f_1} & \mathbf{0} \\ \mathbf{0} & \mathbf{C}_{f_2} \end{array} \right] \left[\begin{array}{c} \xi_1 \\ \xi_2 \end{array} \right], \tag{6.70b}$$

$$\left[\begin{array}{cc} \mathbf{I}_1 & \mathbf{0} \\ \mathbf{0} & \mathbf{N}_k \end{array} \right] \left[\begin{array}{c} \dot{\mathbf{x}}_1 \\ \dot{\mathbf{x}}_2 \end{array} \right] = \left[\begin{array}{cc} \mathbf{A}_1 & \mathbf{0} \\ \mathbf{0} & \mathbf{I}_2 \end{array} \right] \left[\begin{array}{c} \mathbf{x}_1 \\ \mathbf{x}_2 \end{array} \right] + \left[\begin{array}{cc} \mathbf{B}_{11} & \mathbf{B}_{12} \\ \mathbf{B}_{21} & \mathbf{B}_{22} \end{array} \right] \left[\begin{array}{c} \mathbf{w} \\ \mathbf{u} \end{array} \right], \tag{6.70c}$$

$$\left[\begin{array}{c} \mathbf{z} \\ \mathbf{y} \end{array} \right] = \left[\begin{array}{cc} \mathbf{C}_{11} & \mathbf{C}_{12} \\ \mathbf{C}_{12} & \mathbf{C}_{22} \end{array} \right] \left[\begin{array}{c} \mathbf{x}_1 \\ \mathbf{x}_2 \end{array} \right]. \tag{6.70d}$$

Wird die Lösung des schnellen Teilsystems

$$\mathbf{x}_2 = - \sum_{i=0}^{j_1-1} \mathbf{N}_k^i \mathbf{B}_{21} \mathbf{w}^{(i)} - \sum_{i=0}^{j_2-1} \mathbf{N}_k^i \mathbf{B}_{22} \mathbf{u}^{(i)} \tag{6.71}$$

betrachtet, so sind $j_1 - 1$ und $j_2 - 1$ die maximalen einheitlichen Ableitungsgrade der Eingangsvektoren $\mathbf{w}$ und $\mathbf{u}$ bzgl. des Deskriptorvektors $\mathbf{x}_2$. Folglich können die Ziel- und

Messgrößen des schnellen Anteils durch

$$\mathbf{z}_2 \;=\; \mathbf{C}_{12}\mathbf{x}_2 = -\sum_{i=0}^{h_{11}-1} \mathbf{C}_{12}\mathbf{N}_k^i\mathbf{B}_{21}\mathbf{w}^{(i)} - \sum_{i=0}^{h_{12}-1} \mathbf{C}_{12}\mathbf{N}_k^i\mathbf{B}_{22}\mathbf{u}^{(i)}, \tag{6.72a}$$

$$\mathbf{y}_2 \;=\; \mathbf{C}_{22}\mathbf{x}_2 = -\sum_{i=0}^{h_{21}-1} \mathbf{C}_{22}\mathbf{N}_k^i\mathbf{B}_{21}\mathbf{w}^{(i)} - \sum_{i=0}^{h_{22}-1} \mathbf{C}_{22}\mathbf{N}_k^i\mathbf{B}_{22}\mathbf{u}^{(i)} \tag{6.72b}$$

beschrieben werden. Das allgemein gültige Ergebnis aus Gleichung (6.35) aus Abschnitt 6.2 kann nun auf die nicht-propere H_∞-Regelstrecke übertragen werden, d.h.

$$\mathbf{w}^{(i)} = \begin{cases} \mathbf{C}_{f_1}\xi_1 & : i = 0 \\ \mathbf{C}_{f_1}\mathbf{A}_{f_1}^i\xi_1 + \mathbf{C}_{f_1}\mathbf{A}_{f_1}^{i-1}\mathbf{B}_{f_1}\bar{\mathbf{w}} & : i > 0 \end{cases} \tag{6.73}$$

und

$$\mathbf{u}^{(i)} = \begin{cases} \mathbf{C}_{f_2}\xi_2 & : i = 0 \\ \mathbf{C}_{f_2}\mathbf{A}_{f_2}^i\xi_2 + \mathbf{C}_{f_2}\mathbf{A}_{f_2}^{i-1}\mathbf{B}_{f_2}\mathbf{v} & : i > 0. \end{cases} \tag{6.74}$$

Zusammenfassend ergibt sich die Darstellung

$$\begin{bmatrix} \dot{\xi}_1 \\ \dot{\xi}_2 \\ \dot{\mathbf{x}}_1 \end{bmatrix} = \begin{bmatrix} \mathbf{A}_{f_1} & \mathbf{0} & \mathbf{0} \\ \mathbf{0} & \mathbf{A}_{f_2} & \mathbf{0} \\ \mathbf{B}_{11}\mathbf{C}_{f_1} & \mathbf{B}_{12}\mathbf{C}_{f_2} & \mathbf{A}_1 \end{bmatrix} \begin{bmatrix} \xi_1 \\ \xi_2 \\ \mathbf{x}_1 \end{bmatrix} + \begin{bmatrix} \mathbf{B}_{f_1} & \mathbf{0} \\ \mathbf{0} & \mathbf{B}_{f_2} \\ \mathbf{0} & \mathbf{0} \end{bmatrix} \begin{bmatrix} \bar{\mathbf{w}} \\ \mathbf{v} \end{bmatrix}, \tag{6.75a}$$

$$\begin{bmatrix} \mathbf{z} \\ \mathbf{y} \end{bmatrix} = -\begin{bmatrix} \displaystyle\sum_{i=0}^{h_{11}-1} \mathbf{C}_{12}\mathbf{N}_k^i\mathbf{B}_{21}\mathbf{C}_{f_1}\mathbf{A}_{f_1}^i & \displaystyle\sum_{i=0}^{h_{12}-1} \mathbf{C}_{12}\mathbf{N}_k^i\mathbf{B}_{22}\mathbf{C}_{f_2}\mathbf{A}_{f_2}^i & \mathbf{C}_{11} \\ \displaystyle\sum_{i=0}^{h_{21}-1} \mathbf{C}_{22}\mathbf{N}_k^i\mathbf{B}_{21}\mathbf{C}_{f_1}\mathbf{A}_{f_1}^i & \displaystyle\sum_{i=0}^{h_{22}-1} \mathbf{C}_{22}\mathbf{N}_k^i\mathbf{B}_{22}\mathbf{C}_{f_2}\mathbf{A}_{f_2}^i & \mathbf{C}_{21} \end{bmatrix} \begin{bmatrix} \xi_1 \\ \xi_2 \\ \mathbf{x}_1 \end{bmatrix}$$

$$\quad - \begin{bmatrix} \mathbf{C}_{12}\mathbf{N}_k^{h_{11}-1}\mathbf{B}_{21}\mathbf{C}_{f_1}\mathbf{A}_{f_1}^{h_{11}-2}\mathbf{B}_{f_1} & \mathbf{C}_{12}\mathbf{N}_k^{h_{12}-1}\mathbf{B}_{22}\mathbf{C}_{f_2}\mathbf{A}_{f_2}^{h_{12}-2}\mathbf{B}_{f_2} \\ \mathbf{C}_{22}\mathbf{N}_k^{h_{21}-1}\mathbf{B}_{21}\mathbf{C}_{f_1}\mathbf{A}_{f_1}^{h_{21}-2}\mathbf{B}_{f_1} & \mathbf{C}_{22}\mathbf{N}_k^{h_{22}-1}\mathbf{B}_{22}\mathbf{C}_{f_2}\mathbf{A}_{f_2}^{h_{22}-2}\mathbf{B}_{f_2} \end{bmatrix} \begin{bmatrix} \bar{\mathbf{w}} \\ \mathbf{v} \end{bmatrix}. \tag{6.75b}$$

Das Übertragungsverhalten, der in Abbildung 6.4 dargestellten erweiterten abstrakten Regelstrecke, wird durch

$$\begin{bmatrix} \mathbf{z}(s) \\ \mathbf{y}(s) \end{bmatrix} = \bar{\mathbf{P}}(s) \begin{bmatrix} \bar{\mathbf{w}}(s) \\ \mathbf{v}(s) \end{bmatrix} \tag{6.76}$$

beschrieben, wobei die TFM $\bar{\mathbf{P}}(s)$ als 4×4-Block-TFM der Gestalt

$$\bar{\mathbf{P}}(s) = \begin{bmatrix} \bar{\mathbf{P}}_{11}(s) & \bar{\mathbf{P}}_{12}(s) \\ \bar{\mathbf{P}}_{21}(s) & \bar{\mathbf{P}}_{22}(s) \end{bmatrix} \tag{6.77}$$

ausgedrückt wird.

Somit kann eine kompakte erweiterte Gesamtrealisierung des properen Übertragungsverhalten mit Hilfe der Matrizen der beiden Formfilter und der nicht-properen abstrakten

Regelstrecken formuliert werden:

$$\bar{\mathbf{P}} \simeq \left[\begin{array}{c|cc} (\bar{\mathbf{I}}, \bar{\mathbf{A}}) & \bar{\mathbf{B}}_1 & \bar{\mathbf{B}}_2 \\ \hline \bar{\mathbf{C}}_1 & \bar{\mathbf{D}}_{11} & \bar{\mathbf{D}}_{12} \\ \bar{\mathbf{C}}_2 & \bar{\mathbf{D}}_{21} & \bar{\mathbf{D}}_{22} \end{array} \right], \tag{6.78}$$

wobei

$$\bar{\mathbf{P}}_{11} = \left[\begin{array}{c|c} (\bar{\mathbf{I}}, \bar{\mathbf{A}}) & \bar{\mathbf{B}}_1 \\ \hline \bar{\mathbf{C}}_1 & \bar{\mathbf{D}}_{11} \end{array} \right], \ \bar{\mathbf{P}}_{12} = \left[\begin{array}{c|c} (\bar{\mathbf{I}}, \bar{\mathbf{A}}) & \bar{\mathbf{B}}_2 \\ \hline \bar{\mathbf{C}}_1 & \bar{\mathbf{D}}_{12} \end{array} \right],$$

$$\bar{\mathbf{P}}_{21} = \left[\begin{array}{c|c} (\bar{\mathbf{I}}, \bar{\mathbf{A}}) & \bar{\mathbf{B}}_1 \\ \hline \bar{\mathbf{C}}_2 & \bar{\mathbf{D}}_{21} \end{array} \right], \ \bar{\mathbf{P}}_{22} = \left[\begin{array}{c|c} (\bar{\mathbf{I}}, \bar{\mathbf{A}}) & \bar{\mathbf{B}}_2 \\ \hline \bar{\mathbf{C}}_2 & \bar{\mathbf{D}}_{22} \end{array} \right]$$

ist. Der Zustandsvektor der Realisierung (6.78) ist durch

$$\bar{\mathbf{x}} = \left[\begin{array}{c} \xi_1 \\ \xi_2 \\ \mathbf{x}_1 \end{array} \right] \in R^{\bar{n}}, \ \xi_1 \in R^{n_{f_1}}, \ \xi_2 \in R^{n_{f_2}}, \ \mathbf{x}_1 \in R^{n_1},$$

beschrieben. Die zu (6.78) gehörenden Systemmatrizen sind der Systemdarstellung (6.75) zu entnehmen:

$$(\bar{\mathbf{I}}, \bar{\mathbf{A}}) = \left(\left[\begin{array}{ccc} \mathbf{I}_{f_1} & 0 & 0 \\ 0 & \mathbf{I}_{f_2} & 0 \\ 0 & 0 & \mathbf{I}_1 \end{array} \right], \left[\begin{array}{ccc} \mathbf{A}_{f_1} & 0 & 0 \\ 0 & \mathbf{A}_{f_2} & 0 \\ \mathbf{B}_{11}\mathbf{C}_{f_1} & \mathbf{B}_{12}\mathbf{C}_{f_2} & \mathbf{A}_1 \end{array} \right] \right),$$

$$\bar{\mathbf{B}} = \left[\begin{array}{cc} \bar{\mathbf{B}}_1 & \bar{\mathbf{B}}_2 \end{array} \right] \in R^{\bar{n} \times r}, \ \bar{\mathbf{B}}_1 = \left[\begin{array}{c} \mathbf{B}_{f_1} \\ 0 \\ 0 \end{array} \right] \in R^{\bar{n} \times r_1}, \ \bar{\mathbf{B}}_1 = \left[\begin{array}{c} 0 \\ \mathbf{B}_{f_2} \\ 0 \end{array} \right] \in R^{\bar{n} \times r_2},$$

$$\bar{\mathbf{C}} = \left[\begin{array}{c} \bar{\mathbf{C}}_1 \\ \bar{\mathbf{C}}_2 \end{array} \right] = \left[\begin{array}{ccc} \bar{\mathbf{C}}_{11} & \bar{\mathbf{C}}_{12} & \bar{\mathbf{C}}_{13} \\ \bar{\mathbf{C}}_{21} & \bar{\mathbf{C}}_{22} & \bar{\mathbf{C}}_{23} \end{array} \right] \in R^{m \times \bar{n}}, \ \bar{\mathbf{C}}_1 \in R^{m_1 \times \bar{n}}, \ \bar{\mathbf{C}}_2 \in R^{m_2 \times \bar{n}},$$

$$\bar{\mathbf{C}}_1 = \left[\begin{array}{ccc} \bar{\mathbf{C}}_{11} & \bar{\mathbf{C}}_{12} & \bar{\mathbf{C}}_{13} \end{array} \right], \ \bar{\mathbf{C}}_2 = \left[\begin{array}{ccc} \bar{\mathbf{C}}_{21} & \bar{\mathbf{C}}_{22} & \bar{\mathbf{C}}_{23} \end{array} \right]$$

mit

$$\bar{\mathbf{C}}_{11} = -\sum_{i=0}^{h_{11}-1} \mathbf{C}_{12}\mathbf{N}_k^i\mathbf{B}_{21}\mathbf{C}_{f_1}\mathbf{A}_{f_1}^i, \ \bar{\mathbf{C}}_{12} = -\sum_{i=0}^{h_{12}-1} \mathbf{C}_{12}\mathbf{N}_k^i\mathbf{B}_{22}\mathbf{C}_{f_2}\mathbf{A}_{f_2}^i, \ \bar{\mathbf{C}}_{13} = \mathbf{C}_{11},$$

$$\bar{\mathbf{C}}_{21} = -\sum_{i=0}^{h_{21}-1} \mathbf{C}_{22}\mathbf{N}_k^i\mathbf{B}_{21}\mathbf{C}_{f_1}\mathbf{A}_{f_1}^i, \ \bar{\mathbf{C}}_{22} = -\sum_{i=0}^{h_{22}-1} \mathbf{C}_{22}\mathbf{N}_k^i\mathbf{B}_{22}\mathbf{C}_{f_2}\mathbf{A}_{f_2}^i, \ \bar{\mathbf{C}}_{23} = \mathbf{C}_{21},$$

$$\bar{\mathbf{D}} = \left[\begin{array}{cc} \bar{\mathbf{D}}_{11} & \bar{\mathbf{D}}_{12} \\ \bar{\mathbf{D}}_{21} & \bar{\mathbf{D}}_{22} \end{array} \right] \in R^{m \times r},$$

wobei

$$\bar{\mathbf{D}}_{11} \in R^{m_1 \times r_1}, \ \bar{\mathbf{D}}_{12} \in R^{m_1 \times r_2}, \ \bar{\mathbf{D}}_{21} \in R^{m_2 \times r_1}, \ \bar{\mathbf{D}}_{22} \in R^{m_2 \times r_2}$$

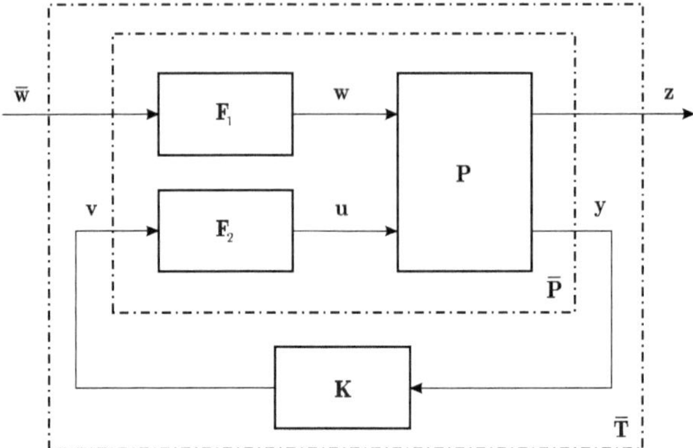

Abbildung 6.5: Nicht-properes H_∞-Problem mit Formfilter als Standardproblem.

und

$$\bar{\mathbf{D}}_{11} = -\mathbf{C}_{12}\mathbf{N}_k^{h_{11}-1}\mathbf{B}_{21}\mathbf{C}_{f_1}\mathbf{A}_{f_1}^{h_{11}-2}\mathbf{B}_{f_1}, \quad \bar{\mathbf{D}}_{12} = -\mathbf{C}_{12}\mathbf{N}_k^{h_{12}-1}\mathbf{B}_{22}\mathbf{C}_{f_2}\mathbf{A}_{f_2}^{h_{12}-2}\mathbf{B}_{f_2},$$

$$\bar{\mathbf{D}}_{21} = -\mathbf{C}_{22}\mathbf{N}_k^{h_{21}-1}\mathbf{B}_{21}\mathbf{C}_{f_1}\mathbf{A}_{f_1}^{h_{21}-2}\mathbf{B}_{f_1}, \quad \bar{\mathbf{D}}_{22} = -\mathbf{C}_{22}\mathbf{N}_k^{h_{22}-1}\mathbf{B}_{22}\mathbf{C}_{f_2}\mathbf{A}_{f_2}^{h_{22}-2}\mathbf{B}_{f_2}.$$

Mit der in diesem Abschnitt eingeführten Methode der Properisierung kann das nicht-propere H_∞-Problem auf ein normales H_∞-Standardproblem im Zustandsraum zurückgeführt werden.

Abbildung 6.5 zeigt die durch die Formfilter $\mathbf{F}_1$ und $\mathbf{F}_2$ properisierte abstrakte H_∞-Regelstrecke $\bar{\mathbf{P}}$ und die Kopplung mit einem normalen Regler $\mathbf{K}$ zu einer insgesamt properen Störübertragungsfunktion $\bar{\mathbf{T}}$, vgl. dazu Abschnitt 3.4, Abbildung 3.7.

6.4 Properisierung des geschlossenen H_∞-Regelkreises

Wie in Abschnitt 6.3 gezeigt, kann eine nicht-propere H_∞-Regelstrecke durch geeignete Formfilter properisiert werden. In diesem Abschnitt wird ein verallgemeinerter Ansatz vorgestellt, der die vorausgehende Properisierung der H_∞-Regelstrecke bezüglich der Stellgrößen durch ein Formfilter $\mathbf{F}_2$ nicht voraussetzt. Dazu wird die H_∞-Regelstrecke aus Abbildung 6.5 so verändert, dass das Formfilter $\mathbf{F}_2$ dem Regler $\mathbf{K}$ zugeordnet ist. Die Einführung des Formfilters $\mathbf{F}_1$ zur dynamischen Beschränkung der Störgrößen wird aus Abschnitt 6.3 übernommen.

Durch die Modifikation des geschlossenen Regelkreises ist sowohl für das Formfilter als auch für den H_∞-Regler ein anderes dynamisches Verhalten im Vergleich zu den entsprechenden Regelkreisgliedern aus Abschnitt 6.3 zu erwarten.

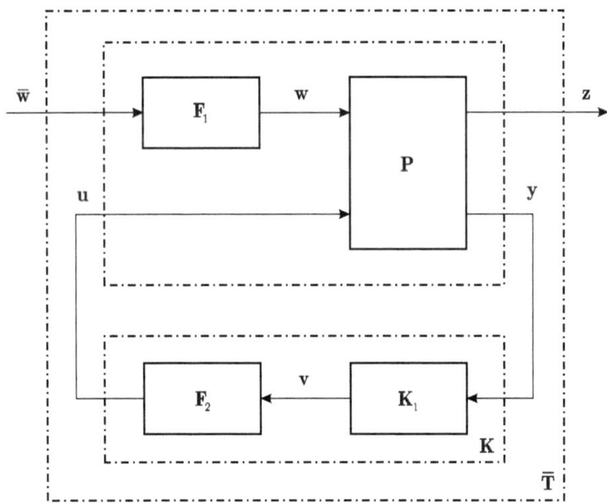

Abbildung 6.6: Modifizierter H_∞-Regelkreis.

Zunächst wird ein verallgemeinerter Regler

$$\mathbf{K} = \mathbf{K}_2\,\mathbf{K}_1 \tag{6.79}$$

eingeführt. Entsprechend Abbildung 6.6 ist

$$\mathbf{K}_2 = \mathbf{F}_2. \tag{6.80}$$

Der Regler besteht somit aus zwei Teil-Realisierungen,

$$\mathbf{K}_1 \simeq \left[\begin{array}{c|c} \left(\hat{\mathbf{I}}_1, \hat{\mathbf{A}}_1\right) & \hat{\mathbf{B}}_1 \\ \hline \hat{\mathbf{C}}_1 & \mathbf{0} \end{array} \right] \tag{6.81}$$

mit

$$\hat{\mathbf{x}}_1 \in R^{\hat{n}_1}, \ \hat{\mathbf{A}}_2 \in R^{\hat{n}_1 \times \hat{n}_1}, \ \hat{\mathbf{B}}_1 \in R^{\hat{n}_1 \times m_2}, \ \hat{\mathbf{C}} \in R^{r_2 \times \hat{n}_1}$$

und

$$\mathbf{K}_2 \simeq \left[\begin{array}{c|c} \left(\hat{\mathbf{I}}_2, \hat{\mathbf{A}}_2\right) & \hat{\mathbf{B}}_2 \\ \hline \hat{\mathbf{C}}_2 & \mathbf{0} \end{array} \right] \tag{6.82}$$

mit

$$\hat{\mathbf{x}}_2 \in R^{\hat{n}_2}, \ \hat{\mathbf{A}}_2 \in R^{\hat{n}_2 \times \hat{n}_2}, \ \hat{\mathbf{B}}_2 \in R^{\hat{n}_2 \times m_2}, \ \hat{\mathbf{C}} \in R^{r_2 \times \hat{n}_2},$$

siehe Abbildung 6.7. Der Regler (6.79) hat die Aufgabe, das nicht-propere Übertragungsverhalten des geschlossenen H_∞-Regelkreises

$$\mathbf{H} := \mathrm{LLFT}\left(\mathbf{P}, \mathbf{K}\right), \tag{6.83}$$

zu properisieren und das H_∞-Kriterium (3.53) zu erfüllen. Die Realisierung des Reglers (6.79) wird beschrieben durch

$$\mathbf{K} \simeq \left[\begin{array}{c|c} \left(\hat{\mathbf{I}}, \hat{\mathbf{A}}\right) & \hat{\mathbf{B}} \\ \hline \hat{\mathbf{C}} & \mathbf{0} \end{array} \right] \tag{6.84}$$

mit

$$\hat{n} = \hat{n}_1 + \hat{n}_2, \ \hat{\mathbf{x}} \in R^{\hat{n}}, \ \hat{\mathbf{A}} \in R^{\hat{n} \times \hat{n}}, \ \hat{\mathbf{B}} \in R^{\hat{n} \times m_2}, \ \hat{\mathbf{C}} \in R^{r_2 \times \hat{n}}$$

und

$$\left(\hat{\mathbf{I}}, \hat{\mathbf{A}}\right) = \left(\left[\begin{array}{cc} \hat{\mathbf{I}}_1 & \mathbf{0} \\ \mathbf{0} & \hat{\mathbf{I}}_2 \end{array} \right], \left[\begin{array}{cc} \hat{\mathbf{A}}_1 & \mathbf{0} \\ \hat{\mathbf{B}}_2\hat{\mathbf{C}}_1 & \hat{\mathbf{A}}_2 \end{array} \right] \right)$$

$$\hat{\mathbf{C}} = \left[\begin{array}{cc} \mathbf{0} & \hat{\mathbf{C}}_2 \end{array} \right], \ \hat{\mathbf{B}} = \left[\begin{array}{c} \hat{\mathbf{B}}_1 \\ \mathbf{0} \end{array} \right],$$

$$\hat{\mathbf{x}} \in R^{\hat{n}}, \ \hat{\mathbf{A}} \in R^{\hat{n} \times \hat{n}}, \ \hat{\mathbf{B}} \in R^{\hat{n} \times m_2}, \ \hat{\mathbf{C}} \in R^{r_2 \times \hat{n}}.$$

Das Formfilter hat die Aufgabe, die durch den Regler nicht properisierten Anteile des geschlossenen Regelkreises durch

$$\mathbf{T} = \mathbf{H}\,\mathbf{F}_1 \tag{6.85}$$

zu properisieren und die Dynamik der einzelnen Störgrößen zu beschränken.

Die Deskriptor-Realisierung des nicht-properen Übertragungsverhaltens der abstrakten Regelstrecke (4.92) ist durch (6.64) und (6.65) festgelegt.

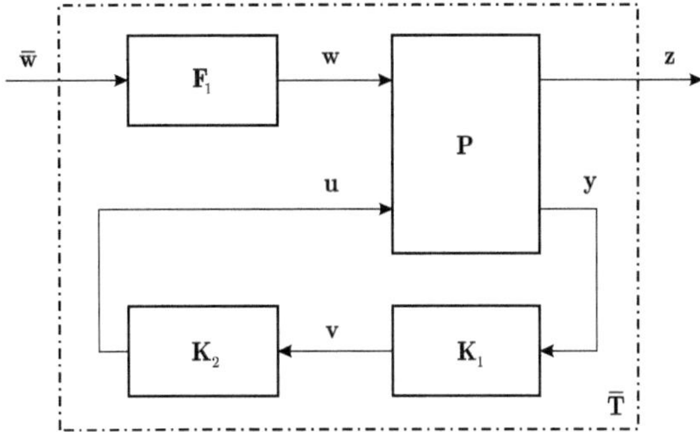

Abbildung 6.7: H_∞-Regelkreis mit Formfilter $\mathbf{F}_1$ und den Reglerteilen $\mathbf{K}_1$ und $\mathbf{K}_2$.

Satz 6.4.1 (Propere Realisierung des Störübertragungsverhaltens). Unter der Voraussetzung einheitlicher Ableitungsgrade $\hat{h} - 1$ bzgl. $\mathbf{u}$ und $h^w - 1$ bzgl. $\mathbf{w}$ kann die Realisierung einer abstrakten Regelstrecke mit nicht-properem Übertragungsverhalten (6.15) durch ein Formfilter (6.10) und eine Regler-Realisierung (6.84) in ein properes Übertragungssystem

$$\mathbf{z}(s) = \bar{\mathbf{T}}(s)\,\bar{\mathbf{w}}(s) \tag{6.86}$$

mit

$$\bar{\mathbf{T}} \simeq \left[\begin{array}{c|c} (\bar{\mathbf{I}}, \bar{\mathbf{A}}) & \bar{\mathbf{B}} \\ \hline \bar{\mathbf{C}} & \bar{\mathbf{D}} \end{array}\right], \quad \bar{n} = n_f + n_1 + \hat{n}_1 + \hat{n}_2 \tag{6.87}$$

und

$$\bar{\mathbf{x}} = \begin{bmatrix} \mathbf{x}_f \\ \mathbf{x}_1 \\ \hat{\mathbf{x}}_1 \\ \hat{\mathbf{x}}_2 \end{bmatrix} \in R^{\bar{n}}, \ \bar{\mathbf{A}} \in R^{\bar{n} \times \bar{n}}, \ \bar{\mathbf{B}} \in R^{\bar{n} \times r_1}, \ \bar{\mathbf{C}} \in R^{m_1 \times \bar{n}}, \ \bar{\mathbf{D}} \in R^{m_1 \times r_1},$$

$$(\bar{\mathbf{I}}, \bar{\mathbf{A}}) = \left(\begin{bmatrix} \mathbf{I}_f & \mathbf{0} & \mathbf{0} & \mathbf{0} \\ \mathbf{0} & \mathbf{I}_1 & \mathbf{0} & \mathbf{0} \\ \mathbf{0} & \mathbf{0} & \hat{\mathbf{I}}_1 & \mathbf{0} \\ \mathbf{0} & \mathbf{0} & \mathbf{0} & \hat{\mathbf{I}}_2 \end{bmatrix}, \begin{bmatrix} \bar{\mathbf{A}}_{11} & \mathbf{0} & \mathbf{0} & \mathbf{0} \\ \bar{\mathbf{A}}_{21} & \bar{\mathbf{A}}_{22} & \mathbf{0} & \bar{\mathbf{A}}_{24} \\ \bar{\mathbf{A}}_{31} & \bar{\mathbf{A}}_{32} & \bar{\mathbf{A}}_{33} & \bar{\mathbf{A}}_{34} \\ \mathbf{0} & \mathbf{0} & \bar{\mathbf{A}}_{43} & \bar{\mathbf{A}}_{44} \end{bmatrix} \right),$$

$$\bar{\mathbf{B}} = \begin{bmatrix} \bar{\mathbf{B}}_1 \\ \mathbf{0} \\ \bar{\mathbf{B}}_3 \\ \mathbf{0} \end{bmatrix}, \ = \begin{bmatrix} \bar{\mathbf{C}}_1 & \bar{\mathbf{C}}_2 & \bar{\mathbf{C}}_3 & \bar{\mathbf{C}}_4 \end{bmatrix}, \ \bar{\mathbf{D}} \neq \mathbf{0}$$

mit

$$\hat{\mathbf{L}}_1 := -\hat{\mathbf{B}}_1\mathbf{C}_{22}\mathbf{N}_k^{\hat{h}_1-1}\mathbf{B}_{22}\hat{\mathbf{C}}_2\hat{\mathbf{A}}_2^{\hat{h}_1-2}\hat{\mathbf{B}}_2\hat{\mathbf{C}}_1, \tag{6.88}$$

$$\hat{\mathbf{L}}_2 := -\mathbf{C}_{12}\mathbf{N}_k^{\hat{h}_2-1}\mathbf{B}_{22}\hat{\mathbf{C}}_2\hat{\mathbf{A}}_2^{\hat{h}_2-2}\hat{\mathbf{B}}_2\hat{\mathbf{C}}_1, \tag{6.89}$$

$$\bar{\mathbf{A}}_{11} = \mathbf{A}_f, \tag{6.90}$$

$$\bar{\mathbf{A}}_{21} = \mathbf{B}_{11}\mathbf{C}_f, \tag{6.91}$$

$$\bar{\mathbf{A}}_{22} = \mathbf{A}_1, \tag{6.92}$$

$$\bar{\mathbf{A}}_{24} = \mathbf{B}_{12}\hat{\mathbf{C}}_2, \tag{6.93}$$

$$\bar{\mathbf{A}}_{31} = -\sum_{i=0}^{h_1^w-1} \hat{\mathbf{B}}_1\mathbf{C}_{22}\mathbf{N}_k^i\mathbf{B}_{21}\mathbf{C}_f\mathbf{A}_f^i, \tag{6.94}$$

$$\bar{\mathbf{A}}_{32} = \hat{\mathbf{B}}_1\mathbf{C}_{21}, \tag{6.95}$$

$$\bar{\mathbf{A}}_{33} = \hat{\mathbf{A}}_1 + \hat{\mathbf{L}}_1, \tag{6.96}$$

$$\bar{\mathbf{A}}_{34} = -\sum_{i=0}^{\hat{h}_1-1} \hat{\mathbf{B}}_1\mathbf{C}_{22}\mathbf{N}_k^i\mathbf{B}_{22}\hat{\mathbf{C}}_2\hat{\mathbf{A}}_2^i, \tag{6.97}$$

$$\bar{\mathbf{A}}_{43} = \hat{\mathbf{B}}_2\hat{\mathbf{C}}_1, \tag{6.98}$$

$$\bar{\mathbf{A}}_{44} = \hat{\mathbf{A}}_2, \tag{6.99}$$

$$\bar{\mathbf{B}}_1 = \mathbf{B}_f, \tag{6.100}$$

$$\bar{\mathbf{B}}_3 = -\hat{\mathbf{B}}_1\mathbf{C}_{22}\mathbf{N}_k^{h_1^w-1}\mathbf{B}_{21}\mathbf{C}_f\mathbf{A}_f^{h_1^w-2}\mathbf{B}_f, \tag{6.101}$$

$$\bar{\mathbf{C}}_1 = -\sum_{i=0}^{h_2^w-1} \mathbf{C}_{12}\mathbf{N}_k^i\mathbf{B}_{21}\mathbf{C}_f\mathbf{A}_f^i, \tag{6.102}$$

$$\bar{\mathbf{C}}_2 = \mathbf{C}_{11}, \tag{6.103}$$

$$\bar{\mathbf{C}}_3 = \hat{\mathbf{L}}_2, \tag{6.104}$$

$$\bar{\mathbf{C}}_4 = -\sum_{i=0}^{\hat{h}_2-1} \mathbf{C}_{12}\mathbf{N}_k^i\mathbf{B}_{22}\hat{\mathbf{C}}_2\hat{\mathbf{A}}_2^i, \tag{6.105}$$

$$\bar{\mathbf{D}} = -\mathbf{C}_{12}\mathbf{N}_k^{h_2^w-1}\mathbf{B}_{21}\mathbf{C}_f\mathbf{A}_f^{h_2^w-2}\mathbf{B}_f, \tag{6.106}$$

überführt werden $\Leftrightarrow$

$$\hat{\mathbf{A}}_2 \in R^{\hat{n}_2\times\hat{n}_2}, \ \hat{n}_2 = r(\hat{h}-1), \tag{6.107}$$

$$\mathbf{A}_f \in R^{n_f\times n_f}, \ n_f = r(h^w-1). \tag{6.108}$$

Dabei ist

$$\hat{h} = \max\left\{\hat{h}_1,\, \hat{h}_2\right\} \tag{6.109}$$

und

$$h^w \;=\; \max\left\{h_1^w,\, h_2^w\right\}. \tag{6.110}$$

Beweis 6.4.1 (Satz 6.4.1). Liegt die Realisierung der abstrakten Regelstrecke in kanonischer Darstellung vor, so kann das Übertragungsverhalten durch

$$\left[\begin{array}{c} \mathbf{z}(s) \\ \mathbf{y}(s) \end{array}\right] = \mathbf{P}(s) \left[\begin{array}{c} \mathbf{w}(s) \\ \mathbf{u}(s) \end{array}\right] \tag{6.111}$$

mit

$$\mathbf{P} = \mathbf{P}_1 + \mathbf{P}_2 \simeq \left[\begin{array}{c|cc} (\mathbf{I}_1,\,\mathbf{A}_1) & \mathbf{B}_{11} & \mathbf{B}_{12} \\ \hline \mathbf{C}_{11} & & \mathbf{0} \\ \mathbf{C}_{21} & & \end{array}\right] + \left[\begin{array}{c|cc} (\mathbf{N}_k,\,\mathbf{I}_2) & \mathbf{B}_{21} & \mathbf{B}_{22} \\ \hline \mathbf{C}_{12} & & \mathbf{0} \\ \mathbf{C}_{22} & & \end{array}\right] \tag{6.112}$$

und

$$\mathbf{x} = \left[\begin{array}{c} \mathbf{x}_1 \\ \mathbf{x}_2 \end{array}\right] \in R^n,\; \mathbf{x}_1 \in R^{n_1},\; \mathbf{x}_2 \in R^{n_2},$$

$$\mathbf{A}_1 \in R^{n_1 \times n_1},\; \mathbf{B}_{11} \in R^{n_1 \times r_1},\; \mathbf{B}_{12} \in R^{n_1 \times r_2},$$

$$\mathbf{C}_{11} \in R^{m_1 \times n_1},\; \mathbf{C}_{21} \in R^{m_2 \times n_1},$$

$$\mathbf{N}_k \in R^{n_2 \times n_2},\; \mathbf{B}_{21} \in R^{n_2 \times r_1},\; \mathbf{B}_{22} \in R^{n_2 \times r_2},$$

$$\mathbf{C}_{12} \in R^{m_1 \times n_2},\; \mathbf{C}_{22} \in R^{m_2 \times n_2}$$

realisiert werden. Für den geschlossenen Regelkreis ergibt sich nun die Deskriptor-Realisierung

$$\mathbf{H} := \mathrm{LLFT}\,(\mathbf{P},\,\mathbf{K}) = \left[\begin{array}{c|c} \left(\breve{\mathbf{E}}_H,\,\breve{\mathbf{A}}_H\right) & \breve{\mathbf{B}}_H \\ \hline \breve{\mathbf{C}}_H & \mathbf{0} \end{array}\right] \tag{6.113}$$

mit

$$\breve{n}_H = n_1 + n_2 + \hat{n},$$

$$\breve{\mathbf{x}}_H = \left[\begin{array}{c} \mathbf{x}_1 \\ \mathbf{x}_2 \\ \hat{\mathbf{x}} \end{array}\right] \in R^{\breve{n}_H},\; \breve{\mathbf{A}}_H \in R^{\breve{n}_H \times \breve{n}_H},\; \breve{\mathbf{B}} \in R^{\breve{n}_H \times r_1},\; \breve{\mathbf{C}} \in R^{m_1 \times \breve{n}_H},$$

$$\left(\breve{\mathbf{E}}_H,\,\breve{\mathbf{A}}_H\right) = \left(\left[\begin{array}{ccc} \mathbf{I}_1 & \mathbf{0} & \mathbf{0} \\ \mathbf{0} & \mathbf{N}_k & \mathbf{0} \\ \mathbf{0} & \mathbf{0} & \hat{\mathbf{I}} \end{array}\right],\; \left[\begin{array}{ccc} \mathbf{A}_1 & \mathbf{0} & \mathbf{B}_{12}\hat{\mathbf{C}} \\ \mathbf{0} & \mathbf{I}_2 & \mathbf{B}_{22}\hat{\mathbf{C}} \\ \hat{\mathbf{B}}\mathbf{C}_{21} & \hat{\mathbf{B}}\mathbf{C}_{22} & \hat{\mathbf{A}} \end{array}\right]\right),$$

$$\breve{\mathbf{B}}_H = \left[\begin{array}{c} \mathbf{B}_{11} \\ \mathbf{B}_{21} \\ \mathbf{0} \end{array}\right],\; \breve{\mathbf{C}}_H = \left[\begin{array}{ccc} \mathbf{C}_{11} & \mathbf{C}_{12} & \mathbf{0} \end{array}\right].$$

Das Störübertragungsverhalten wird beschrieben durch

$$\mathbf{z}(s) = \mathbf{H}(s)\,\mathbf{w}(s).$$

Da der Regler aus zwei Teilsystemen besteht, folgt

$$\mathbf{H} := \mathrm{LLFT}\,(\mathbf{P},\,\mathbf{K}) = \left[\begin{array}{c|c} (\mathbf{E}_H,\,\mathbf{A}_H) & \mathbf{B}_H \\ \hline \mathbf{C}_H & \mathbf{0} \end{array}\right] \tag{6.114}$$

mit

$$n_H = n_1 + n_2 + \hat{n},$$

$$\mathbf{x}_H = \begin{bmatrix} \mathbf{x}_1 \\ \mathbf{x}_2 \\ \hat{\mathbf{x}}_1 \\ \hat{\mathbf{x}}_2 \end{bmatrix} \in R^{n_H},\ \mathbf{A}_H \in R^{n_H \times n_H},\ \mathbf{B}_H \in R^{n_H \times r_1},\ \mathbf{C}_H \in R^{m_1 \times n_H},$$

$$(\mathbf{E}_H,\,\mathbf{A}_H) = \left(\begin{bmatrix} \mathbf{I}_1 & \mathbf{0} & \mathbf{0} & \mathbf{0} \\ \mathbf{0} & \mathbf{N}_k & \mathbf{0} & \mathbf{0} \\ \mathbf{0} & \mathbf{0} & \hat{\mathbf{I}}_1 & \mathbf{0} \\ \mathbf{0} & \mathbf{0} & \mathbf{0} & \hat{\mathbf{I}}_2 \end{bmatrix},\ \begin{bmatrix} \mathbf{A}_1 & \mathbf{0} & \mathbf{0} & \mathbf{B}_{12}\hat{\mathbf{C}}_2 \\ \mathbf{0} & \mathbf{I}_2 & \mathbf{0} & \mathbf{B}_{22}\hat{\mathbf{C}}_2 \\ \hat{\mathbf{B}}_1\mathbf{C}_{21} & \hat{\mathbf{B}}_1\mathbf{C}_{22} & \hat{\mathbf{A}}_1 & \mathbf{0} \\ \mathbf{0} & \mathbf{0} & \hat{\mathbf{B}}_2\hat{\mathbf{C}}_1 & \hat{\mathbf{A}}_2 \end{bmatrix}\right),$$

$$\mathbf{B}_H = \begin{bmatrix} \mathbf{B}_{11} \\ \mathbf{B}_{21} \\ \mathbf{0} \\ \mathbf{0} \end{bmatrix},\ \mathbf{C}_H = \begin{bmatrix} \mathbf{C}_{11} & \mathbf{C}_{12} & \mathbf{0} & \mathbf{0} \end{bmatrix}.$$

Um die Struktur des geschlossenen Regelkreises zu analysieren, wird zunächst die Differentialgleichung

$$\mathbf{N}_k\dot{\mathbf{x}}_2 = \mathbf{x}_2 + \mathbf{B}_{22}\hat{\mathbf{C}}_2\hat{\mathbf{x}}_2 + \mathbf{B}_{21}\mathbf{w} \tag{6.115}$$

mit der nilpotenten Matrix $\mathbf{N}_k$ betrachtet. So kann der Deskriptorvektor durch

$$\mathbf{x}_2 = -\sum_{i=0}^{\hat{j}_2-1} \mathbf{N}_k^i \mathbf{B}_{22}\underbrace{\hat{\mathbf{C}}_2\hat{\mathbf{x}}_2^{(i)}}_{\mathbf{v}^{(i)}} - \sum_{i=0}^{j_2^w-1} \mathbf{N}_k^i \mathbf{B}_{21}\mathbf{w}^{(i)} \tag{6.116}$$

ausgedrückt werden. Dabei sind $\hat{j}_2 - 1$ und $j_2^w - 1$ die jeweils höchsten einheitlichen Ableitungsgrade von $\mathbf{u}$ und $\mathbf{w}$ bezüglich des Deskriptorvariablenvektors $\mathbf{x}_2$.

Auf die Einführung individueller Ableitungsgrade wird zugunsten einer überschaubaren Darstellung der Berechnungen verzichtet.

Wird die Gesamtrealisierung unter Verwendung der Lösung von $\mathbf{x}_2$ und unter Berücksichtigung von

$$\dot{\hat{\mathbf{x}}}_2 = \mathbf{0},\ \hat{\mathbf{A}}_2 = -\hat{\mathbf{I}}_2 \tag{6.117}$$

$$\Rightarrow \hat{\mathbf{x}}_2 = \hat{\mathbf{B}}_2\hat{\mathbf{C}}_1\hat{\mathbf{x}}_1 = \hat{\mathbf{B}}_2\mathbf{v} \tag{6.118}$$

$$\Rightarrow \hat{\mathbf{C}}_2\hat{\mathbf{x}}_2 = \hat{\mathbf{C}}_2\hat{\mathbf{B}}_2\hat{\mathbf{C}}_1\hat{\mathbf{x}}_1 = \hat{\mathbf{C}}_2\hat{\mathbf{B}}_2\mathbf{v} \tag{6.119}$$

bei $i = 0$ betrachtet, folgt analog zu (6.35)

$$\mathbf{u}^{(i)} = \begin{cases} \hat{\mathbf{C}}_2\hat{\mathbf{B}}_2\mathbf{v} & : i = 0 \\ \hat{\mathbf{C}}_2\hat{\mathbf{A}}_2^i\hat{\mathbf{x}}_2 + \hat{\mathbf{C}}_2\hat{\mathbf{A}}_2^{i-1}\hat{\mathbf{B}}_2\mathbf{v} & : i > 0 \end{cases} \tag{6.120}$$

und damit die detaillierte Darstellung des Deskriptorsystems

$$\dot{\mathbf{x}}_1 = \mathbf{A}_1\mathbf{x}_1 + \mathbf{B}_{12}\hat{\mathbf{C}}_2\hat{\mathbf{x}}_2 + \mathbf{B}_{11}\mathbf{w}, \tag{6.121}$$

$$\begin{aligned}
\dot{\hat{\mathbf{x}}}_2 = {}& \hat{\mathbf{A}}_1\hat{\mathbf{x}}_1 + \hat{\mathbf{B}}_1\mathbf{C}_{21}\mathbf{x}_1 - \hat{\mathbf{B}}_1\mathbf{C}_{22}\mathbf{N}_k^0\mathbf{B}_{22}\hat{\mathbf{C}}_2\hat{\mathbf{x}}_2 \\
& - \sum_{i=1}^{\hat{h}_1-1} \hat{\mathbf{B}}_1\mathbf{C}_{22}\mathbf{N}_k^i\mathbf{B}_{22} \left[\hat{\mathbf{C}}_2\hat{\mathbf{A}}_2^i\hat{\mathbf{x}}_2 + \hat{\mathbf{C}}_2\hat{\mathbf{A}}_2^{i-1}\hat{\mathbf{B}}_2\underbrace{\hat{\mathbf{C}}_1\hat{\mathbf{x}}_1}_{\mathbf{v}} \right] \\
& - \sum_{i=0}^{h_1^w-1} \hat{\mathbf{B}}_1\mathbf{C}_{22}\mathbf{N}_k^i\mathbf{B}_{21}\mathbf{w}^{(i)},
\end{aligned} \tag{6.122}$$

$$\dot{\hat{\mathbf{x}}}_2 = \hat{\mathbf{A}}_2\hat{\mathbf{x}}_2 + \hat{\mathbf{B}}_2\underbrace{\hat{\mathbf{C}}_1\hat{\mathbf{x}}_1}_{\mathbf{v}}, \tag{6.123}$$

$$\begin{aligned}
\mathbf{z} = {}& \mathbf{C}_{11}\mathbf{x}_1 - \mathbf{C}_{12}\mathbf{N}_k^0\mathbf{B}_{22}\hat{\mathbf{C}}_2\hat{\mathbf{x}}_2 \\
& - \sum_{i=1}^{\hat{h}_2-1} \mathbf{C}_{12}\mathbf{N}_k^i\mathbf{B}_{22} \left[\hat{\mathbf{C}}_2\hat{\mathbf{A}}_2^i\hat{\mathbf{x}}_2 + \hat{\mathbf{C}}_2\hat{\mathbf{A}}_2^{i-1}\hat{\mathbf{B}}_2\underbrace{\hat{\mathbf{C}}_1\hat{\mathbf{x}}_1}_{\mathbf{v}} \right] \\
& - \sum_{i=0}^{h_2^w-1} \mathbf{C}_{12}\mathbf{N}_k^i\mathbf{B}_{21}\mathbf{w}^{(i)}.
\end{aligned} \tag{6.124}$$

Darin beschreibt $\hat{h}_1 - 1$ den höchsten einheitlichen Ableitungsgrad von **u** im geschlossenen System (d.h. bzgl. der Ableitung von $\hat{\mathbf{x}}_1$) und $\hat{h}_2 - 1$ den jeweils höchsten einheitlichen Ableitungsgrad von **u** im Ausgangsvektor der Zielgrößen **z**.

Dabei kann sowohl $\hat{h}_1 \leqslant \hat{j}_1$ als auch $\hat{h}_2 \leqslant \hat{j}_2$ sein, wenn das System nicht als minimale Realisierung vorliegt. Analog gilt für die Ableitungsgrade bzgl. der Störungen, dass $h_1^w \leqslant j_1^w$, $h_2^w \leqslant j_2^w$ ist.

Aus der weiteren Auflösung der Gleichung (6.121) folgt

$$\dot{\mathbf{x}}_1 \;=\; \mathbf{A}_1\mathbf{x}_1 + \mathbf{B}_{12}\hat{\mathbf{C}}_2\hat{\mathbf{x}}_2 + \mathbf{B}_{11}\mathbf{w}, \tag{6.125}$$

$$\dot{\hat{\mathbf{x}}}_2 \;=\; \hat{\mathbf{A}}_1\hat{\mathbf{x}}_1 + \hat{\mathbf{B}}_1\mathbf{C}_{21}\mathbf{x}_1 - \hat{\mathbf{B}}_1\mathbf{C}_{22}\mathbf{N}_k^0\mathbf{B}_{22}\hat{\mathbf{C}}_2\hat{\mathbf{x}}_2 - \sum_{i=1}^{\hat{h}_1-1}\hat{\mathbf{B}}_1\mathbf{C}_{22}\mathbf{N}_k^i\mathbf{B}_{22}\hat{\mathbf{C}}_2\hat{\mathbf{A}}_2^i\hat{\mathbf{x}}_2$$
$$-\sum_{i=1}^{\hat{h}_1-1}\hat{\mathbf{B}}_1\mathbf{C}_{22}\mathbf{N}_k^i\mathbf{B}_{22}\hat{\mathbf{C}}_2\hat{\mathbf{A}}_2^{i-1}\hat{\mathbf{B}}_2\underbrace{\hat{\mathbf{C}}_1\hat{\mathbf{x}}_1}_{\mathbf{v}} - \sum_{i=0}^{h_1^w-1}\hat{\mathbf{B}}_1\mathbf{C}_{22}\mathbf{N}_k^i\mathbf{B}_{21}\mathbf{w}^{(i)}, \tag{6.126}$$

$$\dot{\hat{\mathbf{x}}}_2 \;=\; \hat{\mathbf{A}}_2\hat{\mathbf{x}}_2 + \hat{\mathbf{B}}_2\underbrace{\hat{\mathbf{C}}_1\hat{\mathbf{x}}_1}_{\mathbf{v}}, \tag{6.127}$$

$$\mathbf{z} \;=\; \mathbf{C}_{11}\mathbf{x}_1 - \mathbf{C}_{12}\mathbf{N}_k^0\mathbf{B}_{22}\hat{\mathbf{C}}_2\hat{\mathbf{x}}_2 - \sum_{i=1}^{\hat{h}_2-1}\mathbf{C}_{12}\mathbf{N}_k^i\mathbf{B}_{22}\hat{\mathbf{C}}_2\hat{\mathbf{A}}_2^i\hat{\mathbf{x}}_2$$
$$-\sum_{i=1}^{\hat{h}_2-1}\mathbf{C}_{12}\mathbf{N}_k^i\mathbf{B}_{22}\hat{\mathbf{C}}_2\hat{\mathbf{A}}_2^{i-1}\hat{\mathbf{B}}_2\underbrace{\hat{\mathbf{C}}_1\hat{\mathbf{x}}_1}_{\mathbf{v}} - \sum_{i=0}^{h_2^w-1}\mathbf{C}_{12}\mathbf{N}_k^i\mathbf{B}_{21}\mathbf{w}^{(i)}. \tag{6.128}$$

Unter Berücksichtigung von

$$\hat{\mathbf{C}}_2\hat{\mathbf{A}}_2^{i-1}\hat{\mathbf{B}}_2 \;=\; \mathbf{0}\,\forall\, i = 1, \ldots, \hat{h}-2 \;\text{und}\; \hat{\mathbf{C}}_2\hat{\mathbf{A}}_2^{\hat{h}-2}\hat{\mathbf{B}}_2 \neq \mathbf{0}, \tag{6.129}$$

wobei

$$\hat{h} := \max\left\{\hat{h}_1, \hat{h}_2\right\} \tag{6.130}$$

ist, der Definition der Matrizen

$$\hat{\mathbf{L}}_1 \;:=\; -\sum_{i=1}^{\hat{h}_1-1}\hat{\mathbf{B}}_1\mathbf{C}_{22}\mathbf{N}_k^i\mathbf{B}_{22}\hat{\mathbf{C}}_2\hat{\mathbf{A}}_2^{i-1}\hat{\mathbf{B}}_2\hat{\mathbf{C}}_1$$
$$=\; -\hat{\mathbf{B}}_1\mathbf{C}_{22}\mathbf{N}_k^{\hat{h}_1-1}\mathbf{B}_{22}\hat{\mathbf{C}}_2\hat{\mathbf{A}}_2^{\hat{h}_1-2}\hat{\mathbf{B}}_2\hat{\mathbf{C}}_1 \tag{6.131}$$

und

$$\hat{\mathbf{L}}_2 \;=\; -\sum_{i=1}^{\hat{h}_2-1}\mathbf{C}_{12}\mathbf{N}_k^i\mathbf{B}_{22}\hat{\mathbf{C}}_2\hat{\mathbf{A}}_2^{i-1}\hat{\mathbf{B}}_2\hat{\mathbf{C}}_1$$
$$=\; -\mathbf{C}_{12}\mathbf{N}_k^{\hat{h}_2-1}\mathbf{B}_{22}\hat{\mathbf{C}}_2\hat{\mathbf{A}}_2^{\hat{h}_2-2}\hat{\mathbf{B}}_2\hat{\mathbf{C}}_1 \tag{6.132}$$

und mit

$$\mathbf{A}_\xi := \begin{bmatrix} \mathbf{A}_1 & \mathbf{0} & \mathbf{B}_{12}\hat{\mathbf{C}}_2 \\ \hat{\mathbf{B}}_1\mathbf{C}_{21} & \left(\hat{\mathbf{A}}_1 + \hat{\mathbf{L}}_1\right) & \left(-\sum_{i=0}^{\hat{h}_1-1} \hat{\mathbf{B}}_1\mathbf{C}_{22}\mathbf{N}_k^i\mathbf{B}_{22}\hat{\mathbf{C}}_2\hat{\mathbf{A}}_2^i\right) \\ \mathbf{0} & \hat{\mathbf{B}}_2\hat{\mathbf{C}}_1 & \hat{\mathbf{A}}_2 \end{bmatrix}, \tag{6.133}$$

$$\mathbf{C}_\xi := \begin{bmatrix} \mathbf{C}_{11} & \hat{\mathbf{L}}_2 & \left(-\sum_{i=0}^{\hat{h}_2-1} \mathbf{C}_{12}\mathbf{N}_k^i\mathbf{B}_{22}\hat{\mathbf{C}}_2\hat{\mathbf{A}}_2^i\right) \end{bmatrix} \tag{6.134}$$

erhält man die Deskriptor-Darstellung

$$\dot{\xi} = \mathbf{A}_\xi\xi + \begin{bmatrix} \mathbf{B}_{11} \\ \mathbf{0} \\ \mathbf{0} \end{bmatrix}\mathbf{w} - \begin{bmatrix} \mathbf{0} \\ \sum_{i=0}^{h_1^w-1} \hat{\mathbf{B}}_1\mathbf{C}_{22}\mathbf{N}_k^i\mathbf{B}_{21}\mathbf{w}^{(i)} \\ \mathbf{0} \end{bmatrix}, \tag{6.135a}$$

$$\mathbf{z} = \mathbf{C}_\xi\xi - \sum_{i=0}^{h_2^w-1} \mathbf{C}_{12}\mathbf{N}_k^i\mathbf{B}_{21}\mathbf{w}^{(i)} \tag{6.135b}$$

mit $\xi = \begin{bmatrix} \mathbf{x}_1^T & \hat{\mathbf{x}}_1^T & \hat{\mathbf{x}}_2^T \end{bmatrix}^T$. Da das Übertragungsverhalten allgemein als nicht-proper angenommen wird, erfolgt eine Beschränkung der Klasse zulässiger Störfunktionen durch ein Formfilter

$$\mathbf{w}^{(i)} = \begin{cases} \mathbf{C}_f\mathbf{x}_f & : i = 0 \\ \mathbf{C}_f\mathbf{A}_f^i\mathbf{x}_f + \mathbf{C}_f\mathbf{A}_f^{i-1}\mathbf{B}_f\bar{\mathbf{w}} & : i > 0. \end{cases} \tag{6.136}$$

Wie in Gleichung (6.129) ist auch hier

$$\hat{\mathbf{C}}_f\hat{\mathbf{A}}_f^{i-1}\hat{\mathbf{B}}_f = \mathbf{0} \,\forall i = 1, \ldots, \hat{h}^w - 2 \text{ und } \hat{\mathbf{C}}_f\hat{\mathbf{A}}_f^{\hat{h}^w-2}\hat{\mathbf{B}}_f \neq \mathbf{0}, \tag{6.137a}$$

wobei

$$h^w = \max\{h_1^w, h_2^w\} \tag{6.138}$$

ist. Dabei beschreibt $h_1^w - 1$ den höchsten einheitlichen Ableitungsgrad von $\mathbf{w}$ im geschlossenen System (d.h. bzgl. der Ableitung von ξ) und $h_2^w - 1$ den jeweils höchsten einheitlichen Ableitungsgrad von $\mathbf{w}$ im Ausgangsvektor $\mathbf{z}$. Dabei kann sowohl

$$h_1^w \leqslant \hat{j}_1^w \tag{6.139}$$

als auch

$$h_2^w \leqslant \hat{j}_2^w \tag{6.140}$$

sein, wenn das System als nicht minimale Realisierung vorliegt. Es sind

$$
\begin{aligned}
\bar{\mathbf{D}} &= -\sum_{i=1}^{\hat{h}_2^w-1} \mathbf{C}_{12}\mathbf{N}_k^i\mathbf{B}_{21}\mathbf{C}_f\mathbf{A}_f^{i-1}\mathbf{B}_f \\
&= -\mathbf{C}_{12}\mathbf{N}_k^{\hat{h}_2^w-1}\mathbf{B}_{21}\mathbf{C}_f\mathbf{A}_f^{\hat{h}_2^w-2}\mathbf{B}_f,
\end{aligned}
\tag{6.141}
$$

$$
\begin{aligned}
\bar{\mathbf{B}}_3 &= -\sum_{i=1}^{\hat{h}_1^w-1} \hat{\mathbf{B}}_1\mathbf{C}_{22}\mathbf{N}_k^i\mathbf{B}_{21}\mathbf{C}_f\mathbf{A}_f^{i-1}\mathbf{B}_f \\
&= -\hat{\mathbf{B}}_1\mathbf{C}_{22}\mathbf{N}_k^{\hat{h}_1^w-1}\mathbf{B}_{21}\mathbf{C}_f\mathbf{A}_f^{\hat{h}_1^w-2}\mathbf{B}_f,
\end{aligned}
\tag{6.142}
$$

$$
\begin{aligned}
\bar{\mathbf{C}}_3 &= -\sum_{i=1}^{\hat{h}_{21}-1} \mathbf{C}_{12}\mathbf{N}_k^i\mathbf{B}_{22}\hat{\mathbf{C}}_2\hat{\mathbf{A}}_2^{i-1}\hat{\mathbf{B}}_2\hat{\mathbf{C}}_1 \\
&= -\mathbf{C}_{12}\mathbf{N}_k^{\hat{h}_{21}-1}\mathbf{B}_{22}\hat{\mathbf{C}}_2\hat{\mathbf{A}}_2^{\hat{h}_{21}-2}\hat{\mathbf{B}}_2\hat{\mathbf{C}}_1,
\end{aligned}
\tag{6.143}
$$

$$
\begin{aligned}
\hat{\mathbf{L}}_1 &= -\sum_{i=1}^{\hat{h}_{11}-1} \hat{\mathbf{B}}_1\mathbf{C}_{22}\mathbf{N}_k^i\mathbf{B}_{22}\hat{\mathbf{C}}_2\hat{\mathbf{A}}_2^{i-1}\hat{\mathbf{B}}_2\hat{\mathbf{C}}_1 \\
&= -\hat{\mathbf{B}}_1\mathbf{C}_{22}\mathbf{N}_k^{\hat{h}_{11}-1}\mathbf{B}_{22}\hat{\mathbf{C}}_2\hat{\mathbf{A}}_2^{\hat{h}_{11}-2}\hat{\mathbf{B}}_2\hat{\mathbf{C}}_1.
\end{aligned}
\tag{6.144}
$$

So folgt für das Störübertragungsverhalten

$$
\mathbf{z}(s) = \mathbf{T}(s)\,\bar{\mathbf{w}}(s)
\tag{6.145}
$$

eine Realisierung mit den in Satz 6.4.1 angegebenen Matrizen (6.87) bis (6.106).

Beispiel 6.4.1 (Nicht-propere abstrakte Regelstrecke mit Index 3). Angenommen die abstrakte Regelstrecke liegt als minimale Realisierung mit Index 3 vor. Es ist $k = \hat{h}_1 = \hat{h}_2 = h_1^w = h_2^w$, $\hat{h} = \max\left\{\hat{h}_1, \hat{h}_2\right\}) = k$, $h^w = \max\{h_1^w, h_2^w\} = k$. Aufgrund des Satzes (6.4.1) entspricht der geschlossene Regelkreis der Realisierung

$$
\bar{\mathbf{T}} \simeq \left[\begin{array}{c|c} (\bar{\mathbf{I}}, \bar{\mathbf{A}}) & \bar{\mathbf{B}} \\ \hline \bar{\mathbf{C}} & \bar{\mathbf{D}} \end{array}\right]
\tag{6.146}
$$

mit

$$
\bar{n} = n_f + n_1 + \hat{n}_1 + \hat{n}_2,
$$

$$
\bar{\mathbf{x}} = \begin{bmatrix} \mathbf{x}_f \\ \mathbf{x}_1 \\ \hat{\mathbf{x}}_1 \\ \hat{\mathbf{x}}_2 \end{bmatrix} \in R^{\bar{n}}, \ \bar{\mathbf{A}} \in R^{\bar{n}\times\bar{n}}, \ \bar{\mathbf{B}} \in R^{\bar{n}\times r_1}, \ \bar{\mathbf{C}} \in R^{m_1\times\bar{n}},
$$

$$(\bar{\mathbf{I}}, \bar{\mathbf{A}}) = \left(\begin{bmatrix} \mathbf{I}_f & \mathbf{0} & \mathbf{0} & \mathbf{0} \\ \mathbf{0} & \mathbf{I}_1 & \mathbf{0} & \mathbf{0} \\ \mathbf{0} & \mathbf{0} & \hat{\mathbf{I}}_1 & \mathbf{0} \\ \mathbf{0} & \mathbf{0} & \mathbf{0} & \hat{\mathbf{I}}_2 \end{bmatrix}, \begin{bmatrix} \bar{\mathbf{A}}_{11} & \mathbf{0} & \mathbf{0} & \mathbf{0} \\ \bar{\mathbf{A}}_{21} & \bar{\mathbf{A}}_{22} & \mathbf{0} & \bar{\mathbf{A}}_{24} \\ \bar{\mathbf{A}}_{31} & \bar{\mathbf{A}}_{32} & \bar{\mathbf{A}}_{33} & \bar{\mathbf{A}}_{34} \\ \mathbf{0} & \mathbf{0} & \bar{\mathbf{A}}_{43} & \bar{\mathbf{A}}_{44} \end{bmatrix} \right),$$

$$\bar{\mathbf{B}} = \begin{bmatrix} \bar{\mathbf{B}}_1 \\ \mathbf{0} \\ \bar{\mathbf{B}}_3 \\ \mathbf{0} \end{bmatrix}, \ \bar{\mathbf{C}} = \begin{bmatrix} \bar{\mathbf{C}}_1 & \bar{\mathbf{C}}_2 & \bar{\mathbf{C}}_3 & \bar{\mathbf{C}}_4 \end{bmatrix}, \ \bar{\mathbf{D}} \neq 0$$

und den Matrizen

$$\hat{\mathbf{L}}_1 \ = \ -\hat{\mathbf{B}}_1 \mathbf{C}_{22} \mathbf{N}_k^2 \mathbf{B}_{22} \hat{\mathbf{C}}_2 \hat{\mathbf{A}}_2 \hat{\mathbf{B}}_2 \hat{\mathbf{C}}_1, \tag{6.147}$$

$$\bar{\mathbf{A}}_{11} \ = \ \mathbf{A}_f, \tag{6.148}$$

$$\bar{\mathbf{A}}_{21} \ = \ \mathbf{B}_{11} \mathbf{C}_f, \tag{6.149}$$

$$\bar{\mathbf{A}}_{22} \ = \ \mathbf{A}_1, \tag{6.150}$$

$$\bar{\mathbf{A}}_{24} \ = \ \mathbf{B}_{12} \hat{\mathbf{C}}_2, \tag{6.151}$$

$$\bar{\mathbf{A}}_{31} \ = \ -\hat{\mathbf{B}}_1 \mathbf{C}_{22} \left[\mathbf{B}_{21} \mathbf{C}_f + \mathbf{N}_k \mathbf{B}_{21} \mathbf{C}_f \mathbf{A}_f + \mathbf{N}_k^2 \mathbf{B}_{21} \mathbf{C}_f \mathbf{A}_f^2 \right], \tag{6.152}$$

$$\bar{\mathbf{A}}_{32} \ = \ \hat{\mathbf{B}}_1 \mathbf{C}_{21}, \tag{6.153}$$

$$\bar{\mathbf{A}}_{33} \ = \ \hat{\mathbf{A}}_1 + \hat{\mathbf{L}}_1, \tag{6.154}$$

$$\bar{\mathbf{A}}_{34} \ = \ -\hat{\mathbf{B}}_1 \mathbf{C}_{22} \left[\mathbf{B}_{22} \hat{\mathbf{C}}_2 + \mathbf{N}_k \mathbf{B}_{22} \hat{\mathbf{C}}_2 \hat{\mathbf{A}}_2 + \mathbf{N}_k^2 \mathbf{B}_{22} \hat{\mathbf{C}}_2 \hat{\mathbf{A}}_2^2 \right], \tag{6.155}$$

$$\bar{\mathbf{A}}_{43} \ = \ \hat{\mathbf{B}}_2 \hat{\mathbf{C}}_1, \tag{6.156}$$

$$\bar{\mathbf{A}}_{44} \ = \ \hat{\mathbf{A}}_2, \tag{6.157}$$

$$\bar{\mathbf{B}}_1 \ = \ \mathbf{B}_f, \tag{6.158}$$

$$\bar{\mathbf{B}}_3 \ = \ -\hat{\mathbf{B}}_1 \mathbf{C}_{22} \mathbf{N}_k^2 \mathbf{B}_{21} \mathbf{C}_f \mathbf{A}_f \mathbf{B}_f, \tag{6.159}$$

$$\bar{\mathbf{C}}_1 \ = \ -\mathbf{C}_{12} \left[\mathbf{B}_{21} \mathbf{C}_f + \mathbf{N}_k \mathbf{B}_{21} \mathbf{C}_f \mathbf{A}_f + \mathbf{N}_k^2 \mathbf{B}_{21} \mathbf{C}_f \mathbf{A}_f^2 \right], \tag{6.160}$$

$$\bar{\mathbf{C}}_2 \ = \ \mathbf{C}_{11}, \tag{6.161}$$

$$\bar{\mathbf{C}}_3 \ = \ -\mathbf{C}_{12} \left[\mathbf{N}_k \mathbf{B}_{22} \hat{\mathbf{C}}_2 + \mathbf{N}_k^2 \mathbf{B}_{22} \hat{\mathbf{C}}_2 \hat{\mathbf{A}}_2 \right] \hat{\mathbf{B}}_2 \hat{\mathbf{C}}_1, \tag{6.162}$$

$$\bar{\mathbf{C}}_4 \ = \ -\mathbf{C}_{12} \left[\mathbf{B}_{22} \hat{\mathbf{C}}_2 + \mathbf{N}_k \mathbf{B}_{22} \hat{\mathbf{C}}_2 \hat{\mathbf{A}}_2 + \mathbf{N}_k^2 \mathbf{B}_{22} \hat{\mathbf{C}}_2 \hat{\mathbf{A}}_2^2 \right], \tag{6.163}$$

$$\bar{\mathbf{D}} \ = \ -\mathbf{C}_{12} \mathbf{N}_k^2 \mathbf{B}_{21} \mathbf{C}_f \mathbf{A}_f \mathbf{B}_f. \tag{6.164}$$

7 Lösung des nicht-properen H_∞-Problems

7.1 Erweiterte Regularitätsbedingungen

Basierend auf den Lösungsansätzen [66], [54], werden in diesem Abschnitt erweiterte Regularitätsbedingungen vorgestellt, die zur Lösung des nicht-properen H_∞-Problems notwendig sind.

Ebenso wie bei dem in Abschnitt 6.4 vorgestellten Ansatz, wird in den Arbeiten [66], [54] die Properisierung der H_∞-Regelstrecke bezüglich der Stellgrößen nicht vorausgesetzt. Im Unterschied zu [66], [54] wird in Abschnitt 6.4 die Properisierung bezüglich der Störgrößen bei allgemein nicht-properen abstrakten Regelstrecken vorausgesetzt. Um die Lösbarkeit des nicht-properen H_∞-Problems zu garantieren, werden in diesem Abschnitt die Regularitätsbedingungen aus [66], [54] entsprechend erweitert.

Allgemeine Voraussetzungen an die abstrakte Regelstrecke

Das Übertragungsverhalten $\mathbf{P}(s)$ einer abstrakten Regelstrecke sei durch (4.69) und (4.70) beschrieben. Für $\mathbf{P}(s)$ existiere eine nicht notwendigerweise minimale Realisierung in Deskriptorform mit integrierten Durchgriffmatrizen. Analog zu (4.72) sei

$$\mathbf{P} \simeq \left[\begin{array}{c|cc} (\mathbf{E},\,\mathbf{A}) & \mathbf{B}_1 & \mathbf{B}_2 \\ \hline \mathbf{C}_1 & 0 & 0 \\ \mathbf{C}_2 & 0 & 0 \end{array} \right] \tag{7.1}$$

mit $\mathbf{x} \in R^n$, $\mathbf{A} \in R^{n \times n}$, $\mathbf{B}_1 \in R^{n \times r_1}$, $\mathbf{B}_2 \in R^{n \times r_2}$, $\mathbf{C}_1 \in R^{m_1 \times n}$ und $\mathbf{C}_2 \in R^{m_2 \times n}$. Wird die Realisierung einer WKNF-Transformation unterzogen, so liegt eine Realisierung der Gestalt

$$\mathbf{P}(s) \overset{\text{WKNF}}{\simeq} \left[\begin{array}{c|cc} (\mathbf{I}_1,\,\mathbf{A}_1) & \mathbf{B}_{11} & \mathbf{B}_{12} \\ \hline \mathbf{C}_{11} & 0 & 0 \\ \mathbf{C}_{21} & 0 & 0 \end{array} \right] + \left[\begin{array}{c|cc} (\mathbf{N}_k,\,\mathbf{I}_2) & \mathbf{B}_{21} & \mathbf{B}_{22} \\ \hline \mathbf{C}_{12} & 0 & 0 \\ \mathbf{C}_{22} & 0 & 0 \end{array} \right] \tag{7.2}$$

vor.

Die abstrakten Regelstrecke (7.1) wird um das Formfilter

$$\tilde{\mathbf{F}}(\mathbf{s}) \overset{\text{WKNF}}{\simeq} \left[\begin{array}{c|c} (\mathbf{I}_f,\,\mathbf{A}_f) & \mathbf{B}_f \\ \hline \mathbf{C}_f & 0 \end{array} \right] \tag{7.3}$$

bezüglich der Störgrößen erweitert. Daraus folgt das in Abbildung 7.1 dargestellte Übertragungsverhalten der modifizierten abstrakten Regelstrecke:

$$\tilde{\mathbf{P}}(s) = \begin{bmatrix} \mathbf{P}_{11}(s)\tilde{\mathbf{F}}(s) & \mathbf{P}_{12}(s) \\ \mathbf{P}_{21}(s)\tilde{\mathbf{F}}(s) & \mathbf{P}_{22}(s) \end{bmatrix} = \begin{bmatrix} \tilde{\mathbf{P}}_{11}(s) & \mathbf{P}_{12}(s) \\ \tilde{\mathbf{P}}_{21}(s) & \mathbf{P}_{22}(s) \end{bmatrix}. \tag{7.4}$$

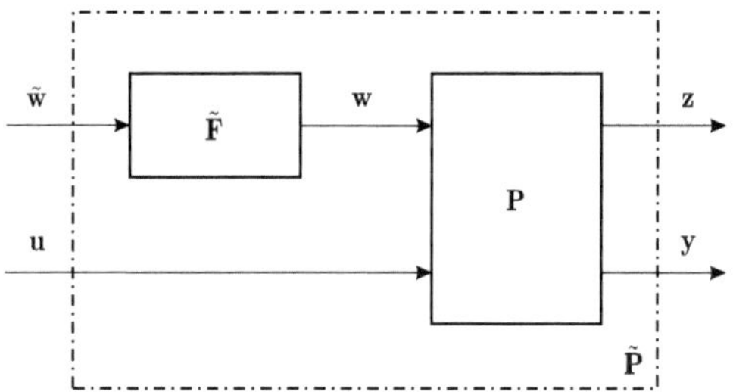

Abbildung 7.1: Um ein Formfilter erweiterte nicht-propere abstrakte Regelstrecke.

Aufgrund der Formfilters (7.3) sei die Teilübertragungsfunktion

$$\begin{aligned} \tilde{\mathbf{P}}_{11}(s) \quad &\simeq \quad \left[\begin{array}{c|c} \left(\tilde{\mathbf{E}},\,\tilde{\mathbf{A}}\right) & \tilde{\mathbf{B}}_1 \\ \hline \tilde{\mathbf{C}}_1 & \mathbf{0} \end{array} \right] \\ &\overset{\mathrm{WKNF}}{=} \left[\begin{array}{c|c} \left(\tilde{\mathbf{I}}_1^{11},\,\tilde{\mathbf{A}}_1^{11}\right) & \tilde{\mathbf{B}}_{11}^{11} \\ \hline \tilde{\mathbf{C}}_{11}^{11} & \mathbf{0} \end{array} \right] + \left[\begin{array}{c|c} \left(\tilde{\mathbf{N}}_{k_{11}}^{11},\,\tilde{\mathbf{I}}_2^{11}\right) & \tilde{\mathbf{B}}_{12}^{11} \\ \hline \tilde{\mathbf{C}}_{12}^{11} & \mathbf{0} \end{array} \right] \end{aligned} \tag{7.5}$$

aus (7.4) proper. Ebenfalls wird

$$\begin{aligned} \tilde{\mathbf{P}}_{21}(s) \quad &\simeq \quad \left[\begin{array}{c|c} \left(\tilde{\mathbf{E}},\,\tilde{\mathbf{A}}\right) & \tilde{\mathbf{B}}_1 \\ \hline \tilde{\mathbf{C}}_2 & \mathbf{0} \end{array} \right] \\ &\overset{\mathrm{WKNF}}{=} \left[\begin{array}{c|c} \left(\tilde{\mathbf{I}}_1^{21},\,\tilde{\mathbf{A}}_1^{21}\right) & \tilde{\mathbf{B}}_{11}^{21} \\ \hline \tilde{\mathbf{C}}_{21}^{21} & \mathbf{0} \end{array} \right] + \left[\begin{array}{c|c} \left(\tilde{\mathbf{N}}_{k_{21}}^{21},\,\tilde{\mathbf{I}}_2^{21}\right) & \tilde{\mathbf{B}}_{12}^{21} \\ \hline \tilde{\mathbf{C}}_{22}^{21} & \mathbf{0} \end{array} \right] \end{aligned} \tag{7.6}$$

durch das Formfilter beeinflusst. Die TFM (7.6) muss jedoch nicht notwendigerweise proper sein. Vom Formfilter unbeeinflusst bleiben dagegen die beiden Realisierungen

$$\begin{aligned} \mathbf{P}_{12}(s) \quad &\simeq \quad \left[\begin{array}{c|c} (\mathbf{E},\,\mathbf{A}) & \mathbf{B}_2 \\ \hline \mathbf{C}_1 & \mathbf{0} \end{array} \right] \\ &\overset{\mathrm{WKNF}}{=} \left[\begin{array}{c|c} (\mathbf{I}_1^{12},\,\mathbf{A}_1^{12}) & \mathbf{B}_{21}^{12} \\ \hline \mathbf{C}_{11}^{12} & \mathbf{0} \end{array} \right] + \left[\begin{array}{c|c} (\mathbf{N}_{k_{12}}^{12},\,\mathbf{I}_2^{12}) & \mathbf{B}_{22}^{12} \\ \hline \mathbf{C}_{12}^{12} & \mathbf{0} \end{array} \right] \end{aligned} \tag{7.7}$$

und

$$\mathbf{P}_{22}(s) \quad \simeq \quad \left[\begin{array}{c|c} (\mathbf{E},\,\mathbf{A}) & \mathbf{B}_2 \\ \hline \mathbf{C}_2 & \mathbf{0} \end{array}\right]$$

$$\overset{\mathrm{WKNF}}{=} \left[\begin{array}{c|c} (\mathbf{I}_1^{22},\,\mathbf{A}_1^{22}) & \mathbf{B}_{21}^{22} \\ \hline \mathbf{C}_{11}^{22} & \mathbf{0} \end{array}\right] + \left[\begin{array}{c|c} (\mathbf{N}_{k_{12}}^{22},\,\mathbf{I}_2^{22}) & \mathbf{B}_{22}^{22} \\ \hline \mathbf{C}_{12}^{22} & \mathbf{0} \end{array}\right]. \tag{7.8}$$

Das Übertragungsverhalten des Reglers kann durch Deskriptorsysteme der Form

$$\mathbf{K}(s) \simeq \left[\begin{array}{c|c} \left(\hat{\mathbf{E}},\,\hat{\mathbf{A}}\right) & \hat{\mathbf{B}} \\ \hline \hat{\mathbf{C}} & \mathbf{0} \end{array}\right] \overset{\mathrm{WKNF}}{=} \underbrace{\left[\begin{array}{c|c} \left(\hat{\mathbf{I}}_1,\,\hat{\mathbf{A}}_1\right) & \hat{\mathbf{B}}_1 \\ \hline \hat{\mathbf{C}}_1 & \mathbf{0} \end{array}\right]}_{\hat{\mathbf{K}}_1(s)} + \left[\begin{array}{c|c} \left(\hat{\mathbf{N}}_k,\,\hat{\mathbf{I}}_2\right) & \hat{\mathbf{B}}_2 \\ \hline \hat{\mathbf{C}}_2 & \mathbf{0} \end{array}\right] \tag{7.9}$$

realisiert werden.

Regularitätsbedingungen 7.1.1 (Erweiterte Regularitätsbedingungen für Deskriptorsysteme). Zur Lösung des nicht-properen H_∞-Standardproblems müssen unter Verwendung von Riccati-Methoden und bei einheitlichem Ableitungsgrad folgende Bedingungen erfüllt sein:

1. In der TFM (7.4) muss $\mathbf{P}_{11}(s)\tilde{\mathbf{F}}(s)$ proper sein.

2. In der Realisierung (7.1) muss $(\mathbf{E},\,\mathbf{A},\,\mathbf{B}_2)$ stabilisierbar und I-steuerbar sein.

3. In der Realisierung (7.1) muss $(\mathbf{E},\,\mathbf{A},\,\mathbf{C}_2)$ ermittelbar und I-beobachtbar sein.

4. In der kanonischen Realisierung (7.2) muss für alle ω

$$\mathrm{Rang}\left[\begin{array}{cc} \mathbf{A}_1 - j\omega\mathbf{I}_1 & \mathbf{B}_{12} \\ \mathbf{C}_{11} & -\sum\limits_{i=0}^{h_{12}-1} \mathbf{C}_{12}\mathbf{N}_k^i\mathbf{B}_{22}(j\omega)^i \end{array}\right] = n + r_2$$

gelten, d.h. die allgemein nicht-propere TFM $\mathbf{P}_{12}(s)$ besitzt keine Nullstellen auf der $j\omega$-Achse.

5. In der kanonischen Realisierung (7.2) muss für alle ω

$$\mathrm{Rang}\left[\begin{array}{cc} \mathbf{A}_1 - j\omega\mathbf{I}_1 & \mathbf{B}_{11} \\ \mathbf{C}_{21} & -\sum\limits_{i=0}^{h_{21}-1} \mathbf{C}_{22}\mathbf{N}_k^i\mathbf{B}_{21}(j\omega)^i \end{array}\right] = n + m_2$$

gelten, d.h. die allgemein nicht-propere TFM $\mathbf{P}_{21}(s)$ besitzt keine Nullstellen auf der $j\omega$-Achse.

6. Für die kanonische Realisierung (7.2) muss $\mathrm{Rang}\left(-\mathbf{C}_{12}\mathbf{N}_k^{h_{12}-1}\mathbf{B}_{22}\right) = r_2$ und $\mathrm{Rang}\left(-\mathbf{C}_{22}\mathbf{N}_k^{h_{21}-1}\mathbf{B}_{21}\right) = m_2$ erfüllt sein, d.h. $\mathbf{C}_{12}\mathbf{N}_k^{h_{12}-1}\mathbf{B}_{22}$ besitzt vollen Spaltenrang und $\mathbf{C}_{22}\mathbf{N}_k^{h_{21}-1}\mathbf{B}_{21}$ besitzt vollen Zeilenrang.

7. In der kanonischen Realisierung (7.2) können o.B.d.A. $\tilde{\mathbf{D}}_{11} = -\tilde{\mathbf{C}}_{12}\tilde{\mathbf{B}}_{21} = \mathbf{0}$ und $\mathbf{D}_{22} = -\mathbf{C}_{22}\mathbf{B}_{22} = \mathbf{0}$ gewählt werden, d.h. im Übertragungsverhalten (7.4) können $\tilde{\mathbf{P}}_{11}(s)$ und $\mathbf{P}_{22}(s)$ streng-proper gewählt werden.

Störbandbreite

Der geschlossene Regelkreis muss robust gegenüber Störungen sein. Daher sind nicht stetig differenzierbare Testfunktionen, wie Impuls- und Sprungfunktionen, im Rahmen einer Worst-case-Betrachtung zugelassen. Dabei erfolgt für jedes Störsignal eine Begrenzung der Bandbreite durch die individuell bestimmten Formfilter. Ebenso wie beim normalen H_∞-Entwurf, müssen auch beim nicht-properen H_∞-Entwurf die Formfilter entsprechend der regelungstechnischen Problemstellung bestimmt werden. (Der maximale Singulärwertverlauf von $\tilde{\mathbf{F}}(j\omega)$ beschreibt die Bandbreiten der Störsignale für die eine Lösung des H_∞-Problems existiert).

Properheit der Störübertragungsfunktion

Trotz der Einführung eines $\mathbf{P}_{11}(s)$ properisierenden Formfilters (7.3) kann die übrige abstrakte Regelstrecke weiterhin nicht-properes Übertragungsverhalten besitzen, z.B.

$$\tilde{\mathbf{P}}_{11}(s) = \mathbf{P}_{11}(s)\tilde{\mathbf{F}}(s) \to \text{streng-proper/proper}, \tag{7.10}$$

aber

$$\tilde{\mathbf{P}}_{21}(s) = \mathbf{P}_{21}(s)\tilde{\mathbf{F}}(s) \to \text{allg. nicht-proper}. \tag{7.11}$$

Der geschlossene Regelkreis setzt sich aus (7.10) und

$$\tilde{\mathbf{R}}_{11}(s) = \mathbf{P}_{12}(s)\mathbf{K}(s)\left[\mathbf{I} - \mathbf{P}_{22}(s)\mathbf{K}(s)\right]^{-1}\tilde{\mathbf{P}}_{21}(s) \tag{7.12}$$

zusammen, vgl. (4.96). So wird ein Regler $\mathbf{K}(s)$ gesucht, der die Forderungen

$$\tilde{\mathbf{R}}_{11}(s) \overset{\mathbf{K}(s)}{\to} \text{streng-proper/proper} \tag{7.13}$$

und

$$\tilde{\mathbf{T}}(s) = \tilde{\mathbf{P}}_{11}(s) + \tilde{\mathbf{R}}_{11}(s) := \text{LLFT}\left(\mathbf{P}(s), \mathbf{K}(s)\right)\tilde{\mathbf{F}}(s) \overset{\mathbf{K}(s)}{\to} \text{asymptotisch stabil} \tag{7.14}$$

unter Einhaltung des H_∞-Kriteriums erfüllt. Da sowohl $\tilde{\mathbf{P}}_{11}(s)$ als auch $\tilde{\mathbf{R}}_{11}(s)$ streng-proper/proper sind, muss $\tilde{\mathbf{T}}(s)$ ebenfalls streng-proper/proper sein.

Bemerkungen zu [66], [54]

Der polynomialen Ansatz [66] führt auf eine Q-Parametrierung aller Regler, die das Problem lösen, vgl. (4.105). Allerdings führt nur die Menge aller Regler der Gestalt

$$\mathbf{K}(s) = \underbrace{\hat{\mathbf{K}}_1(s)}_{\text{streng-proper}} - \underbrace{\hat{\mathbf{C}}_2\hat{\mathbf{B}}_2}_{\text{proper}} \tag{7.15}$$

zu einer technisch realisierbaren Lösung, vgl. (7.9). Da dieser Ansatz auf Riccati-Methoden basiert, sind z.B. die bekannten Rang-Bedingungen der Steuer- und Beobachtbarkeit zu berücksichtigen.

Als Alternative zu [66] kann zur Lösung des nicht-properen Problems der LMI-Ansatz [55] herangezogen werden, der durch Einführung eines normalen Reglers

$$\mathbf{K}(s) \simeq \left[\begin{array}{c|c} \left(\tilde{\tilde{\mathbf{I}}}, \tilde{\tilde{\mathbf{A}}}\right) & \tilde{\tilde{\mathbf{B}}} \\ \hline \tilde{\tilde{\mathbf{C}}} & \tilde{\tilde{\mathbf{D}}} \end{array} \right] \tag{7.16}$$

mit $\tilde{\tilde{\mathbf{D}}} = \mathbf{0}$ die technische Realisierbarkeit implizit berücksichtigt. Jedoch werden bei diesem Ansatz keine Aussagen über die Struktur der allgemein nicht-properen abstrakten Regelstrecke gemacht. Wie in Abschnitt 4.2.3 gezeigt, muss das Übertragungsverhalten von $\mathbf{P}_{11}(s)$ streng-proper bzw. proper sein, da mit einer nicht-properen TFM $\mathbf{P}_{11}(s)$ keine erlaubte bzw. zulässige Realisierung für den geschlossenen Regelkreis vorliegt.

Die Separation des Reglers in einen properisierenden (6.82) und einen optimierenden Anteil (6.81) ist bei diesen beiden Ansätzen nicht notwendig, da sowohl die polynomiale Methode [66] als auch das LMI-Verfahren [54] die Menge aller geeigneten Regler direkt berechnen. Eine anschließende Aufspaltung (Faktorisierung) beider Anteile ist denkbar. Allerdings sind dazu weitere Untersuchungen erforderlich, siehe Abschnitt 9.2.

7.2 Zugang zur suboptimalen Lösung

Auf Grundlage der in Abschnitt 7.1 eingeführten Regularitätsbedingungen wird in diesem Abschnitt der Lösungsansatz für das allgemein nicht-propere H_∞-Problem nach [66] skizziert, siehe dazu auch Abschnitt 4.2.4. Die Darstellung der vollständigen Lösung würde den Rahmen dieser Arbeit sprengen. Daher beschränken sich die nachfolgenden Ausführungen auf die Darstellung der prinzipiellen Vorgehensweise.

Lösungsansatz für das Problem der Modell-Anpassung nach [66]

In [66] wird das H_∞-Standardproblem diskutiert. So wird ein allgemein nicht-properes Übertragungsverhalten (4.92) vorausgesetzt. Unter der Annahme, dass $\mathbf{P}_{11}(s)$ nicht-properes Übertragungsverhalten besitzt, muss aufgrund der Regularitätsbedingung in Lemma 7.1.1-1 ein Formfilter (7.3) mit der Eigenschaft

$$\tilde{\mathbf{P}}_{11}(s) = \mathbf{P}_{11}(s)\tilde{\mathbf{F}}(s) \rightarrow \text{streng-proper/proper} \tag{7.17}$$

entworfen werden, siehe Abbildung 7.1. Damit existiert ein Singulärwertverlauf von $\tilde{\mathbf{F}}(j\omega)$, der die erlaubte Stördynamik beschreibt.

Die Teilübertragungsfunktionen $\mathbf{P}_{21}(s)$, $\mathbf{P}_{12}(s)$ und $\mathbf{P}_{22}(s)$ aus (4.92) bleiben im allgemeinen nicht-proper. Demnach muss eine Realisierung (7.4) mit höherem Index existieren.

Der geschlossene Regelkreis wird mit

$$\tilde{\mathbf{T}}(s) \;:=\; \mathrm{LLFT}\left(\tilde{\mathbf{P}}(s),\, \mathbf{K}(s)\right)$$

$$= \; \tilde{\mathbf{P}}_{11}(s) + \mathbf{P}_{12}(s)\mathbf{K}(s)\left(\mathbf{I}_{m_2} - \mathbf{P}_{22}(s)\mathbf{K}(s)\right)^{-1}\tilde{\mathbf{P}}_{21}(s) \in RH_\infty \qquad (7.18)$$

beschrieben und beschreibt das Störübertragungsverhalten.

Aus der doppelten koprimen Faktorisierung (4.102) für $\mathbf{P}_{22}(s)$ folgt die Q-Parametrierung des Reglers:

$$\mathbf{K}(s) = \left(\mathbf{M}(s)\mathbf{Q}(s) - \tilde{\mathbf{Y}}(s)\right)\left(\mathbf{N}(s)\mathbf{Q}(s) + \tilde{\mathbf{X}}(s)\right)^{-1} \qquad (7.19)$$

mit $\mathbf{Q}(s) \in RH_\infty$. Die Transferfunktionsmatrizen $\mathbf{T}_1(s)$, $\mathbf{T}_2(s)$ und $\mathbf{T}_3(s)$ entsprechen den in [66], Gleichung (11), ebenso bezeichneten Transferfunktionsmatrizen der Q-Parametrierung. Aufgrund der Einführung des Formfilters (7.3) ergibt sich eine modifizierte Darstellung der Q-Parametrierung:

$$\tilde{\mathbf{T}}(s) = \tilde{\mathbf{T}}_1(s) + \tilde{\mathbf{T}}_2(s)\mathbf{Q}(s)\tilde{\mathbf{T}}_3(s) \qquad (7.20)$$

mit

$$\tilde{\mathbf{T}}_1(s) \quad = \quad \mathbf{T}_1(s)\tilde{\mathbf{F}}(s) = \underbrace{\tilde{\mathbf{P}}_{11}(s)}_{\text{streng-proper/proper}} - \underbrace{\mathbf{P}_{12}(s)\tilde{\mathbf{Y}}(s)\tilde{\mathbf{M}}(s)\tilde{\mathbf{P}}_{21}(s)}_{\text{streng-proper/proper}}$$

$$\simeq \left[\begin{array}{c|c} \left(\tilde{\mathbf{E}}^{\tilde{\mathbf{T}}_1},\, \tilde{\mathbf{A}}^{\tilde{\mathbf{T}}_1}\right) & \tilde{\mathbf{B}}^{\tilde{\mathbf{T}}_1} \\ \hline \tilde{\mathbf{C}}^{\tilde{\mathbf{T}}_1} & 0 \end{array}\right]$$

$$\stackrel{\mathrm{WKNF}}{=} \left[\begin{array}{c|c} \left(\tilde{\mathbf{I}}_1^{\tilde{\mathbf{T}}_1},\, \tilde{\mathbf{A}}_1^{\tilde{\mathbf{T}}_1}\right) & \tilde{\mathbf{B}}_1^{\tilde{\mathbf{T}}_1} \\ \hline \tilde{\mathbf{C}}_1^{\tilde{\mathbf{T}}_1} & 0 \end{array}\right] - \tilde{\mathbf{C}}_2^{\tilde{\mathbf{T}}_1}\tilde{\mathbf{B}}_2^{\tilde{\mathbf{T}}_1}, \qquad (7.21)$$

$$\tilde{\mathbf{T}}_2(s) \quad = \quad \mathbf{T}_2(s) = \mathbf{P}_{12}(s)\mathbf{M}(s)$$

$$\simeq \left[\begin{array}{c|c} \left(\tilde{\mathbf{E}}^{\tilde{\mathbf{T}}_2},\, \tilde{\mathbf{A}}^{\tilde{\mathbf{T}}_2}\right) & \tilde{\mathbf{B}}^{\tilde{\mathbf{T}}_2} \\ \hline \tilde{\mathbf{C}}^{\tilde{\mathbf{T}}_2} & 0 \end{array}\right]$$

$$\stackrel{\mathrm{WKNF}}{=} \left[\begin{array}{c|c} \left(\tilde{\mathbf{I}}_1^{\tilde{\mathbf{T}}_2},\, \tilde{\mathbf{A}}_1^{\tilde{\mathbf{T}}_2}\right) & \tilde{\mathbf{B}}_1^{\tilde{\mathbf{T}}_2} \\ \hline \tilde{\mathbf{C}}_1^{\tilde{\mathbf{T}}_2} & 0 \end{array}\right] - \tilde{\mathbf{C}}_2^{\tilde{\mathbf{T}}_2}\tilde{\mathbf{B}}_2^{\tilde{\mathbf{T}}_2}, \qquad (7.22)$$

$$\tilde{\mathbf{T}}_3(s) \quad = \quad \mathbf{T}_3(s)\tilde{\mathbf{F}}(s) = \tilde{\mathbf{M}}(s)\tilde{\mathbf{P}}_{21}(s)$$

$$\simeq \left[\begin{array}{c|c} \left(\tilde{\mathbf{E}}^{\tilde{\mathbf{T}}_3},\, \tilde{\mathbf{A}}^{\tilde{\mathbf{T}}_3}\right) & \tilde{\mathbf{B}}^{\tilde{\mathbf{T}}_3} \\ \hline \tilde{\mathbf{C}}^{\tilde{\mathbf{T}}_3} & 0 \end{array}\right]$$

$$\stackrel{\mathrm{WKNF}}{=} \left[\begin{array}{c|c} \left(\tilde{\mathbf{I}}_1^{\tilde{\mathbf{T}}_3},\, \tilde{\mathbf{A}}_1^{\tilde{\mathbf{T}}_3}\right) & \tilde{\mathbf{B}}_1^{\tilde{\mathbf{T}}_3} \\ \hline \tilde{\mathbf{C}}_1^{\tilde{\mathbf{T}}_3} & 0 \end{array}\right] - \tilde{\mathbf{C}}_2^{\tilde{\mathbf{T}}_3}\tilde{\mathbf{B}}_2^{\tilde{\mathbf{T}}_3}. \qquad (7.23)$$

Aufgrund der Properisierung durch das Formfilter reduziert sich das H_∞-Problem auf das Auffinden einer geeigneten TFM $\mathbf{Q}(s) \in RH_\infty^{r_2 \times m_2}$, so dass unter Beschränkung der Störsignale mit

$$\mathbf{w}(s) = \tilde{\mathbf{F}}(s)\tilde{\mathbf{w}}(s) \tag{7.24}$$

das H_∞-Kriterium

$$\left\|\tilde{\mathbf{T}}(s)\right\|_\infty = \left\|\mathrm{LLFT}\left(\tilde{\mathbf{P}}(s), \mathbf{K}(s)\right)\right\|_\infty < \gamma. \tag{7.25}$$

erfüllt ist. Die ausführlichen Lösungsschritte sind in [66] beschrieben und nutzen zum Teil die in den Abschnitten 4.1.2 und 4.2.4 vorgestellten Methoden.

Die numerischen Umsetzung wurden in [66] mit Xmath durchgeführt. Alternativ dazu könnte eine Implementierung mit der Deskriptor-Toolbox für MATLAB auf Basis von Deskriptor-Darstellungen erfolgen. Die Toolbox enthält leistungsfähige Algorithmen für den Umgang mit polynomialen TFM [68].

7.3 Deskriptor-Toolbox für MATLAB

Die in dieser Arbeit zur numerischen Berechnung unter MATLAB eingesetzte Deskriptorsystem-Toolbox basiert weitgehend auf Funktionen, die in Fortran 77 implementiert sind [67]. Die Grundidee dieser Toolbox liegt in der objektorientierten Analyse und Synthese, die durch die Control Toolbox von MATLAB unterstützt wird. MATLAB bietet einfach anwendbare Funktionen zur Manipulation von Matrizen und Systemobjekten durch die flexible Anwendung von m-Funktionen. Die bekannten m-Funktionen von MATLAB können zusammen mit den Funktionen der Deskriptorsystem-Toolbox genutzt werden.

Die Toolbox bietet darüber hinaus die Möglichkeit standardisierte Funktionen von MATLAB zusammen mit unterschiedlichen Deskriptorsystem-Darstellungen zu nutzen. Die in MATLAB übliche Modell-Präsentation eines Zustandssystems kann durch die Modell-Präsentation als Deskriptorsystem universeller verwendet werden.

Die grundlegenden Algorithmen der Deskriptorsystem-Toolbox umfassen unter anderem die Berechnung von Kronecker-Strukturen von linearen Matrizenbüscheln, generalisierter Polzuweisung und Stabilisierung, generalisierte rationale Faktorisierungen (z.B. normalisierte koprime Faktorisierung) und viele weitere Funktionen zur regelungstechnischen Analyse und Synthese. Vor allem die Funktionen zur Darstellung von linearen dynamischen Systemen in unterschiedlichen Formen, wie z.B. als Deskriptorsystem, als Zustandssystem (falls mathematisch erlaubt) oder in rationaler bzw. polynomialer Darstellung, bieten den Vorteil, die benutzerfreundliche Umgebung und die Standards von MATLAB zusammen mit verschiedenen Deskriptor-Darstellungen zu nutzen. Die

Darstellungsformen der System können, falls dies mathematisch zulässig ist, durch entsprechende Funktionen in eine andere System-Darstellungsformen transformiert werden.

Die Leistungsfähigkeit der Deskriptorsystem-Toolbox wird dadurch erreicht, dass für numerisch schwierige Aufgaben mathematische Strukturen vorteilhaft ausgenutzt und Berechnungen als MEX-Funktionen ausgeführt werden, die wiederum auf zuverlässige numerischen Verfahren der Fortran-Bibliotheken LAPACK, SLICOT und RASP-DESCRIPT basieren. Die Algorithmen in den Bibliotheken SLICOT und RASP stützen sich weitgehend auf den Ergebnissen von NICONET (Numerics in Control Network). NICONET unterstützt als europäisches Netzwerk die wissenschaftliche Zusammenarbeit bei der Weiterentwicklung von numerisch zuverlässiger Software für regelungstechnische Anwendungen. Einen Überblick über aktuelle und zukünftige Software-Entwicklungen für die regelungstechnische Analyse und Synthese sind in [27] zu finden.

Der Funktionsumfang der Deskriptorsystem-Toolbox Version 1.0 und weiterführende Literaturangaben zu den numerischen Algorithmen sind in [68] zu finden. Im März 2004 ist die aktuelle Version 1.04c erschienen, die MATLAB in der Version 6.5 (oder höher) und die Control Toolbox in der Version 4.0 (oder höher) voraussetzt.

8 Anwendungsbeispiel aus der sicherheitstechnischen Regelungstechnik

8.1 Aktive Dämpfung von Gebäudeschwingungen bei Erdbebenerregung

Aufgrund der Katastrophen in den letzten Jahren, hat der passive und aktive Schutz von Bauwerken gegen zerstörende Umwelteinflüsse an Bedeutung gewonnen. Zu den zerstörenden Umwelteinflüssen gehören Erdbeben, die eine große Gefahr für Bauwerke darstellen. Die beiden Erdbeben 1994 in Northridge (Californien, USA) und 1995 in Kobe (Japan) kosteten viele Menschen das Leben und verursachten sehr große wirtschaftliche Schäden.

Aus diesem Grunde wird seit einigen Jahren versucht, besonders in den durch Erdbeben bedrohten Ländern, durch neue wissenschaftliche Erkenntnisse die Gefährdung von Gebäuden durch Erdbeben zu reduzieren. Dabei werden unterschiedliche Ansätze verfolgt. Die durch Erdbeben verursachte Gebäudeschwingungen können beispielsweise durch passive Dämpfer im Fundament oder durch große bewegliche Massen in den oberen Stockwerken der Gebäuden verringert werden [64].

Aus Sicht der sicherheitstechnischen Regelungstechnik liegt die Herausforderung vor allem in der aktiven Beeinflussung der Gebäudedynamik durch eine Regelung. Dies ist jedoch eine komplexe Herausforderung, da neben den regelungstechnischen Fragen auch Probleme hinsichtlich der Zuverlässigkeit und Wartbarkeit der Regeleinrichtungen zu lösen sind. In dieser Arbeit wird ein Ansatz für das regelungstechnische Problem vorgestellt, welcher auf dem in dieser Arbeit vorgestellten H_∞-Entwurf in Deskriptorform basiert. Ziel des Ansatzes ist es, die durch Erdbeben verursachten Schwingungen eines Gebäudes durch einen geeigneten Regler zu reduzieren.

Um diesen Ansatz mit bekannten wissenschaftlichen Ergebnissen im Bereich der aktiven Schwingungsreduzierung vergleichen zu können, wurde mit einem von der American Society of Civil Engineering (ASCE) 1997 erstmals vorgestelltes Benchmark-Problem [64] gearbeitet. Zu diesem Benchmark-Problem wurden Regelungsverfahren veröffentlicht und an der Universität von Notre Dame experimentell überprüft [2], [36], [62]. Ein verbessertes Benchmark-Problem wurde auf dem Kongress "2nd World Conference on Structural Control" 1998 in Kyoto vorgestellt, mit dem es möglich ist, die Simulation des geschlossenen Regelkreises unter MATLAB/Simulink zu analysieren.

Gegenstand der Simulation ist ein nichtlineares Modell eines ca. 80 Meter hohen und 20-geschossigen Gebäudetyps, der für die Region um Los Angeles entworfen wurden.

Die MATLAB/Simulink-Umgebung des Benchmark-Problems bietet beim Entwurf des Regelungskonzepts die Möglichkeit, Sensoren und Aktoren individuell im Gebäude zu positionieren, die Auswirkungen des eigenen Reglers zu untersuchen und mit bekannten Ergebnissen zu vergleichen. Abbildung 8.1 zeigt die schematische Darstellung des Gebäudes in einer Seitenansicht.

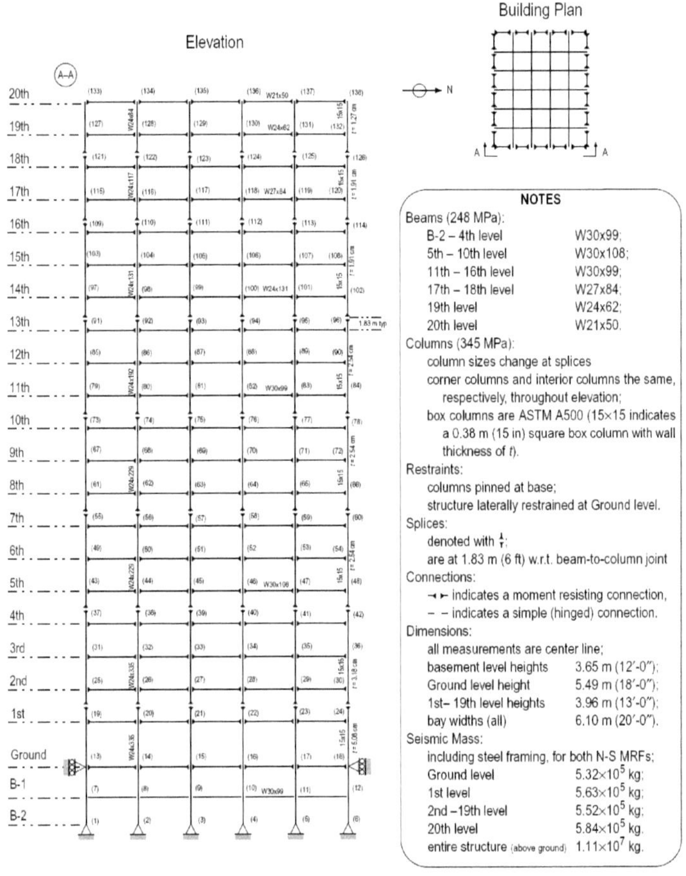

Abbildung 8.1: Benchmark-Gebäude mit 20 Geschossen [65].

8.2 Modellbildung der abstrakten Regelstrecke

Aus dem nichtlinearen Modell des Benchmark-Modells wurde ein linearisiertes Zustands-system

$$\dot{\mathbf{x}}^d = \mathbf{A}^d\mathbf{x}^d + \mathbf{B}^d\mathbf{u}^d \tag{8.1}$$

$$\mathbf{y}^d = \mathbf{C}^d\mathbf{x}^d + \mathbf{D}^d\mathbf{u}^d \tag{8.2}$$

mit $\mathbf{x}^d \in R^{20\times1}$, $\mathbf{A}^d \in R^{20\times20}$, $\mathbf{B}^d \in R^{20\times21}$, $\mathbf{u}^d \in R^{21\times1}$, $\mathbf{y}^d \in R^{60\times1}$, $\mathbf{C}^d \in R^{60\times20}$, $\mathbf{D}^d \in R^{60\times21}$ abgeleitet [65]. Der Buchstabe d dient der Kennzeichnung des Systems. Das Zustandssystem (8.1) beschreibt vollständig das Verhalten des Benchmark-Modells für kleine Auslenkungen um die Ruhelage. Sind die Auslenkungen zu groß, so würde (8.1) das tatsächliche dynamische Verhalten der realen nichtlinearen Regelstrecke nicht hinreichend gut approximieren. Der Eingangsvektor ist definiert als

$$\mathbf{u}^d = \begin{bmatrix} u_1^d \\ \mathbf{u}_2^d \end{bmatrix}. \tag{8.3}$$

Die erste Größe des Eingangsvektors u_1^d beschreibt die Erdbebenerregung $(= \ddot{x}_g)$, d.h. die Beschleunigung der Erdoberfläche in horizontaler Richtung. Die übrigen Eingangsgrößen im Vektor $\mathbf{u}_2^d$ greifen direkt in die Dynamik des Systems ein. Aus den relativen Lagen $\mathbf{q} \in R^{20}$, den Geschwindigkeiten $\dot{\mathbf{q}} \in R^{20}$ und den Beschleunigungen $\ddot{\mathbf{q}} \in R^{20}$ setzt sich der Ausgangsvektor

$$\mathbf{y}^d = \begin{bmatrix} \mathbf{y}_1^d \\ \mathbf{y}_2^d \\ \mathbf{y}_3^d \end{bmatrix} = \begin{bmatrix} \mathbf{q} \\ \dot{\mathbf{q}} \\ \ddot{\mathbf{q}} \end{bmatrix} = \begin{bmatrix} \mathbf{x}^d \\ \dot{\mathbf{x}}^d \\ \ddot{\mathbf{x}}^d \end{bmatrix} \tag{8.4}$$

für alle 20 Etagen zusammen.

Mit der Unterteilung der Matrizen in

$$\mathbf{A}^d = [\times]_{20\times20}, \tag{8.5}$$

$$\mathbf{B}^d = \begin{bmatrix} \mathbf{B}_1^d & \mathbf{B}_2^d \end{bmatrix}$$

$$= \begin{bmatrix} [\times]_{20\times1} & [\times]_{20\times20} \end{bmatrix}, \tag{8.6}$$

$$\mathbf{C}^d = \begin{bmatrix} \mathbf{C}_1^d \\ \mathbf{C}_2^d \\ \mathbf{C}_3^d \end{bmatrix}$$

$$= [\times]_{60\times20}, \tag{8.7}$$

$$\mathbf{D}^d = \begin{bmatrix} 0_{20\times1} & 0_{20\times20} \\ 0_{20\times1} & 0_{20\times20} \\ 0_{20\times1} & \mathbf{D}_{32}^d \end{bmatrix}, \tag{8.8}$$

wobei

$$\mathbf{D}_{32}^d = \mathrm{diag}\begin{bmatrix} \times & \cdots & \times \end{bmatrix}_{20\times20} \tag{8.9}$$

ist. Die Realisierung der TFM lautet

$$\mathbf{G}^d \simeq \left[\begin{array}{c|cc} \mathbf{A}^d & \mathbf{B}_1^d & \mathbf{B}_2^d \\ \hline \mathbf{C}_1^d & 0_{20\times 1} & 0_{20\times 20} \\ \mathbf{C}_2^d & 0_{20\times 1} & 0_{20\times 20} \\ \mathbf{C}_3^d & 0_{20\times 1} & \mathbf{D}_{32}^d \end{array} \right], \tag{8.10}$$

wobei das Übertragungsverhalten durch

$$\left[\begin{array}{c} \mathbf{y}_1^d \\ \mathbf{y}_2^d \\ \mathbf{y}_3^d \end{array} \right] = \mathbf{G}^d(s) \left[\begin{array}{c} u_1^d(s) \\ \mathbf{u}_2^d(s) \end{array} \right] \tag{8.11}$$

beschrieben ist.

Das Modell für den Reglerentwurf

Für den Reglerentwurf wird nicht das komplette linearisierte Benchmark-Modell (8.1) verwendet. Aufgrund von praktischen Überlegungen hinsichtlich der technischen Realisierbarkeit des Reglers, wird eine Auswahl von 5 Beschleunigungen und 20 Stelleingriffen für das Entwurfsmodell (mit dem Superskript md bezeichnet) verwendet. Abbildung 8.2 zeigt das regelungstechnischen Konzept zur Schwingungsreduzierung und die Positionierung der Sensoren und Aktoren im Gebäude.

Die Form des Eingangsvektors hängt von der Modellierung der Stelleingriffe ab und ist in [65] beschrieben. Dabei wird die Verteilung der Aktoren in jedem Geschoss durch die Matrix

$$\mathbf{R}_2^{md} = \mathrm{diag}\left[\begin{array}{ccc} r_1^{\mathrm{act}} & \cdots & r_{20}^{\mathrm{act}} \end{array} \right] \tag{8.12}$$

festgelegt, wobei die Zahl r_i^{act}, $i = 1, \cdots, 20$, die Anzahl der Aktoren pro Geschoss beschreibt. Das Zusammenwirken der Aktoren zwischen 2 Ebenen beschreibt die Matrix

$$\mathbf{L}_2^{md} = \left[\begin{array}{ccccc} 1 & -1 & & & \\ & 1 & & & \\ & & \ddots & -1 & \\ & & & 1 & \end{array} \right]. \tag{8.13}$$

Die Verteilung der Stellgrößen auf 20 Geschosse wird anhand der Multiplikation

$$\mathbf{N}_2^{md} = \mathbf{L}_2^{md}\mathbf{R}_2^{md} \tag{8.14}$$

festgelegt. Die Matrix $\mathbf{M}_3^{md}$ ist für die Auswahl der Messgrößen verantwortlich. Da die Beschleunigungen der Ebenen 4, 8, 12, 16 und 20 (Dach) gemessen werden, ist

$$\mathbf{M}_3^{md} = \left[\begin{array}{cccccccccccccccccccc} 0 & 0 & 0 & 1 & 0 & 0 & 0 & 0 & 0 & 0 & 0 & 0 & 0 & 0 & 0 & 0 & 0 & 0 & 0 & 0 \\ 0 & 0 & 0 & 0 & 0 & 0 & 0 & 1 & 0 & 0 & 0 & 0 & 0 & 0 & 0 & 0 & 0 & 0 & 0 & 0 \\ 0 & 0 & 0 & 0 & 0 & 0 & 0 & 0 & 0 & 0 & 0 & 1 & 0 & 0 & 0 & 0 & 0 & 0 & 0 & 0 \\ 0 & 0 & 0 & 0 & 0 & 0 & 0 & 0 & 0 & 0 & 0 & 0 & 0 & 0 & 0 & 1 & 0 & 0 & 0 & 0 \\ 0 & 0 & 0 & 0 & 0 & 0 & 0 & 0 & 0 & 0 & 0 & 0 & 0 & 0 & 0 & 0 & 0 & 0 & 0 & 1 \end{array} \right], \tag{8.15}$$

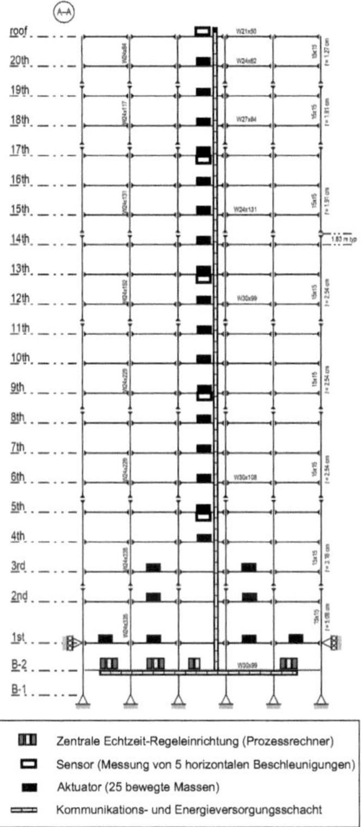

Abbildung 8.2: Das regelungstechnischen Konzept zur Schwingungsreduzierung.

d.h. es werden von 20 verfügbaren Beschleunigungen nur 5 gemessen. Damit ergibt sich eine Systemdarstellung der Form

$$
\begin{aligned}
\mathbf{G}^{md} &\simeq \left[\begin{array}{c|cc} \mathbf{A}^{md} & \mathbf{B}_1^{md} & \mathbf{B}_2^{md} \\ \hline \mathbf{C}^{md} & 0_{20\times1} & \mathbf{D}_2^{md} \end{array} \right] \\
&= \left[\begin{array}{c|cc} \mathbf{A}^{d} & \mathbf{B}_1^{d} & \mathbf{B}_2^{d}\mathbf{N}_2^{md} \\ \hline \mathbf{M}_3^{md}\mathbf{C}_3^{d} & 0_{20\times1} & \mathbf{M}_3^{md}\mathbf{D}_{32}^{d}\mathbf{N}_2^{md} \end{array} \right].
\end{aligned}
\tag{8.16}
$$

Das Übertragungsverhalten lautet

$$
\mathbf{y}^{md}(s) = \mathbf{G}^{md}(s)\mathbf{u}^{md}(s),
\tag{8.17}
$$

wobei der Eingangsvektor durch

$$\mathbf{u}^{md} = \begin{bmatrix} \ddot{x}_g \\ \mathbf{u} \end{bmatrix} \in R^{21} \tag{8.18}$$

und dem Ausgangsvektor anhand von

$$\mathbf{y}^{md} = \begin{bmatrix} \ddot{q}_4 \\ \ddot{q}_8 \\ \ddot{q}_{12} \\ \ddot{q}_{16} \\ \ddot{q}_{20} \end{bmatrix} \in R^5 \tag{8.19}$$

definiert ist. Abbildung 8.3 zeigt, wie sich die abstrakte Regelstrecke $\mathbf{P}$ aus den beschriebenen Matrizen und der Übertragungsverhalten der Regelstrecke $\mathbf{G}_d$ zusammensetzt.

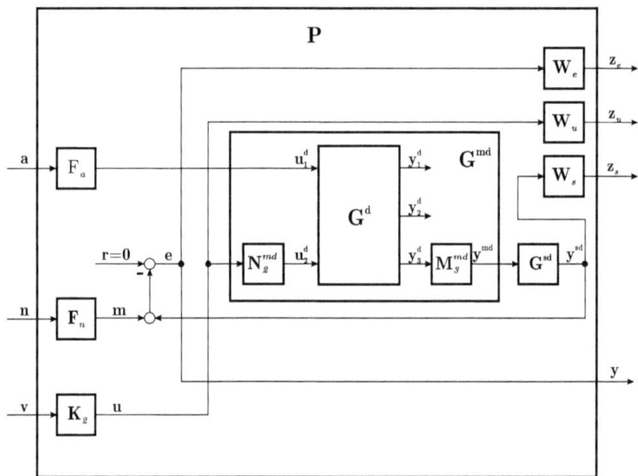

Abbildung 8.3: Die abstrakte Regelstrecke $\mathbf{P}$ mit der Regelstrecke $\mathbf{G}_d$ (8.11).

Modellierung der Sensordynamik

Die Modellierung der Messdynamik erfolgt durch

$$\mathbf{G}^{sd} \simeq \left[\begin{array}{c|c} \mathbf{A}^{sd} & \mathbf{B}^{sd} \\ \hline \mathbf{C}^{sd} & \mathbf{D}^{sd} \end{array} \right] = \left[\begin{array}{c|c} \mathbf{0} & \mathbf{0} \\ \hline \mathbf{0} & \mathbf{D}^{sd} \end{array} \right], \tag{8.20}$$

wobei $\mathbf{D}^{sd} \neq \mathbf{0}$ ist. Es wird lediglich eine proportionale Verstärkung angenommen. Das allgemeine Übertragungsverhalten lautet

$$\mathbf{y}^{sd}(s) = \mathbf{G}^{sd}(s)\mathbf{y}^{md}(s), \tag{8.21}$$

wobei $\mathbf{y}^{sd} \in R^5$, $\mathbf{G}^{sd} \in R^{5 \times 5}$ und $\mathbf{y}^{md} \in R^{5 \times 1}$ ist.

Modellierung der Stellkräfte

Die Modellierung der Stellkräfte erfolgt mit

$$\mathbf{G}^f \simeq \left[\begin{array}{c|c} \mathbf{A}^f & \mathbf{B}^f \\ \hline \mathbf{C}^f & \mathbf{D}^f \end{array} \right] = \left[\begin{array}{c|c} \mathbf{0} & \mathbf{0} \\ \hline \mathbf{0} & \mathbf{K}^f \end{array} \right], \tag{8.22}$$

wobei $\mathbf{D}^f = \mathbf{K}^f \neq \mathbf{0}$ ist. Es wird eine proportionale Verstärkung $\mathbf{K}^f$ ohne Stellglieddynamik modelliert. Das allgemeine Übertragungsverhalten lautet

$$\mathbf{f}(s) = \mathbf{G}^f(s)\mathbf{u}(s) = \mathbf{K}^f\mathbf{u}(s) \tag{8.23}$$

mit $\mathbf{f} \in R^{20}$, $\mathbf{G}^f = \mathbf{K}^f \in R^{20 \times 20}$ und $\mathbf{u} \in R^{20}$.

Modellierung der abstrakten Regelstrecke P

Wird die Sensorverstärkung bei der Modellierung der Entwurfs-Regelstrecke berücksichtigt, so folgt

$$\tilde{\mathbf{G}}^w \simeq \left[\begin{array}{c|cc} \mathbf{A}^d & \mathbf{B}_1^d & \mathbf{0}_{20 \times 5} \\ \hline \mathbf{D}^{sd}\mathbf{M}_3^{md}\mathbf{C}_3^d & \mathbf{0}_{5 \times 1} & \mathbf{I}_{5 \times 5} \end{array} \right], \tag{8.24}$$

$$\tilde{\mathbf{G}}^u \simeq \left[\begin{array}{c|c} \mathbf{A}^d & \mathbf{B}_2^d\mathbf{N}_2^{md} \\ \hline \mathbf{D}^{sd}\mathbf{M}_3^{md}\mathbf{C}_3^d & \mathbf{D}^{sd}\mathbf{D}_{32}^d\mathbf{N}_2^{md} \end{array} \right], \tag{8.25}$$

wobei

$$\mathbf{w}(s) := \left[\begin{array}{c} \mathbf{w}_1(s) \\ \mathbf{w}_2(s) \end{array} \right] = \left[\begin{array}{c} \ddot{x}_g(s) \\ \mathbf{m}(s) \end{array} \right] \tag{8.26}$$

ist. Dabei beschreiben $\ddot{x}_g(s)$ und $\mathbf{m}(s)$ die auf die Regelstrecke (8.24) einwirkenden Störungen.

Das Übertragungsverhalten der abstrakten Regelstrecke ohne Gewichtungsfunktionen wird durch

$$\left[\begin{array}{c} \mathbf{e}(s) \\ \mathbf{u}(s) \\ \mathbf{y}^{sd}(s) \end{array} \right] = \left[\begin{array}{cc} -\tilde{\mathbf{G}}^w(s) & -\tilde{\mathbf{G}}^u(s) \\ \mathbf{0} & \mathbf{I}^u \\ \tilde{\mathbf{G}}^w(s) & \tilde{\mathbf{G}}^u(s) \end{array} \right] \left[\begin{array}{c} \mathbf{w}(s) \\ \mathbf{u}(s) \end{array} \right], \tag{8.27a}$$

$$\mathbf{y}(s) = -\tilde{\mathbf{G}}^w\mathbf{w}(s) - \tilde{\mathbf{G}}^u\mathbf{u}(s). \tag{8.27b}$$

beschrieben. Unter Einbeziehung der Gewichtungsfunktionen $\mathbf{W}_e(s)$, $\mathbf{W}_u(s)$ und $\mathbf{W}_s(s)$ folgt

$$\left[\begin{array}{c} \mathbf{z}(s) \\ \mathbf{y}(s) \end{array} \right] = \left[\begin{array}{c|c} -\mathbf{W}_e(s)\tilde{\mathbf{G}}^w & -\mathbf{W}_e(s)\tilde{\mathbf{G}}^u \\ \mathbf{0} & \mathbf{W}_u(s) \\ \mathbf{W}_s(s)\tilde{\mathbf{G}}^w(s) & \mathbf{W}_s(s)\tilde{\mathbf{G}}^u(s) \\ \hline -\tilde{\mathbf{G}}^w(s) & -\tilde{\mathbf{G}}^u(s) \end{array} \right] \left[\begin{array}{c} \mathbf{w}(s) \\ \mathbf{u}(s) \end{array} \right] \tag{8.28}$$

mit

$$\mathbf{z}(s) = \begin{bmatrix} \mathbf{z}^e(s) \\ \mathbf{z}^u(s) \\ \mathbf{z}^{sd}(s) \end{bmatrix}. \tag{8.29}$$

Zur Filterung der Eingangssignale dienen die Formfilter $F_a(s)$ und $\mathbf{F}_n(s)$, siehe Abbildung 8.3. Somit ergibt sich mit

$$\mathbf{W}_{in}(s) = \begin{bmatrix} F_a(s) & \mathbf{0} \\ \mathbf{0} & \mathbf{F}_n(s) \end{bmatrix} \tag{8.30}$$

und

$$\tilde{\mathbf{w}}(s) = \begin{bmatrix} a(s) \\ \mathbf{n}(s) \end{bmatrix} \tag{8.31}$$

das Übertragungsverhalten

$$\mathbf{w}(s) = \mathbf{W}_{in}(s)\tilde{\mathbf{w}}(s). \tag{8.32}$$

In (8.31) beschreiben $a(s)$ und $\mathbf{m}(s)$ die ungefilterten Störsignale. Damit folgt für das Übertragungsverhaltens der abstrakten Regelstrecke, dass

$$\begin{bmatrix} \mathbf{z}(s) \\ \mathbf{y}(s) \end{bmatrix} = \mathbf{P}(s) \begin{bmatrix} \tilde{\mathbf{w}}(s) \\ \mathbf{u}(s) \end{bmatrix} \tag{8.33}$$

und

$$\mathbf{u}(s) \;=\; \mathbf{K}_2(s)\mathbf{v}(s) \tag{8.34}$$

ist. Die TFM der abstrakten Regelstrecke hat somit die Gestalt

$$\mathbf{P}(s) = \left[\begin{array}{c|c} \begin{matrix} -\mathbf{W}_e(s)\tilde{\mathbf{G}}^w(s)\mathbf{W}_{in}(s) \\ \mathbf{0} \\ \mathbf{W}_s(s)\tilde{\mathbf{G}}^w(s)\mathbf{W}_{in}(s) \\ \hline -\tilde{\mathbf{G}}^w(s)\mathbf{W}_{in}(s) \end{matrix} & \begin{matrix} -\mathbf{W}_e(s)\tilde{\mathbf{G}}^u(s)\mathbf{K}_2(s) \\ \mathbf{W}_u(s)\mathbf{K}_2(s) \\ \mathbf{W}_s(s)\tilde{\mathbf{G}}^u(s)\mathbf{K}_2(s) \\ -\tilde{\mathbf{G}}^u(s)\mathbf{K}_2(s) \end{matrix} \end{array} \right]. \tag{8.35}$$

8.3 Simulation mit MATLAB/Simulink

Auf Grundlage des in Abschnitt 8.2 beschriebenen Modells der Regelstrecke wurde ein H_∞-Regler entworfen, der die Gebäudeschwingungen aufgrund von Erdbeben reduziert. Zur objektiven Bewertung der Simulations-Ergebnisse dient der in [65] vorgestellte und dem Benchmark-Problem als m-File beiliegende LQR-Regler als Referenz.

Abbildung 8.4 zeigt die MATLAB/Simulink-Umgebung des Benchmark-Problems. Die ursprüngliche Umgebung wurde um das lineare Modell (8.1) der nichtlinearen Regelstrecke aus Abschnitt 8.2 erweitert. Zudem kann sowohl der LQR-Regler als auch der

H_∞-Regler in den geschlossenen Regelkreis der Simulation integriert werden. Das nichtlineare Benchmark-Modell des 20-geschossigen Gebäudes ist durch

$$\dot{\mathbf{x}} = \mathbf{g}_1\left(\mathbf{x}, \mathbf{f}, \ddot{\mathbf{x}}_g\right), \tag{8.36a}$$

$$\mathbf{y}_m = \mathbf{g}_2\left(\mathbf{x}, \mathbf{f}, \ddot{\mathbf{x}}_g\right), \tag{8.36b}$$

$$\mathbf{y}_e = \mathbf{g}_3\left(\mathbf{x}, \mathbf{f}, \ddot{\mathbf{x}}_g\right), \tag{8.36c}$$

$$\mathbf{y}_c = \mathbf{g}_4\left(\mathbf{x}, \mathbf{f}, \ddot{\mathbf{x}}_g\right) \tag{8.36d}$$

beschrieben [63]. Dabei ist $\mathbf{x}$ der Zustandsvektor, $\mathbf{y}_m$ ist der Messgrößenvektor, $\mathbf{y}_e$ beschreibt die dynamischen Ausgangsgrößen zur Berechnung der Evaluierungskriterien und $\mathbf{y}_c$ ist der Eingangsvektor des Modells der Regeleinrichtung zur Erzeugung der Stellkräfte.

Die Sensordynamik wird anhand von

$$\dot{\mathbf{x}}^s = \mathbf{g}_5\left(\mathbf{x}^s, \mathbf{y}_m, t\right), \tag{8.37a}$$

$$\mathbf{y}^s = \mathbf{g}_6\left(\mathbf{x}^s, \mathbf{y}_m, \mathbf{v}, t\right) \tag{8.37b}$$

beschrieben, wobei $\mathbf{x}^s$ den Zustandsvektor, $\mathbf{v}$ ein Vektor zur Simulations des Messrauschens und $\mathbf{y}^s$ der Vektor der Ausgangssignale der Sensoren darstellen. In diesem Modell werden alle Messungen auf die Einheit Volt abgebildet.

Der Regler wird in diskreter Form realisiert, d.h. es liegt ein diskretes Modell der Gestalt

$$\dot{\mathbf{x}}^c_{k+1} = \mathbf{g}_7\left(\mathbf{x}^c_k, \mathbf{y}^s_k, k\right), \tag{8.38a}$$

$$\mathbf{u}_k = \mathbf{g}_8\left(\mathbf{x}^c_k, \mathbf{y}^s_k, k\right) \tag{8.38b}$$

zugrunde, wobei $\mathbf{x}^c_k$ der diskreten Zustandsvektor zum Zeitpunkt $t = kT$ ist. $\mathbf{y}^s_k$ ist der diskretisierte Vektor $\mathbf{y}^s$, der den Eingangsvektor des Reglers in diskreter Form darstellt. $\mathbf{u}_k$ ist der diskretisierte Ausgangsvektor des Vektors $\mathbf{u}$ des diskretisierten Reglers.

Da im ersten Ansatz ideale Aktuatoren simuliert werden, genügt eine algebraische Beschreibung der Gestalt

$$\mathbf{f} = \mathbf{g}_9\left(\mathbf{y}_c, \mathbf{u}, t\right), \tag{8.39a}$$

$$\mathbf{y}_f = \mathbf{g}_{10}\left(\mathbf{y}_c, \mathbf{u}, t\right) \tag{8.39b}$$

zur Modellierung der Stellkräfte aus. Dabei beschreibt der Vektor $\mathbf{f}$ die zeitkontinuierlichen Stellkräfte in Newton. Zudem beschreibt der Vektor $\mathbf{y}_f$ die auftretenden Kräfte, die als Bewertungsparameter in die Evaluierungskriterien eingehen. $\mathbf{u}$ ist der Ausgangsvektor des Reglers, wobei die einzelnen diskreten Stellgrößen in $\mathbf{u}_k$ durch Abtast- und Halteglieder in ein zeitkontinuierliches Signal umgewandelt werden.

Falls die Dynamik realer Aktuatoren simuliert werden sollen, so kann (8.39) in ein Differentialgleichungssystem

$$\dot{\mathbf{x}}^a = \mathbf{g}_{11}\left(\mathbf{x}^a, \mathbf{y}_c, \mathbf{u}, t\right), \tag{8.40a}$$

$$\mathbf{f} = \mathbf{g}_9\left(\mathbf{x}^a, \mathbf{y}_c, \mathbf{u}, t\right), \tag{8.40b}$$

$$\mathbf{y}_f = \mathbf{g}_{10}\left(\mathbf{x}^a, \mathbf{y}_c, \mathbf{u}, t\right) \tag{8.40c}$$

überführt werden, wobei $\mathbf{x}^a$ der Zustandsvektor der Stelleinrichtung ist.

Abbildung 8.4 zeigt die Simulink-Umgebung. Der Eingangsgröße `xddg` des nichtlinearen Simulink-Modells werden die aufgezeichneten horizontalen Nord-Süd-Beschleunigungen ($\ddot{x}_g$) der Erdbeben El Centro, Hachinohe, Northridge und Kobe zugeordnet. Danach werden die Auswirkungen der Erdbeben hintereinander mit der 0.5-, 1.0- und 1.5-fachen Intensität simuliert. Zeitgleich werden die Evaluationsdaten berechnet und aufgezeichnet. Der simulierte Zeithorizont für jedes Erdbeben beträgt eine Minute.

8.4 Properer und nicht-properer H_∞-Entwurf

Für die Gewichtung der Messgrößenvektors der abstrakten Regelstrecke wurde zunächst eine propere Übertragungsfunktion der Gestalt

$$W_s(s)|_{\text{proper}} \;=\; \frac{0.003157s^2 + 0.01341s + 0.002742}{s^2 + 24.55s + 64.79} \tag{8.41}$$

entworfen. Mit den übrigen in Abbildung 8.5 dargestellen Formfiltern und Gewichtungsfunktionen ergibt sich der H_∞-Regler (Version 2.1, 3radsK2K1).

Um die Möglichkeit des H_∞-Entwurfs mit nicht-properen Gewichtungsfunktionen

$$\begin{aligned} W_s(s)|_{\text{nicht-proper}} \;&=\; W_s(s)|_{\text{proper}} + \left(0.0025s^2 + 0.005s + 0.01\right) \\ &=\; \frac{0.0025s^4 + 0.06638s^3 + 0.2979s^2 + 0.5829s + 0.6506}{s^2 + 24.55s + 64.79} \end{aligned} \tag{8.42}$$

zu demonstrieren wurde ein zweiter H_∞-Regler (Version 2.2, WsnpK2prK1pr) entworfen. Die Deskriptorsystem-Realisierung des Übertragungsverhaltens (8.42) besitzt den Index 3 und hat die Gestalt

$$W_s(s) \;\simeq\; \left[\begin{array}{c|c} s\mathbf{I}_1^e - \mathbf{A}_1^e & \mathbf{B}_1^e \\ \hline \mathbf{C}_1^e & 0 \end{array}\right] + \left[\begin{array}{c|c} s\mathbf{N}_k^e - \mathbf{I}_2^e & \mathbf{B}_2^e \\ \hline \mathbf{C}_2^e & 0 \end{array}\right] \tag{8.43}$$

mit

$$\mathbf{A}_1^e = \begin{bmatrix} -24.55 & -64.79 \\ 1 & 0 \end{bmatrix}, \; \mathbf{B}_1^e = \begin{bmatrix} 1 \\ 0 \end{bmatrix}, \; \mathbf{C}_1^e = \begin{bmatrix} -0.0641 & -0.2018 \end{bmatrix}$$

und

$$\mathbf{N}_k^e = \begin{bmatrix} 0 & 0 & 0 & 0 \\ 1 & 0 & 0 & 0 \\ 0 & 1 & 0 & 0 \\ 0 & 0 & 0 & 0 \end{bmatrix}, \; \mathbf{B}_2^e = \begin{bmatrix} 1 \\ 0 \\ 0 \\ 1 \end{bmatrix}, \; \mathbf{C}_2^e = \begin{bmatrix} 0 & -0.005 & -0.0025 & -0.01 \end{bmatrix}.$$

Die TFM $\mathbf{W}_e(s)$ setzt sich jeweils aus den diagonal angeordneten Übertragungsfunktionen (8.41) bzw. (8.42) zusammen. Die für den H_∞-Entwurf benötigten Formfilter und Gewichtungsfunktionen sind in Abbildung 8.5 dargestellt.

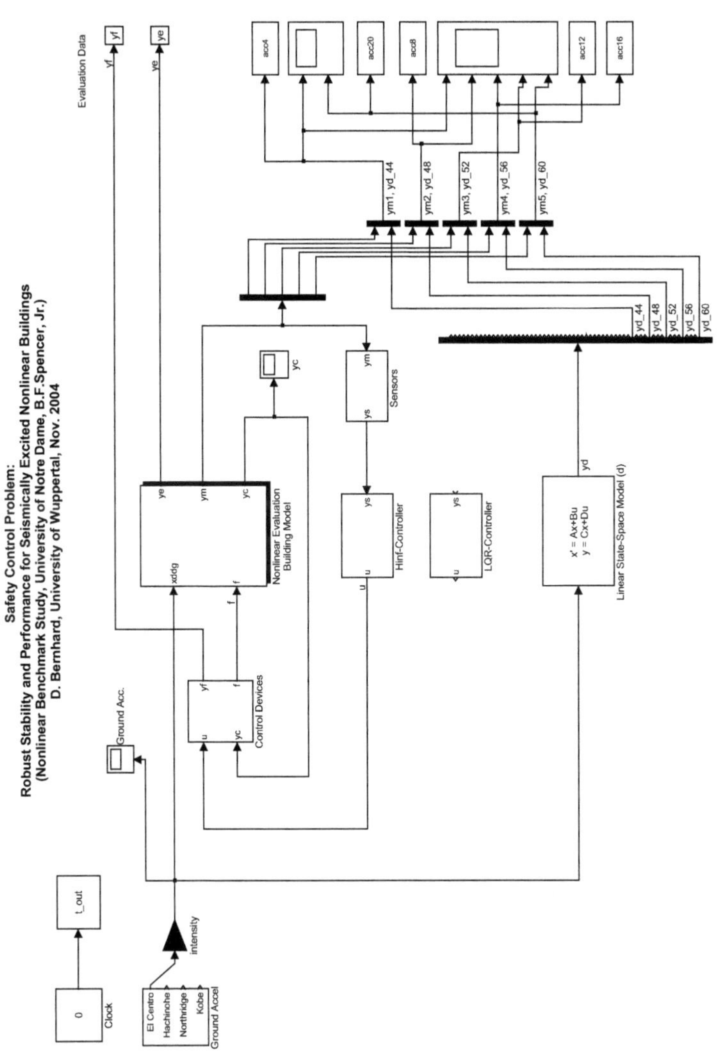

Abbildung 8.4: Erweiterte Simulink-Umgebung des Benchmark-Problems.

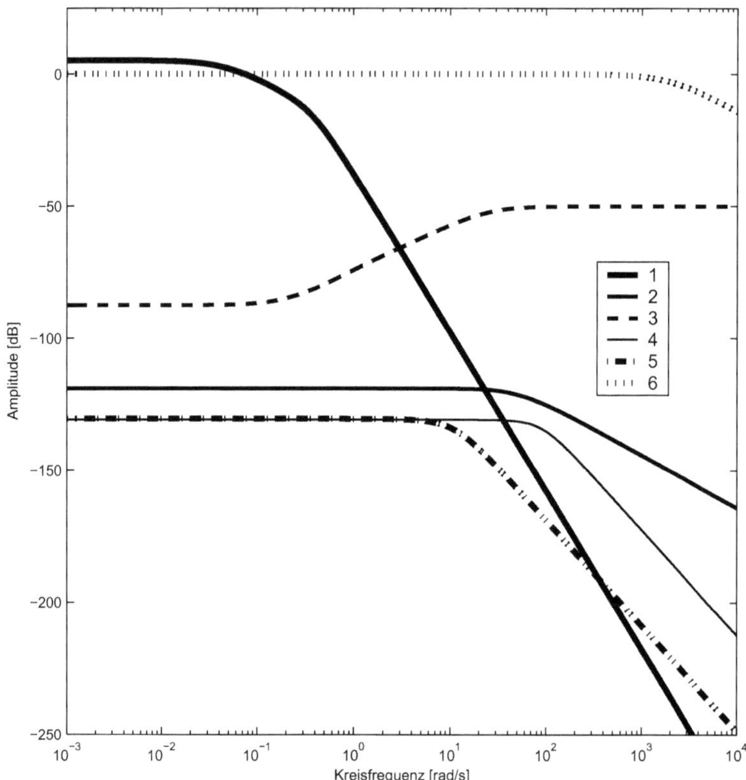

Abbildung 8.5: Amplitudenfrequenzgänge der Formfilter und Gewichtungsfunktionen: 1 $\simeq \mathbf{W}_e(s)$, $2 \simeq \mathbf{W}_u(s)$, $3 \simeq \mathbf{W}_s(s)$ (proper), $4 \simeq \mathbf{F}_a(s)$, $5 \simeq \mathbf{F}_n(s)$, $6 \simeq \mathbf{K}_2(s)$, H_∞-Regler V2.1 (3radsK2K1).

Berechnung des H_∞-Reglers

Das Übertragungsverhalten der abstrakten Regelstrecke hat 26 Eingänge und 35 Ausgänge. Wird die propere Gewichtungsfunktion (8.41) eingesetzt, so besitzt die propere Realisierung des Übertragungsverhaltens der abstrakten Regelstrecke (8.35) eine Systemdimension $n_p = 118$. Bei Einsatz der nicht-properen Gewichtungsfunktion (8.42) und der zugehörigen Realisierung (8.43) der abstrakten Regelstrecke, erhöht sich die Systemdimension auf $n_p = 133$.

Der in Abschnitt 6.4 beschriebene H_∞-Reglers $\mathbf{K}_1$ besitzt 5 Eingänge und 20 Ausgänge.

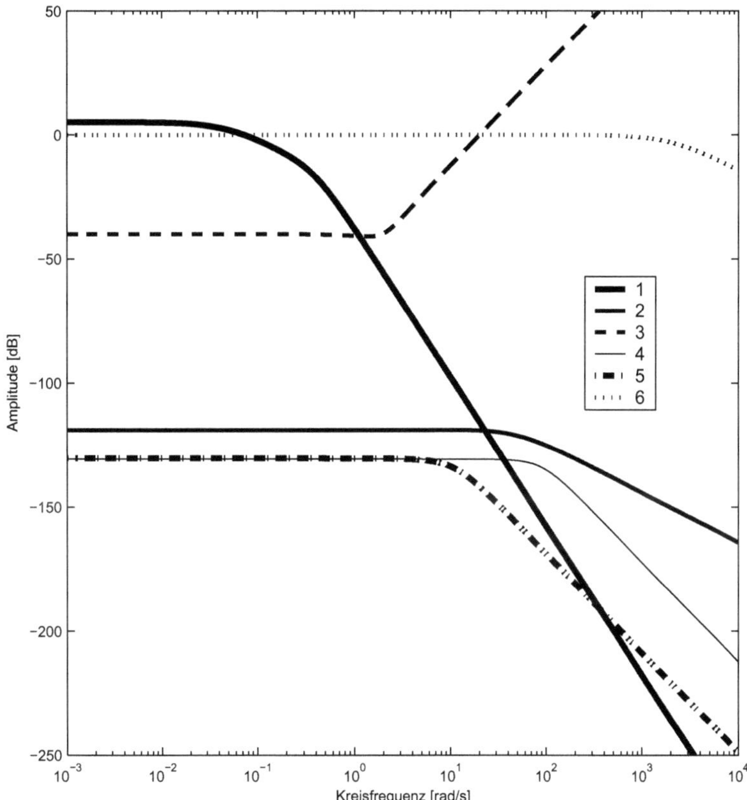

Abbildung 8.6: Amplitudenfrequenzgänge der Formfilter und Gewichtungsfunktionen: 1 $\simeq \mathbf{W}_e(s)$, 2 $\simeq \mathbf{W}_u(s)$, 3 $\simeq \mathbf{W}_s(s)$ (nicht-proper), 4 $\simeq \mathbf{F}_a(s)$, 5 $\simeq \mathbf{F}_n(s)$, 6 $\simeq \mathbf{K}_2(s)$, H_∞-Regler V2.2 (WsnpK2K1).

Die Systemdimension des Reglers entspricht jeweils der Systemdimension der abstrakten Regelstrecke (8.35).

Das Übertragungsverhalten der abstrakten Regelstrecke (8.35) ist bei beiden Gewichtungsfunktionen (8.41) und (8.42) proper.

Für $\mathbf{K}_2$ (Bestandteil des H_∞-Reglers) wird ein Formfilter 1. Ordnung eingesetzt. Wie in Abschnitt 6.3 beschrieben, ist das Formfilter für die Properisierung der abstrakten Regelstrecke vorgesehen. Wird eine propere Gewichtungsfunktion eingesetzt, so wird das

Formfilter zur Properisierung nicht benötigt. $\mathbf{K}_2(s)$ bewirkt jedoch in beiden Fällen, dass der Regler die endliche Bandbreite der Stelleinrichtung berücksichtigt.

Da die abstrakte Regelstrecke (8.35) bei beiden H_∞-Entwürfen properes Übertragungsverhalten besitzt, wurde ein standardisierter Algorithmus zur Lösung des numerischen H_∞-Problems eingesetzt. Dazu wurde die auf der Riccati-Methode basierende Funktion `hinfric` verwendet, siehe Abbildung 8.7, da diese elementarer Bestandteil der `Robust Control Toolbox` ist.

```
      P(s) is proper ... OK


   Gamma-Iteration:

      Gamma              Diagnosis
      3.1623        :    feasible
      2.0811        :    feasible
      1.5406        :    feasible
      1.2703        :    feasible
      1.1351        :    feasible
      1.0676        :    feasible
      1.0338        :    feasible
      1.0169        :    feasible
      1.0084        :    feasible


   Best closed-loop gain (GAMMA_OPT):   1.008446
```

Abbildung 8.7: Gamma-Iteration mit der Funktion `hinfric` unter MATLAB.

Die numerischen Berechnungen in Deskriptorform wurden mit den Funktionen der in Abschnitt 7.3 vorgestellten Deskriptorsystem-Toolbox durchgeführt. Beide Entwürfe sind gegenüber dem γ-Wert von 1.008446 invariant.

Evaluationskriterien für den Reglerentwurf

Als Grundlage zum Vergleich der LQR-Regelung [65] mit dem H_∞-Regler dienen die digitalisierten Aufzeichnungen von 4 starken Erdbeben. Die Signaldaten der Erdbeben repräsentieren jeweils die horizontale Beschleunigungen in Nord-Süd-Richtung.

- El Centro, USA, 18.04.1940, maximale Beschleunigung: $3,417\frac{m}{s^2}$

- Hachinohe, Japan, 16.05.1968, maximale Beschleunigung: $2,25\frac{m}{s^2}$

- Northridge, USA, 17.01.1994, maximale Beschleunigung: $8,2676\frac{m}{s^2}$

- Kobe, Japan, 17.01.1995, maximale Beschleunigung: $8,1782\frac{m}{s^2}$

Die Evaluierungskriterien in Abbildung 8.8 unterteilen sich in 4 Kategorien: Das dynamische Verhalten des Gebäudes, die am Gebäude verursachten Schäden, die benötigten Sensoren und Aktoren und die benötigte Systemdimension der Realisierung. Die eingesetzte Regelung hat die Minimierung der Evaluierungskriterien zum Ziel. In [65] sind

J_1 (Peak Drift Ratio)	Maximaler Versatz zwischen den Geschossen
J_2 (Peak Level Acceleration)	Maximale Beschleunigung eines Geschosses
J_3 (Peak Base Shear)	Maximale Scherkraft eines Geschosses
J_4 (Norm Drift Ratio)	Maximaler Versatz (Geschoss, normiert)
J_5 (Norm Level Acceleration)	Maximale Beschleunigung (Geschoss, normiert)
J_6 (Norm Base Shear)	Maximale Scherkraft (Geschoss, normiert)
J_7 (Ductility Factor)	Dehnungsvermögen
J_8 (Dissipated Energy)	Verbrauchte Energie aufgrund von Krümmungen
J_9 (Plastic Connections)	Zerstörter Verbindungen (geregelt/ungeregelt)
J_{10} (Norm Ductility)	Dehnungsvermögen (normiert)
J_{11} (Peak Control Force)	Maximale Stellkraft
J_{12} (Peak Device Stroke)	Maximale Auslenkung eines Aktuators (Masse)
J_{13} (Peak Control Power)	Maximale Stellenergie
J_{14} (Norm Control Power)	Gesamtenergiebedarf der Regelung (normiert)
J_{15} (Control Devices)	Anzahl der benötigten Aktuatoren
J_{16} (Required Sensors)	Anzahl der benötigten Sensoren
J_{17} (Computational Resources)	Systemdimension des eingesetzten Reglers

Abbildung 8.8: Evaluationskriterien des Benchmark-Problems [65].

die Berechnungen der einzelnen Kriterien (J_1 bis J_{17}) detailliert beschrieben. Im Anhang befinden sich die Evaluationsdaten in tabellarischer Form. Sie dienen zum relativen Vergleich der beiden H_∞-Regler mit dem LQR-Regler als Referenzregler des Benchmark-Problems [65].

8.5 Darstellung der Simulations-Ergebnisse

Im Folgenden sind die Ergebnisse der Simulation mit Simulink dargestellt. Es sei an dieser Stelle nochmals herausgestellt, dass die hier dargestellten Simulationsergebnisse die dynamische Wirkung der beiden H_∞-Regler auf das nichtlineare Evaluierungsmodell (8.36-8.40) zeigen.

Die beiden H_∞-Regler wurden anhand der in dieser Arbeit vorgestellten nicht-properen H_∞-Entwurfsmethode unter Verwendung des linearisierten Zustandssystems (8.16) ermittelt. Das linearisierte Zustandssystem bildet zusammen mit den zum Teil nicht-properen Gewichtungsfunktionen die abstrakte Regelstrecke des H_∞-Standardproblems, siehe Abbildung 8.3.

Abbildung 8.9 zeigt die Amplituden der horizontalen Beschleunigungen mit und ohne H_∞-Regler. Bei einer simulierten 10-fachen Intensität des Kobe Erdbebens zeigt Abbildung 8.10, dass der H_∞-Regler in der Lage ist, die horizontalen Beschleunigungen stark zu dämpfen. Eine solch starke Erdbebenerregung ist vermutlich nicht realistisch, zeigt aber sehr gut das Verhalten der geschlossenen Regelstrecke bei großen Amplituden. Zudem muss dabei berücksichtigt werden, dass bei einer solchen Erregung die flexible Struktur des Gebäudes, auch aufgrund der bewegten Massen der Aktoren, stark beansprucht würde und bleibende Deformationen oder Zerstörungen dabei nicht auszuschließen sind.

In den beiden Abbildungen 8.9 und 8.10 ist zu erkennen, dass die aktive Dämpfung der Gebäudeschwingungen im oberen 20. Geschoss (Dachgeschoss) die stärkste Wirkung erzielt. Dieses Dämpfungsverhalten kann vermutlich durch die Positionierung der Aktoren im Gebäude (Abbildung 8.2) beeinflusst werden. Zudem kann vermutlich das Dämpfungsverhalten durch unsymmetrische Gewichtungsfunktionen optimiert werden. Dies sind jedoch Gesichtspunkte, die über die Zielsetzung dieser Arbeit hinausgehen. Weitere Anmerkungen zur Verbesserung der Regelung sind in Abschnitt 9.2 des letzten Kapitels zu finden.

Auf den folgenden Seiten befinden sich die Abbildungen 8.11 und 8.12. Die Abbildungen zeigen die Amplituden des Northridge-Erdbebens aus dem Jahre 1994 mit einer simulierten Intensität von 1,5 (jeweils mit einer der beiden H_∞-Regler V2.1 und V2.2).

Abbildungen 8.13 zeigt die Simulation des Kobe-Erdbebens ohne zusätzliche Verstärkung der Intensität. In Abbildungen 8.14 ist das Erdbeben mit der 1,5-fachen Intensität dargestellt. Die Wirkung der aktiven Dämpfung ist aufgrund der Reduzierung der Schwingungsamplituden deutlich zu erkennen.

In Abbildung 8.15 und 8.16 die Bode-Diagramme der beiden Regler-Varianten dargestellt. Ausgewählt wurde jeweils das Übertragungsverhalten des H_∞-Reglers von Eingang 1 zu Ausgang 1 und Eingang 5 zu Ausgang 20.

Im Anhang werden die Simulations-Ergebnisse der beiden H_∞-Regler mit dem LQR-Regler aus [65] verglichen. Tabelle 10.4 (El Centro) zeigt, dass der H_∞-Regler bei allen Evaluationskriterien gleich gute oder bessere Werte hervorbringt als der LQR-Regler aus [65]. Aus Tabelle 10.9 (Hachinohe) ist zu erkennen, dass der H_∞-Regler bei den meisten Evaluationskriterien günstigere Werte zeigt als der LQR-Regler. Lediglich bezüglich des Kriteriums J_5 (Norm Level Acceleration) überschreiten die Werte des H_∞-Regler die des LQR-Reglers um das $1,1$- bis $1,5$-fache. In Tabelle 10.14 (Northridge) schneidet der H_∞-Regler bei allen Evaluationskriterien besser ab. Gleiches gilt auch für Tabelle 10.19 (Kobe). Bezüglich der Evaluationskriterien sind keine größeren Unterschiede zwischen den H_∞-Regler-Varianten V2.1 und V2.2 zu erkennen.

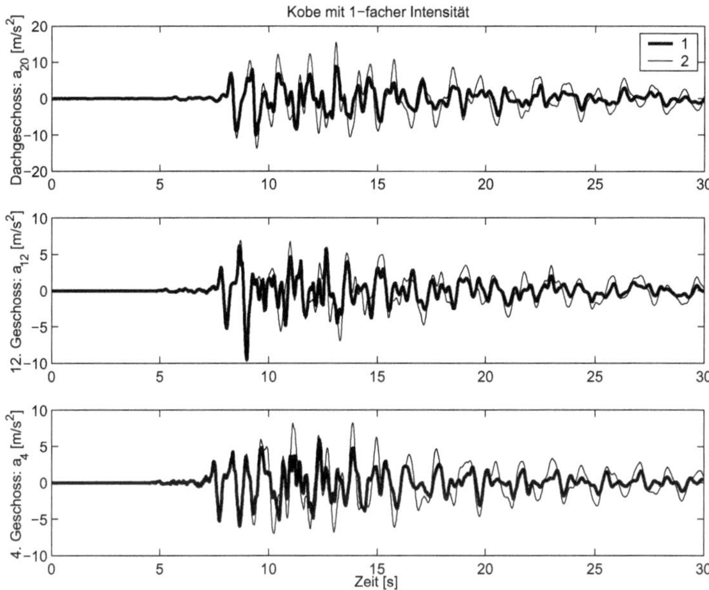

Abbildung 8.9: Simulation des Kobe-Erdbebens mit 1-facher Intensität: $1 \simeq$ mit H_∞-Regler Version 2.1 (3radsK2K1), $2 \simeq$ ohne Regler.

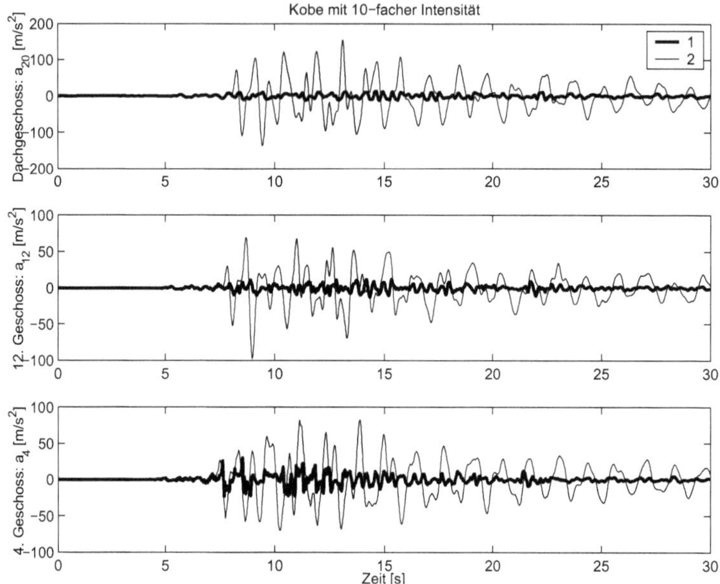

Abbildung 8.10: Simulation des Kobe-Erdbebens mit 10-facher Intensität: $1 \simeq$ mit H_∞-Regler Version 2.1 (3radsK2K1), $2 \simeq$ ohne Regler.

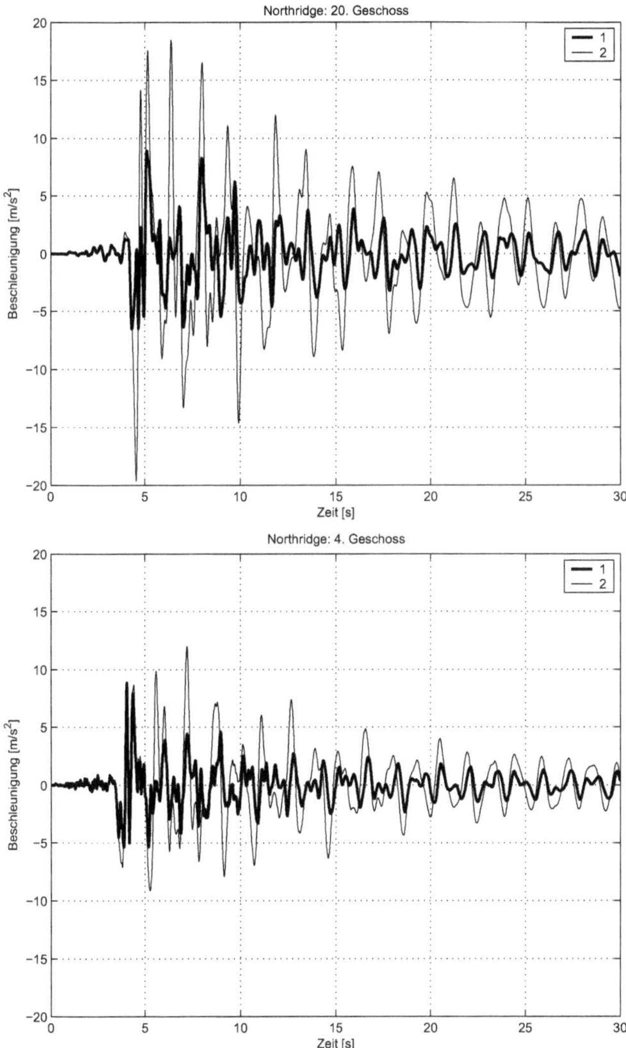

Abbildung 8.11: Simulation des Northridge-Erdbebens mit 1,5-facher Intensität: $1 \simeq$ mit H_∞-Regler Version 2.1 (3radsK2K1), $2 \simeq$ ohne Regler.

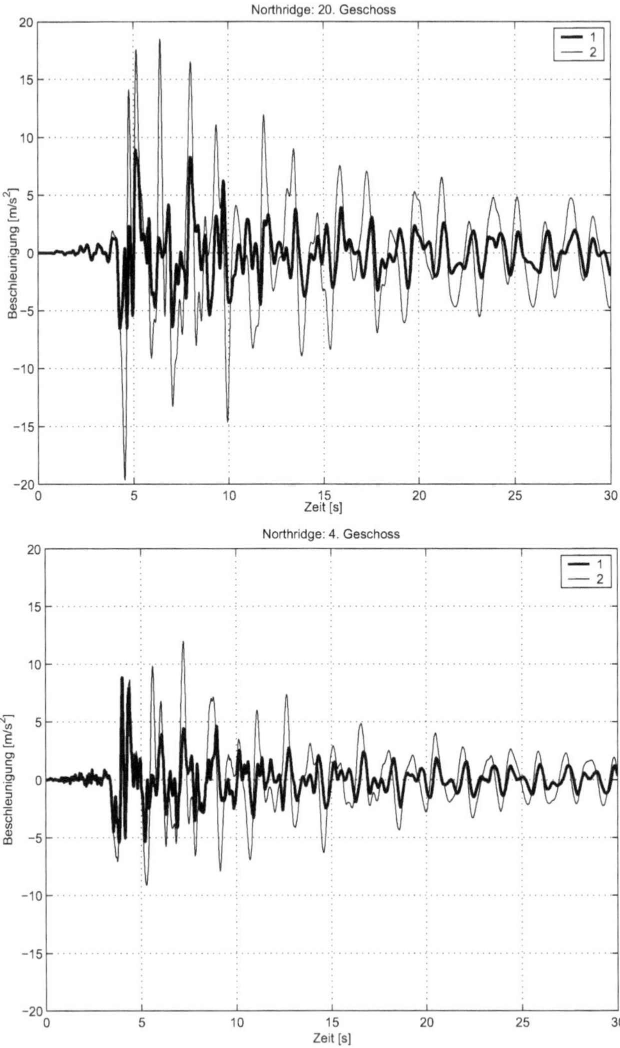

Abbildung 8.12: Simulation des Northridge-Erdbebens mit 1,5-facher Intensität: $1 \simeq$ mit H_∞-Regler Version 2.2 (WenpK2K1), $2 \simeq$ ohne Regler.

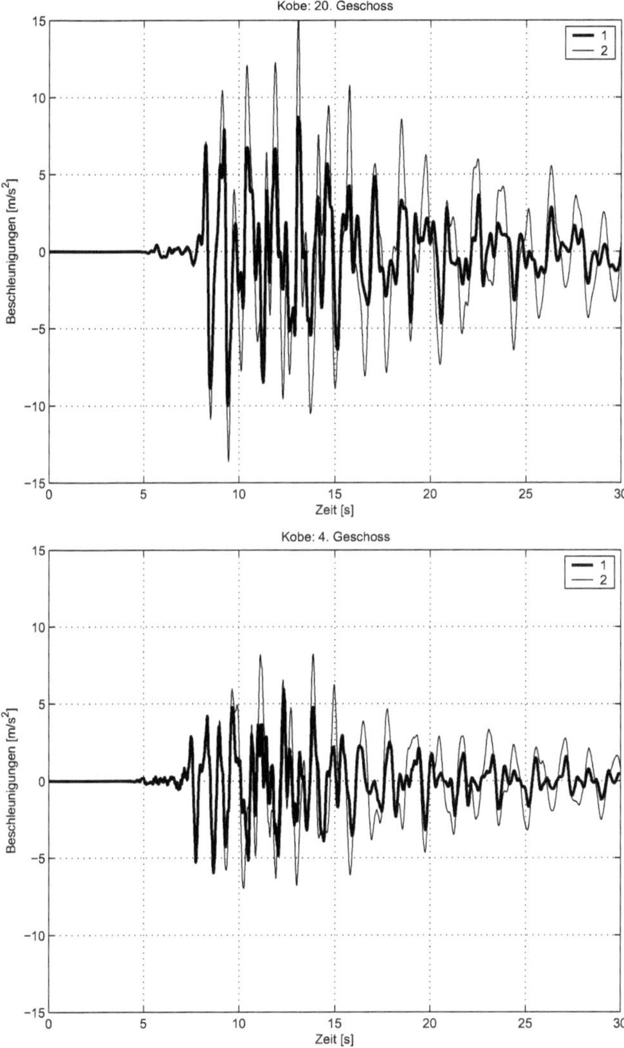

Abbildung 8.13: Simulation des Kobe-Erdbebens mit 1-facher Intensität: $1 \simeq$ mit H_∞-Regler Version 2.1 (3radsK2K1), $2 \simeq$ ohne Regler.

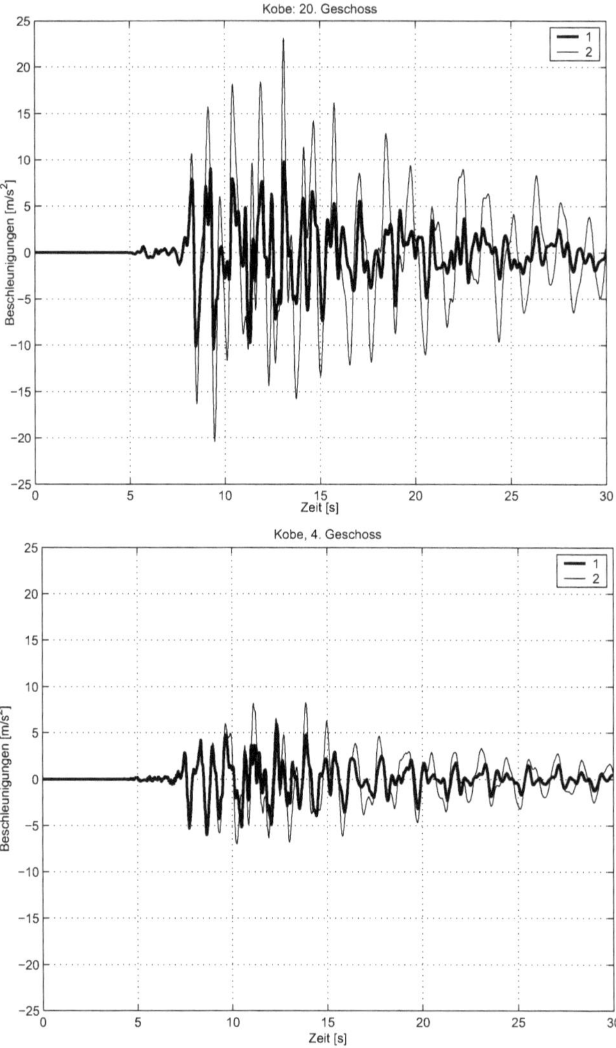

Abbildung 8.14: Simulation des Kobe-Erdbebens mit 1,5-facher Intensität: $1 \simeq$ mit H_∞-Regler Version 2.1 (3radsK2K1), $2 \simeq$ ohne Regler.

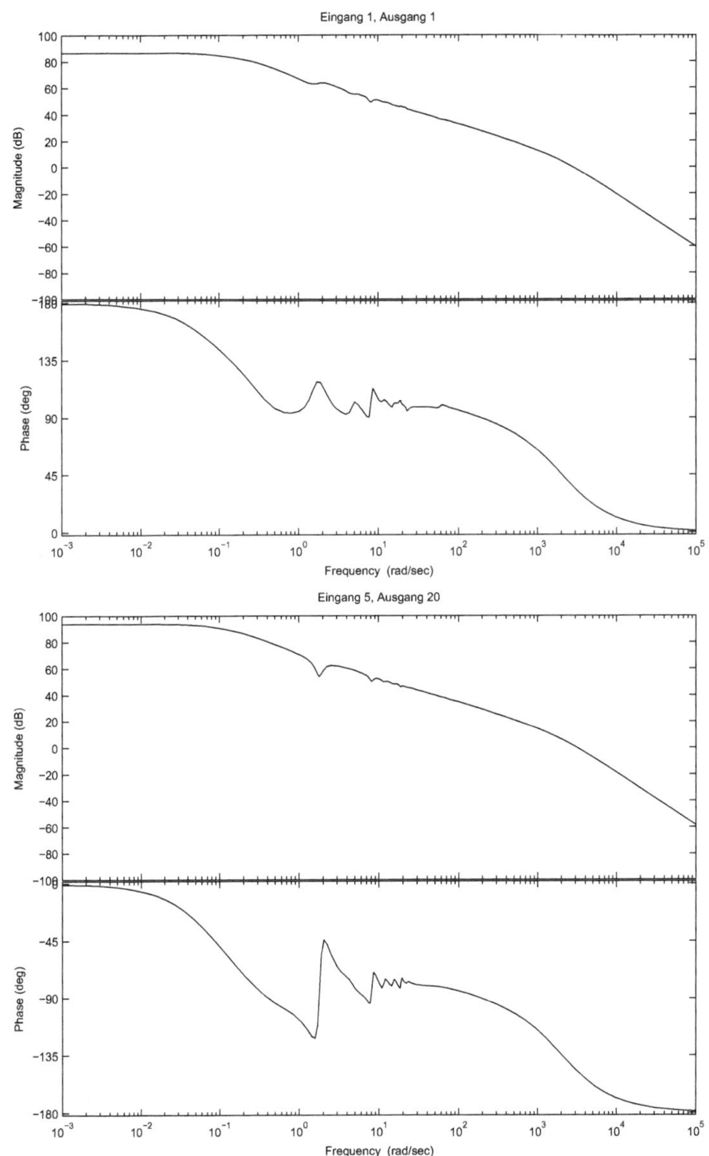

Abbildung 8.15: Bode-Diagramm: H_∞-Regler Version 2.1 (3radsK2K1).

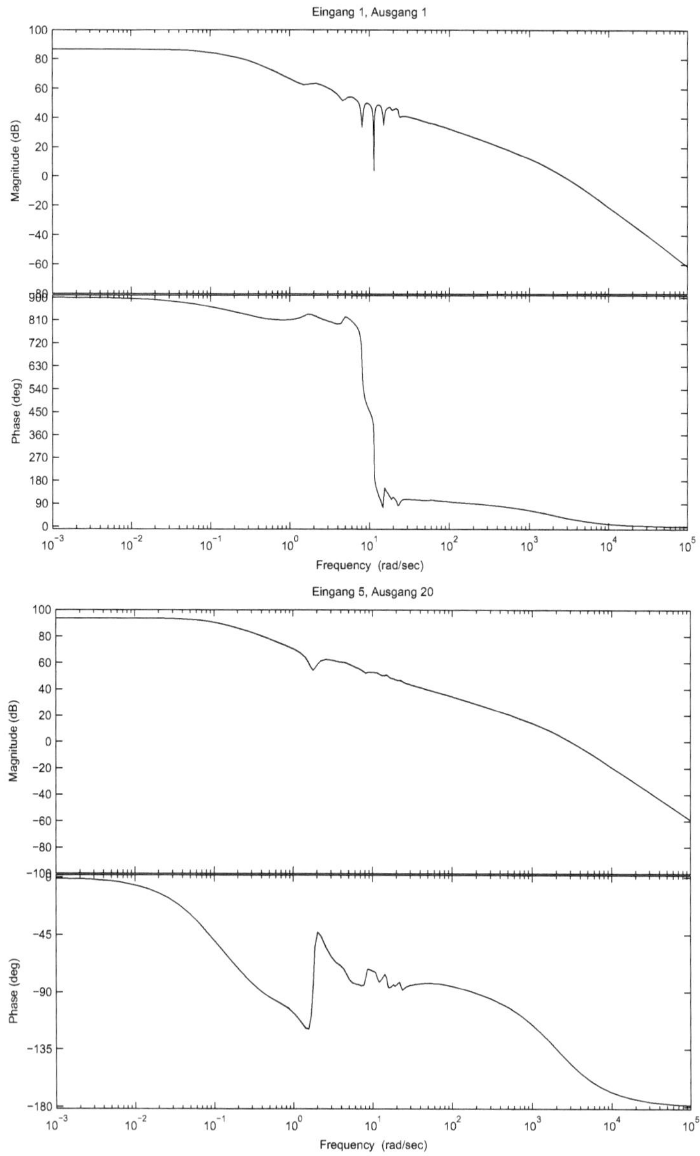

Abbildung 8.16: Bode-Diagramm: H_∞-Regler Version 2.2 (WenpK2K1).

9 Zusammenfassung und Ausblick

9.1 Zusammenfassung

In der vorliegenden Arbeit wird die Anwendbarkeit bekannter H_∞-Methoden auf abstrakte Regelstrecken in Deskriptorform mit allgemein nicht-properem Übertragungsverhalten untersucht.

In Kapitel 4 werden unterschiedliche H_∞-Lösungsansätze in Deskriptorform diskutiert. Die H_∞-Methoden im Frequenzbereich basieren auf Deskriptor-Realisierungen der TFM einer abstrakten Regelstrecke. Als Alternative zu den Methoden im Frequenzbereich werden in Abschnitt 4.1.4 das Minmax-Differentialspiel und der Einsatz von linearen Matrixungleichungen vorgestellt. Bei diesen Ansätzen wird nicht ausschließlich das Übertragungsverhalten eines Deskriptorsystems, sondern auch das dynamische Verhalten des Deskriptorvektors betrachtet. Bei den Methoden im Zeitbereich werden jedoch bestimmte Steuer- und Beobachtbarkeitseigenschaften vorausgesetzt.

Ein Deskriptorsystem kann einerseits als mathematisches Modell eines technischen Prozesses und andererseits als Realisierung des Übertragungsverhaltens einer beliebigen TFM interpretiert werden. Diese beiden Sichtweisen, die auch bei Zustandssystemen bekannt sind, werden in dieser Arbeit im Zusammenhang mit H_∞-Methoden diskutiert. So nutzen die in dieser Arbeit vorgestellten H_∞-Methoden Deskriptorsysteme zur Realisierung des Übertragungsverhaltens der abstrakten Regelstrecke. Daneben werden Deskriptorsysteme zur Beschreibung technischer Prozesse eingesetzt, wie der Beschreibung der realen Regelstrecke. In vielen Fällen ist es vorteilhaft, die reale Regelstrecke als Deskriptorsystem zu beschreiben, denn diese erlauben einen wesentlich besseren physikalischen Einblick in das Systemverhalten als die meist abstrakte Formulierung im Zustandsraum.

Im Frequenzbereich wird jedoch nur das Übertragungsverhalten der realen Regelstrecke betrachtet, d.h. lediglich der C-steuerbare und C-beobachtbare Anteil der Deskriptor-Realisierung wird berücksichtigt. Andererseits können nicht-propere Gewichtungsfunktionen als TFM entworfen und als minimales, d.h. C-steuerbares und C-beobachtbares, Deskriptorsystem mit höherem Index realisiert werden.

Ein wesentlicher Beitrag dieser Arbeit ist die Diskussion bezüglich der Properheitseigenschaften eines Deskriptorsystems in Kapitel 2. So wird gezeigt, dass die Properheitseigenschaften von bestimmten Steuer- und Beobachtbarkeitseigenschaften und von strukturellen Eigenschaften der Eingangs- und Ausgangsmatrizen einer Deskriptor-Realisierungen abhängig sind. Falls keine C-Steuerbarkeit und/oder C-Beobachtbarkeit

bei einer Deskriptor-Realisierungen vorliegt, so kann dennoch nicht-properes Übertragungsverhalten bezüglich des Deskriptorvektors und des Übertragungsverhaltens auftreten.
Ferner wird gezeigt, dass das Übertragungsverhalten für einzelne Eingangsgrößen einen unterschiedlichen Nicht-Properheitsgrad besitzen kann. Diese Erkenntnisse führen zu den in Abschnitt 2.7 aufgeführten Definitionen der Properheitseigenschaften eines Deskriptorsystems. Dabei werden einheitliche und individuelle Properheitseigenschaften betrachtet und bezüglich der Properheit einzelner Deskriptorvariablen und einzelner Eingangs- und Ausgangsgrößen unterschieden. Abschießend werden die Zusammenhänge zwischen dem Index, den Steuer- und Beobachtbarkeitseigenschaften und der Properheit einer Deskriptor-Realisierung erläutert und in Abbildung 2.7 dargestellt.

In Kapitel 3 wird der H_∞-Entwurf anhand des H_∞-Standardproblems vorgestellt. So kann ein Regler entworfen werden, der unter Vorgabe von dynamischen Gewichtungsfunktionsmatrizen gutes Führungs- und Störverhalten aufweist und gleichzeitig robust gegenüber Parameterunsicherheiten ist.

Die Vorstellung von H_∞-Lösungsansätze erfolgt in Kapitel 4. So werden sowohl für normale Systeme als auch für Deskriptorsysteme mit allgemein nicht-properem Übertragungsverhalten bekannte Ansätze vorgestellt. In Abschnitt 4.1 werden grundlegende H_∞-Methoden aus dem Frequenzbereich vorgestellt. Stellvertretend für die zahlreichen Problemstellungen im Frequenzbereich werden Lösungsmethoden für zwei spezielle H_∞-Probleme dargestellt. Dabei zeigt sich, dass suboptimale Lösungen i.d.R. analytisch darstellbar sind. In Abschnitt 4.2 werden bekannte Lösungsansätze für H_∞-Problemstellungen in Deskriptorform diskutiert und die Regularitätsbedingungen für Deskriptorsysteme kritisch beleuchtet. So sind bei den bekannten Ansätzen abstrakte Regelstrecken mit höherem Index und nicht-properem Übertragungsverhalten zugelassen. Um das H_∞-Kriterium zu erfüllen, sind für das resultierende Störübertragungsverhaltens jedoch nur Index 1 und asymptotisch stabile Deskriptorsysteme zugelassen. Da zulässige Deskriptor-Realisierungen keinen höheren Index als 1 besitzen, wird in dieser Arbeit der neue Begriff der erlaubten Deskriptor-Realisierungen eingeführt. Der Begriff bietet den Vorteil, nicht-minimale Deskriptor-Realisierungen mit höherem Index in die H_∞-Synthese einzubeziehen, die properes Übertragungsverhalten vorweisen und damit den Voraussetzungen zur Berechnung einer H_∞-Norm genügen.
Die Analyse der bekannten Lösungsansätze zeigt jedoch, dass implizite Annahmen bezüglich der abstrakten Regelstrecke berücksichtigt werden müssen. Die Ansätze führen bei einer bestimmten Struktur der nicht-properen abstrakten Regelstrecke zu H_∞-Reglern mit nicht-properem Übertragungsverhalten. Solche Regler sind jedoch technisch nicht zu verwirklichen. So müssen H_∞-Ansätze scheitern, die nicht-propere Anteile der abstrakten Regelstrecke unberücksichtigt lassen, die durch einen streng-properen bzw. properen Regler nicht kompensierbar sind. Daher werden in Abschnitt 7.1 zusätzliche Bedingungen formuliert, die zur Lösung des allgemein nicht-properen H_∞-Problems notwendig sind. Dabei sei nochmals darauf hingewiesen, dass die in Abschnitt 7.1 beschrieben erweiterten Regularitätsbedingungen die Berechnung von technisch realisierbaren Reglers für das allgemein nicht-propere H_∞-Problem ermöglichen.

Aufgrund der geforderten Robustheitsanforderungen des geschlossenen Regelkreises werden zum Teil nicht-propere Gewichtungsfunktionen benötigt. In Kapitel 5 wird diese Problematik dargestellt. Ferner wird gezeigt, dass unter bestimmten Steuer- und Beobachtbarkeitseigenschaften mechanische Deskriptorsysteme mit holonomen Zwangsbedingungen und Index 3 nicht-properes Übertragungsverhalten besitzen.

Das Kapitel 5 stellt die Methode der Properisierung vor. Dabei steht der Entwurf von Formfiltern im Vordergrund, die nicht-propere Regelstrecken properisieren. In Abschnitt 6.3 wird gezeigt, wie ein Formfilter bestimmt werden kann, das eine nicht-propere H_∞-Regelstrecke properisiert. Dabei wird zwischen der Properisierung der abstrakten Regelstrecke und der Properisierung der Störübertragungsfunktion des geschlossenen H_∞-Regelkreises unterschieden.

Die Properisierung des geschlossenen Regelkreises, ermöglicht die Berechnung eines H_∞-Regers ohne zuvor die gesamte abstrakte Regelstrecke zu properisieren. So wird in dieser Arbeit ein verallgemeinerter Ansatz vorgestellt, der die vorausgehende Properisierung bezüglich der Stellgrößen der H_∞-Regelstrecke durch ein Formfilter nicht voraussetzt. Dazu wird die H_∞-Regelstrecke in der Gestalt verändert, dass ein Formfilter zur Properisierung der Stellgrößen dem Regler zugeordnet wird, siehe Abbildung 6.6. Um die erweiterten Regularitätsbedingungen zu erfüllen, muss bei allgemeinen nicht-properen abstrakten Regelstrecken zusätzlich ein Formfilter zur Properisierung der Störungen eingesetzt werden. Diese Forderung stellt jedoch keine besondere Einschränkung des in dieser Arbeit vorgestellten Ansatzes dar, da analog zum normalen H_∞-Entwurf die Formfilter entsprechend der regelungstechnischen Ziele entworfen werden müssen.

Der nicht-propere H_∞-Entwurf in Deskriptorform und die Methode der Properisierung werden an einem Anwendungsbeispiel aus der sicherheitstechnischen Regelungstechnik veranschaulicht. Das Anwendungsbeispiel basiert auf einem bekannten Benchmark-Problem, mit welchem die aktive Dämpfung von Gebäudeschwingungen simuliert werden kann. Aufgrund der Erdbeben-Katastrophen in den letzten Jahren, wurden erste regelungstechnische Konzepte zum Schutz von Bauwerken gegen zerstörende Erdbebenerregungen veröffentlicht. So waren die Erdbeben 1994 in Northridge (USA) und 1995 in Kobe (Japan) ungewöhnlich stark. Die beiden Erdbeben forderten eine hohe Anzahl von Opfern.

Die sicherheitstechnische Regelungstechnik bietet die Möglichkeit der aktiven Beeinflussung der Gebäudedynamik durch eine Regelung. So werden für diese Aufgabe zwei H_∞-Regler mit Hilfe der in dieser Arbeit dargestellten nicht-properen H_∞-Entwurfsmethode in Deskriptorform berechnet. Ein linearisiertes Zustandssystem des nichtlinearen Gebäudemodells bilden zusammen mit den zum Teil nicht-properen Gewichtungsfunktionen die abstrakte Regelstrecke in Deskriptorform. Es zeigt sich in der Simulation, dass die beiden H_∞-Regler in der Lage sind, die durch Erdbeben verursachten Schwingungen eines Gebäudes deutlich zu reduzieren. Die Simulationsergebnisse in Abschnitt 8.5 zeigen die schwingungsreduzierende Wirkung der beiden H_∞-Regler im Verglich zu dem

Referenzregler des Benchmark-Problems.

9.2 Ausblick

Entwicklung neuer numerischer H_∞-Synthese-Funktionalitäten

Die Modellierung von Gewichtungsfunktion und/oder einer realen Regelstrecken mit nicht-properem Übertragungsverhalten können zur Folge haben, dass die abstrakte Regelstrecke ebenfalls nicht-properes Übertragungsverhalten besitzt. Unter diesen Umständen ist eine Properisierung der nicht-properen abstrakten Regelstrecke mit der in Kapitel 6 vorgestellten Methode der Properisierung möglich. Dieses Vorgehen führt jedoch zu einem H_∞-Regler mit relativ hoher Systemdimension, da die Systemdimension der abstrakten Regelstrecke um die einzelnen Dimensionen der properisierenden Formfilter erhöht wird. Dabei entspricht die Systemdimension des H_∞-Reglers die der abstrakten Regelstrecke. Dieser Nachteil kann durch den in Abschnitt 6.4 gezeigte Ansatz vermieden werden. Der Ansatz verlangt jedoch eine numerisch stabile Implementierung, die zum einen die Properisierung der Störübertragungsfunktion durchführt und zum anderen iterativ nach einem optimalen Regler im Sinne einer Minimierung der H_∞-Norm sucht. Eine Funktion auf Basis der Deskriptorsystem-Toolbox für MATLAB der Gestalt

```
[gamma, dssK] = hinfdss(dssP, [Kin Kout]);
```
(9.1)

würde die H_∞-Synthese erleichtern. Dabei stellt die Variable `dssP` die Deskriptor-Realisierung der abstrakten Regelstrecke mit ggf. höherem Index und nicht-properem Übertragungsverhalten dar, `Kin` und `Kout` beschreiben die Anzahl der Ein- und Ausgänge des Reglers und `dssK` beschreibt die Deskriptor-Realisierung des properen/streng-properen H_∞-Reglers für einen bestimmtes γ (`gamma`). In diesem Zusammenhang ist eine numerisch zuverlässige Implementierung der Kopplung von abstrakter Regelstrecke mit dem Regler (LLFT) anzustreben, da über diese die H_∞-Norm berechnet wird. Die LLFT-Funktion in Deskriptorform könnte die Gestalt

```
[dssTzw] = llftdss(dssP, dssK);
```
(9.2)

besitzen und sollte optional zur Verfügung gestellt werden. Dabei ist `dssTzw` die Variable der Störübertragungsfunktion. Die Programmierung der Funktionen erfordern grundlegender numerischer Betrachtungen und konnten deshalb im Rahmen dieser Arbeit nur in ersten Ansätzen realisiert werden.

Studien am Anwendungsbeispiel

Das linearisierte Modell der nichtlinearen Gebäudedynamik des Benchmark-Problems stand als Zustandssystem zur Verfügung. Denkbar ist die Entwicklung eines linearen Deskriptorsystems der realen Regelstrecke, das direkt aus der nichtlinearen Modell der Gebäudedynamik hervorgeht. Diese Vorgehen ermöglichte die einheitliche numerische

H_∞-Synthese in Deskriptorform mit den leistungsfähigen Funktionen der Deskriptorsystem-Toolbox.

Da die Frage nach der optimalen Wahl der Gewichtungsfunktionen entscheidend für die Qualität des H_∞-Reglers ist, sollte eine ausführliche Analyse des Schwingungsverhaltens des Gebäudes durchgeführt werden. Dazu sei auf die Dissertation von Raps [52] verwiesen, in der grundlegend die Problematik der aktiven Schwingungsdämpfung mit bewegten Zusatzmassen für elastische Strukturen diskutiert wird.

10 Anhang

Intensity (El Centro)	0.5	1.0	1.5
J_1 (Peak Drift Ratio)	0.13287	0.1313	0.13084
J_2 (Peak Level Acceleration)	0.091389	0.066791	0.067969
J_3 (Peak Base Shear)	0.1665	0.16345	0.18921
J_4 (Norm Drift Ratio)	0.41112	0.40774	0.41066
J_5 (Norm Level Acceleration)	0.23445	0.21508	0.21835
J_6 (Norm Base Shear)	0.45816	0.45563	0.45878
J_7 (Ductility Factor)	0.16623	0.16552	0.1538
J_8 (Dissipated Energy)	1e+006	1e+006	0.020068
J_9 (Plastic Connections)	1e+006	1e+006	0
J_{10} (Norm Ductility)	0.46618	0.46226	0.41212
J_{11} (Peak Control Force)	0.00029068	0.00032916	0.00042858
J_{12} (Peak Device Stroke)	0.016704	0.016607	0.016687
J_{13} (Peak Control Power)	2.6157e-005	4.3652e-005	6.453e-005
J_{14} (Norm Control Power)	6.8255e-006	9.1575e-006	1.309e-005
J_{15} (Control Devices)	25	25	25
J_{16} (Required Sensors)	5	5	5
J_{17} (Computational Resources)	20	20	20

Abbildung 10.1: Evaluationsdaten: El Centro mit LQR-Regler [65].

Intensity (El Centro)	0.5	1.0	1.5
J_1 (Peak Drift Ratio)	0.004692	0.0046811	0.0046711
J_2 (Peak Level Acceleration)	0.01195	0.011961	0.012308
J_3 (Peak Base Shear)	0.0087085	0.0087182	0.010128
J_4 (Norm Drift Ratio)	0.011827	0.011798	0.011906
J_5 (Norm Level Acceleration)	0.056294	0.056352	0.058214
J_6 (Norm Base Shear)	0.023305	0.02336	0.023575
J_7 (Ductility Factor)	0.0052776	0.0052731	0.0049056
J_8 (Dissipated Energy)	1e+006	1e+006	6.3445e-006
J_9 (Plastic Connections)	1e+006	1e+006	0
J_{10} (Norm Ductility)	0.011286	0.011278	0.01008
J_{11} (Peak Control Force)	8.4255e-007	8.4255e-007	8.4255e-007
J_{12} (Peak Device Stroke)	0.00059906	0.00059766	0.00060122
J_{13} (Peak Control Power)	9.7614e-009	9.7398e-009	1.0278e-008
J_{14} (Norm Control Power)	4.5713e-009	4.553e-009	4.8014e-009
J_{15} (Control Devices)	25	25	25
J_{16} (Required Sensors)	5	5	5
J_{17} (Computational Resources)	20	20	20

Abbildung 10.2: Evaluationsdaten: El Centro mit H_∞-Regler V2.1 (3radsK2K1).

Intensity (El Centro)	0.5	1.0	1.5
J_1 (Peak Drift Ratio)	0.0046874	0.0046788	0.0046696
J_2 (Peak Level Acceleration)	0.012003	0.011987	0.012326
J_3 (Peak Base Shear)	0.0086957	0.0087118	0.010123
J_4 (Norm Drift Ratio)	0.011819	0.011794	0.011903
J_5 (Norm Level Acceleration)	0.056378	0.056393	0.058243
J_6 (Norm Base Shear)	0.023349	0.023382	0.023589
J_7 (Ductility Factor)	0.005278	0.0052733	0.0049058
J_8 (Dissipated Energy)	1e+006	1e+006	6.3452e-006
J_9 (Plastic Connections)	1e+006	1e+006	0
J_{10} (Norm Ductility)	0.011287	0.011278	0.010081
J_{11} (Peak Control Force)	8.4255e-007	8.4255e-007	8.4255e-007
J_{12} (Peak Device Stroke)	0.00059847	0.00059736	0.00060103
J_{13} (Peak Control Power)	9.7472e-009	9.7331e-009	1.0273e-008
J_{14} (Norm Control Power)	3.3562e-009	3.3425e-009	3.5249e-009
J_{15} (Control Devices)	25	25	25
J_{16} (Required Sensors)	5	5	5
J_{17} (Computational Resources)	20	20	20

Abbildung 10.3: Evaluationsdaten: El Centro mit H_∞-Regler V2.2 (WsnpK2K1).

Intensity (El Centro)	0.5	1.0	1.5
ΔJ_1 (Peak Drift Ratio)	0.1282	0.1266	0.1262
ΔJ_2 (Peak Level Acceleration)	0.0794	0.0548	0.0557
ΔJ_3 (Peak Base Shear)	0.1578	0.1547	0.1791
ΔJ_4 (Norm Drift Ratio)	0.3993	0.3959	0.3988
ΔJ_5 (Norm Level Acceleration)	0.1782	0.1587	0.1601
ΔJ_6 (Norm Base Shear)	0.4349	0.4323	0.4352
ΔJ_7 (Ductility Factor)	0.1610	0.1602	0.1489
ΔJ_8 (Dissipated Energy)	0	0	0.0201
ΔJ_9 (Plastic Connections)	0	0	0
ΔJ_{10} (Norm Ductility)	0.4549	0.4510	0.4020
ΔJ_{11} (Peak Control Force)	0.0003	0.0003	0.0004
ΔJ_{12} (Peak Device Stroke)	0.0161	0.0160	0.0161
ΔJ_{13} (Peak Control Power)	0	0	0.0001
ΔJ_{14} (Norm Control Power)	0	0	0
ΔJ_{15} (Control Devices)	0	0	0
ΔJ_{16} (Required Sensors)	0	0	0
ΔJ_{17} (Computational Resources)	0	0	0

Abbildung 10.4: Differenz zwischen den Evaluationsdaten des LQR-Reglers [65] und des H_∞-Reglers V2.1 (3radsK2K1): $\Delta J_i := J_i(\text{LQR}) - J_i(\text{H}_\infty)$, $i = 1, ..., 17$.

Intensity (El Centro)	0.5	1.0	1.5
ΔJ_1 (Peak Drift Ratio)	0.12818	0.12662	0.12617
ΔJ_2 (Peak Level Acceleration)	0.079386	0.054804	0.055644
ΔJ_3 (Peak Base Shear)	0.1578	0.15474	0.17909
ΔJ_4 (Norm Drift Ratio)	0.3993	0.39594	0.39876
ΔJ_5 (Norm Level Acceleration)	0.17807	0.15869	0.16011
ΔJ_6 (Norm Base Shear)	0.43481	0.43225	0.43519
ΔJ_7 (Ductility Factor)	0.16095	0.16024	0.1489
ΔJ_8 (Dissipated Energy)	0	0	0.020061
ΔJ_9 (Plastic Connections)	0	0	0
ΔJ_{10} (Norm Ductility)	0.4549	0.45098	0.40204
ΔJ_{11} (Peak Control Force)	0.00028984	0.00032831	0.00042773
ΔJ_{12} (Peak Device Stroke)	0.016106	0.01601	0.016086
ΔJ_{13} (Peak Control Power)	2.6147e-005	4.3643e-005	6.452e-005
ΔJ_{14} (Norm Control Power)	6.8222e-006	9.1542e-006	1.3086e-005
ΔJ_{15} (Control Devices)	0	0	0
ΔJ_{16} (Required Sensors)	0	0	0
ΔJ_{17} (Computational Resources)	0	0	0

Abbildung 10.5: Differenz zwischen den Evaluationsdaten des LQR-Reglers [65] und des H_∞-Reglers V2.2 (WenpK2K1): $\Delta J_i := J_i(\mathrm{LQR}) - J_i(H_\infty)$, $i = 1, ..., 17$.

Intensity (Hachinohe)	0.5	1.0	1.5
J_1 (Peak Drift Ratio)	0.094077	0.093364	0.097922
J_2 (Peak Level Acceleration)	0.11105	0.10102	0.11368
J_3 (Peak Base Shear)	0.094647	0.088828	0.090811
J_4 (Norm Drift Ratio)	0.23007	0.22702	0.2315
J_5 (Norm Level Acceleration)	0.29875	0.22788	0.2256
J_6 (Norm Base Shear)	0.24174	0.24099	0.24545
J_7 (Ductility Factor)	0.079376	0.078655	0.072054
J_8 (Dissipated Energy)	1e+006	1e+006	0.018021
J_9 (Plastic Connections)	1e+006	1e+006	0
J_{10} (Norm Ductility)	0.24501	0.24151	0.24277
J_{11} (Peak Control Force)	0.00027327	0.00035191	0.00044543
J_{12} (Peak Device Stroke)	0.0068685	0.0068164	0.0072259
J_{13} (Peak Control Power)	1.4477e-005	1.6828e-005	2.1997e-005
J_{14} (Norm Control Power)	6.1111e-006	7.8085e-006	1.1079e-005
J_{15} (Control Devices)	25	25	25
J_{16} (Required Sensors)	5	5	5
J_{17} (Computational Resources)	20	20	20

Abbildung 10.6: Evaluationsdaten: Hachinohe mit LQR-Regler [65].

Intensity (Hachinohe)	0.5	1.0	1.5
J_1 (Peak Drift Ratio)	0.026108	0.026096	0.027397
J_2 (Peak Level Acceleration)	0.064533	0.064514	0.075071
J_3 (Peak Base Shear)	0.045862	0.045874	0.047948
J_4 (Norm Drift Ratio)	0.072124	0.072092	0.073827
J_5 (Norm Level Acceleration)	0.32914	0.32924	0.33866
J_6 (Norm Base Shear)	0.12201	0.12207	0.12427
J_7 (Ductility Factor)	0.028584	0.028579	0.026253
J_8 (Dissipated Energy)	1e+006	1e+006	0.00055442
J_9 (Plastic Connections)	1e+006	1e+006	0
J_{10} (Norm Ductility)	0.064903	0.064894	0.065544
J_{11} (Peak Control Force)	8.4255e-007	8.4255e-007	8.4255e-007
J_{12} (Peak Device Stroke)	0.0026393	0.002638	0.0027993
J_{13} (Peak Control Power)	4.3269e-008	4.3247e-008	4.5845e-008
J_{14} (Norm Control Power)	2.1522e-008	2.1478e-008	2.2886e-008
J_{15} (Control Devices)	25	25	25
J_{16} (Required Sensors)	5	5	5
J_{17} (Computational Resources)	20	20	20

Abbildung 10.7: Evaluationsdaten: Hachinohe mit H_∞-Regler V2.1 (3radsK2K1).

Intensity (Hachinohe)	0.5	1.0	1.5
J_1 (Peak Drift Ratio)	0.026103	0.026093	0.027395
J_2 (Peak Level Acceleration)	0.064536	0.064516	0.075072
J_3 (Peak Base Shear)	0.045885	0.045885	0.047956
J_4 (Norm Drift Ratio)	0.072114	0.072087	0.073824
J_5 (Norm Level Acceleration)	0.32931	0.32933	0.33872
J_6 (Norm Base Shear)	0.12208	0.12211	0.1243
J_7 (Ductility Factor)	0.028584	0.028579	0.026253
J_8 (Dissipated Energy)	1e+006	1e+006	0.00055443
J_9 (Plastic Connections)	1e+006	1e+006	0
J_{10} (Norm Ductility)	0.064904	0.064895	0.065545
J_{11} (Peak Control Force)	8.4255e-007	8.4255e-007	8.4255e-007
J_{12} (Peak Device Stroke)	0.0026387	0.0026378	0.0027991
J_{13} (Peak Control Power)	2.8735e-008	2.8708e-008	3.0628e-008
J_{14} (Norm Control Power)	1.4368e-008	1.4303e-008	1.523e-008
J_{15} (Control Devices)	25	25	25
J_{16} (Required Sensors)	5	5	5
J_{17} (Computational Resources)	20	20	20

Abbildung 10.8: Evaluationsdaten: Hachinohe mit H_∞-Regler V2.2 (WenpK2K1).

Intensity (Hachinohe)	0.5	1.0	1.5
ΔJ_1 (Peak Drift Ratio)	0.0680	0.0673	0.0705
ΔJ_2 (Peak Level Acceleration)	0.0465	0.0365	0.0386
ΔJ_3 (Peak Base Shear)	0.0488	0.0430	0.0429
ΔJ_4 (Norm Drift Ratio)	0.1579	0.1549	0.1577
ΔJ_5 (Norm Level Acceleration)*	-0.0304	-0.1014	-0.1131
ΔJ_6 (Norm Base Shear)	0.1197	0.1189	0.1212
ΔJ_7 (Ductility Factor)	0.0508	0.0501	0.0458
ΔJ_8 (Dissipated Energy)	0	0	0.0175
ΔJ_9 (Plastic Connections)	0	0	0
ΔJ_{10} (Norm Ductility)	0.1801	0.1766	0.1772
ΔJ_{11} (Peak Control Force)	0.0003	0.0004	0.0004
ΔJ_{12} (Peak Device Stroke)	0.0042	0.0042	0.0044
ΔJ_{13} (Peak Control Power)	0	0	0
ΔJ_{14} (Norm Control Power)	0	0	0
ΔJ_{15} (Control Devices)	0	0	0
ΔJ_{16} (Required Sensors)	0	0	0
ΔJ_{17} (Computational Resources)	0	0	0

Abbildung 10.9: Differenz zwischen den Evaluationsdaten des LQR-Reglers [65] und des H_∞-Reglers V2.1 (3radsK2K1): $\Delta J_i := J_i(\mathrm{LQR}) - J_i(H_\infty)$, $i = 1, ..., 17$.

Intensity (Hachinohe)	0.5	1.0	1.5
ΔJ_1 (Peak Drift Ratio)	0.067974	0.06727	0.070527
ΔJ_2 (Peak Level Acceleration)	0.046511	0.036505	0.038604
ΔJ_3 (Peak Base Shear)	0.048762	0.042944	0.042855
ΔJ_4 (Norm Drift Ratio)	0.15795	0.15493	0.15767
ΔJ_5 (Norm Level Acceleration)*	-0.030565	-0.10145	-0.11312
ΔJ_6 (Norm Base Shear)	0.11966	0.11888	0.12115
ΔJ_7 (Ductility Factor)	0.050792	0.050076	0.0458
ΔJ_8 (Dissipated Energy)	0	0	0.017466
ΔJ_9 (Plastic Connections)	0	0	0
ΔJ_{10} (Norm Ductility)	0.1801	0.17661	0.17723
ΔJ_{11} (Peak Control Force)	0.00027242	0.00035106	0.00044459
ΔJ_{12} (Peak Device Stroke)	0.0042297	0.0041786	0.0044268
ΔJ_{13} (Peak Control Power)	1.4448e-005	1.68e-005	2.1966e-005
ΔJ_{14} (Norm Control Power)	6.0967e-006	7.7942e-006	1.1064e-005
ΔJ_{15} (Control Devices)	0	0	0
ΔJ_{16} (Required Sensors)	0	0	0
ΔJ_{17} (Computational Resources)	0	0	0

Abbildung 10.10: Differenz zwischen den Evaluationsdaten des LQR-Reglers [65] und des H_∞-Reglers V2.2 (WenpK2K1): $\Delta J_i := J_i(\text{LQR}) - J_i(H_\infty)$, $i = 1, ..., 17$.

Intensity (Northridge)	0.5	1.0
J_1 (Peak Drift Ratio)	0.009663	0.010032
J_2 (Peak Level Acceleration)	0.023846	0.021013
J_3 (Peak Base Shear)	0.013971	0.015891
J_4 (Norm Drift Ratio)	0.028289	0.016689
J_5 (Norm Level Acceleration)	0.075396	0.068088
J_6 (Norm Base Shear)	0.036274	0.063076
J_7 (Ductility Factor)	0.0082763	0.0085688
J_8 (Dissipated Energy)	3.3515e-005	3.7789e-005
J_9 (Plastic Connections)	0	0
J_{10} (Norm Ductility)	0.024349	0.013075
J_{11} (Peak Control Force)	0.00027832	0.00029433
J_{12} (Peak Device Stroke)	0.00095564	0.0013063
J_{13} (Peak Control Power)	2.3822e-006	2.6237e-006
J_{14} (Norm Control Power)	8.3098e-007	9.3985e-007
J_{15} (Control Devices)	25	25
J_{16} (Required Sensors)	5	5
J_{17} (Computational Resources)	20	20

Abbildung 10.11: Evaluationsdaten: Northridge mit LQR-Regler [65].

Intensity (Northridge)	0.5	1.0
J_1 (Peak Drift Ratio)	0.0012292	0.0014278
J_2 (Peak Level Acceleration)	0.0029257	0.0041383
J_3 (Peak Base Shear)	0.0021575	0.0031315
J_4 (Norm Drift Ratio)	0.0039971	0.0022814
J_5 (Norm Level Acceleration)	0.016277	0.025715
J_6 (Norm Base Shear)	0.0064336	0.011543
J_7 (Ductility Factor)	0.0011621	0.0011601
J_8 (Dissipated Energy)	4.8985e-007	4.6909e-007
J_9 (Plastic Connections)	0	0
J_{10} (Norm Ductility)	0.002933	0.0015158
J_{11} (Peak Control Force)	8.4255e-007	8.4255e-007
J_{12} (Peak Device Stroke)	0.00015018	0.00019647
J_{13} (Peak Control Power)	1.7649e-009	2.8824e-009
J_{14} (Norm Control Power)	8.648e-010	1.4103e-009
J_{15} (Control Devices)	25	25
J_{16} (Required Sensors)	5	5
J_{17} (Computational Resources)	20	20

Abbildung 10.12: Evaluationsdaten: Northridge mit H_∞-Regler V2.1 (3radsK2K1).

Intensity (Northridge)	0.5	1.0
J_1 (Peak Drift Ratio)	0.0012307	0.0014287
J_2 (Peak Level Acceleration)	0.0029576	0.0041607
J_3 (Peak Base Shear)	0.0021621	0.0031348
J_4 (Norm Drift Ratio)	0.0039997	0.0022822
J_5 (Norm Level Acceleration)	0.016268	0.025709
J_6 (Norm Base Shear)	0.0064201	0.011531
J_7 (Ductility Factor)	0.001162	0.00116
J_8 (Dissipated Energy)	4.8967e-007	4.69e-007
J_9 (Plastic Connections)	0	0
J_{10} (Norm Ductility)	0.0029327	0.0015157
J_{11} (Peak Control Force)	8.4255e-007	8.4255e-007
J_{12} (Peak Device Stroke)	0.00015036	0.00019659
J_{13} (Peak Control Power)	1.7691e-009	2.8856e-009
J_{14} (Norm Control Power)	6.882e-010	1.1206e-009
J_{15} (Control Devices)	25	25
J_{16} (Required Sensors)	5	5
J_{17} (Computational Resources)	20	20

Abbildung 10.13: Evaluationsdaten: Northridge mit H_∞-Regler V2.2 (WenpK2K1).

Intensity (Northridge)	0.5	1.0
ΔJ_1 (Peak Drift Ratio)	0.0084	0.0086
ΔJ_2 (Peak Level Acceleration)	0.0209	0.0169
ΔJ_3 (Peak Base Shear)	0.0118	0.0128
ΔJ_4 (Norm Drift Ratio)	0.0243	0.0144
ΔJ_5 (Norm Level Acceleration)	0.0591	0.0424
ΔJ_6 (Norm Base Shear)	0.0298	0.0515
ΔJ_7 (Ductility Factor)	0.0071	0.0074
ΔJ_8 (Dissipated Energy)	0	0
ΔJ_9 (Plastic Connections)	0	0
ΔJ_{10} (Norm Ductility)	0.0214	0.0116
ΔJ_{11} (Peak Control Force)	0.0003	0.0003
ΔJ_{12} (Peak Device Stroke)	0.0008	0.0011
ΔJ_{13} (Peak Control Power)	0	0
ΔJ_{14} (Norm Control Power)	0	0
ΔJ_{15} (Control Devices)	0	0
ΔJ_{16} (Required Sensors)	0	0
ΔJ_{17} (Computational Resources)	0	0

Abbildung 10.14: Differenz zwischen den Evaluationsdaten des LQR-Reglers [65] und des H_∞-Reglers 2.1 (3radsK2K1): $\Delta J_i := J_i(\text{LQR}) - J_i(H_\infty)$, $i = 1, ..., 17$.

Intensity (Northridge)	0.5	1.0
ΔJ_1 (Peak Drift Ratio)	0.0084323	0.0086033
ΔJ_2 (Peak Level Acceleration)	0.020888	0.016852
ΔJ_3 (Peak Base Shear)	0.011809	0.012756
ΔJ_4 (Norm Drift Ratio)	0.024289	0.014407
ΔJ_5 (Norm Level Acceleration)	0.059128	0.042379
ΔJ_6 (Norm Base Shear)	0.029854	0.051545
ΔJ_7 (Ductility Factor)	0.0071143	0.0074087
ΔJ_8 (Dissipated Energy)	3.3025e-005	3.732e-005
ΔJ_9 (Plastic Connections)	0	0
ΔJ_{10} (Norm Ductility)	0.021416	0.011559
ΔJ_{11} (Peak Control Force)	0.00027748	0.00029349
ΔJ_{12} (Peak Device Stroke)	0.00080528	0.0011098
ΔJ_{13} (Peak Control Power)	2.3805e-006	2.6208e-006
ΔJ_{14} (Norm Control Power)	8.303e-007	9.3873e-007
ΔJ_{15} (Control Devices)	0	0
ΔJ_{16} (Required Sensors)	0	0
ΔJ_{17} (Computational Resources)	0	0

Abbildung 10.15: Differenz zwischen den Evaluationsdaten des LQR-Reglers [65] und des H_∞-Reglers V2.2 (WenpK2K1): $\Delta J_i := J_i(\mathrm{LQR}) - J_i(H_\infty)$, $i = 1, ..., 17$.

Intensity (Kobe)	0.5	1.0
J_1 (Peak Drift Ratio)	0.0056245	0.0029683
J_2 (Peak Level Acceleration)	0.031094	0.023373
J_3 (Peak Base Shear)	0.010789	0.0096358
J_4 (Norm Drift Ratio)	0.015713	0.0031635
J_5 (Norm Level Acceleration)	0.11093	0.083939
J_6 (Norm Base Shear)	0.021418	0.017246
J_7 (Ductility Factor)	0.0037859	0.0023288
J_8 (Dissipated Energy)	1.7284e-005	1.1914e-006
J_9 (Plastic Connections)	0	0
J_{10} (Norm Ductility)	0.010549	0.001787
J_{11} (Peak Control Force)	0.00039572	0.00039572
J_{12} (Peak Device Stroke)	0.00076677	0.00046563
J_{13} (Peak Control Power)	4.7473e-006	3.3789e-006
J_{14} (Norm Control Power)	1.4445e-006	1.0286e-006
J_{15} (Control Devices)	25	25
J_{16} (Required Sensors)	5	5
J_{17} (Computational Resources)	20	20

Abbildung 10.16: Evaluationsdaten: Kobe mit LQR-Regler [65].

Intensity (Kobe)	0.5	1.0
J_1 (Peak Drift Ratio)	1.3808e-005	1.1083e-005
J_2 (Peak Level Acceleration)	3.4077e-005	3.2513e-005
J_3 (Peak Base Shear)	3.1978e-005	5.0336e-005
J_4 (Norm Drift Ratio)	5.9491e-005	1.5596e-005
J_5 (Norm Level Acceleration)	0.0001842	0.00021836
J_6 (Norm Base Shear)	0.00012905	0.00016336
J_7 (Ductility Factor)	1.2291e-005	1.1319e-005
J_8 (Dissipated Energy)	9.8558e-011	1.4011e-011
J_9 (Plastic Connections)	0	0
J_{10} (Norm Ductility)	5.2751e-005	1.2833e-005
J_{11} (Peak Control Force)	1.6851e-006	1.6851e-006
J_{12} (Peak Device Stroke)	1.8824e-006	1.7386e-006
J_{13} (Peak Control Power)	3.2719e-011	3.9828e-011
J_{14} (Norm Control Power)	1.6128e-011	1.7754e-011
J_{15} (Control Devices)	25	25
J_{16} (Required Sensors)	5	5
J_{17} (Computational Resources)	20	20

Abbildung 10.17: Evaluationsdaten: Kobe mit H_∞-Regler V2.1 (3radsK2K1).

Intensity (Kobe)	0.5	1.0
J_1 (Peak Drift Ratio)	1.3416e-005	1.1046e-005
J_2 (Peak Level Acceleration)	4.6915e-005	5.0917e-005
J_3 (Peak Base Shear)	3.8717e-005	5.6283e-005
J_4 (Norm Drift Ratio)	5.8754e-005	1.5003e-005
J_5 (Norm Level Acceleration)	0.00020857	0.00023848
J_6 (Norm Base Shear)	0.00012366	0.00015977
J_7 (Ductility Factor)	1.0842e-005	1.1347e-005
J_8 (Dissipated Energy)	1.0601e-010	1.3086e-011
J_9 (Plastic Connections)	0	0
J_{10} (Norm Ductility)	4.6965e-005	1.1648e-005
J_{11} (Peak Control Force)	1.6851e-006	1.6851e-006
J_{12} (Peak Device Stroke)	1.829e-006	1.9799e-006
J_{13} (Peak Control Power)	3.0313e-011	3.8732e-011
J_{14} (Norm Control Power)	1.5082e-011	1.6703e-011
J_{15} (Control Devices)	25	25
J_{16} (Required Sensors)	5	5
J_{17} (Computational Resources)	20	20

Abbildung 10.18: Evaluationsdaten: Kobe mit H_∞-Regler V2.2 (WenpK2K1).

Intensity (Kobe)	0.5	1.0
ΔJ_1 (Peak Drift Ratio)	0.0056	0.0030
ΔJ_2 (Peak Level Acceleration)	0.0311	0.0233
ΔJ_3 (Peak Base Shear)	0.0108	0.0096
ΔJ_4 (Norm Drift Ratio)	0.0157	0.0031
ΔJ_5 (Norm Level Acceleration)	0.1107	0.0837
ΔJ_6 (Norm Base Shear)	0.0213	0.0171
ΔJ_7 (Ductility Factor)	0.0038	0.0023
ΔJ_8 (Dissipated Energy)	0	0
ΔJ_9 (Plastic Connections)	0	0
ΔJ_{10} (Norm Ductility)	0.0105	0.0018
ΔJ_{11} (Peak Control Force)	0.0004	0.0004
ΔJ_{12} (Peak Device Stroke)	0.0008	0.0005
ΔJ_{13} (Peak Control Power)	0	0
ΔJ_{14} (Norm Control Power)	0	0
ΔJ_{15} (Control Devices)	0	0
ΔJ_{16} (Required Sensors)	0	0
ΔJ_{17} (Computational Resources)	0	0

Abbildung 10.19: Differenz zwischen den Evaluationsdaten des LQR-Reglers [65] und des H_∞-Reglers V2.1 (3radsk2k1): $\Delta J_i := J_i(\mathrm{LQR}) - J_i(H_\infty)$, $i = 1, ..., 17$.

Intensity (Kobe)	0.5	1.0
ΔJ_1 (Peak Drift Ratio)	0.0056111	0.0029573
ΔJ_2 (Peak Level Acceleration)	0.031047	0.023322
ΔJ_3 (Peak Base Shear)	0.01075	0.0095795
ΔJ_4 (Norm Drift Ratio)	0.015654	0.0031485
ΔJ_5 (Norm Level Acceleration)	0.11072	0.083701
ΔJ_6 (Norm Base Shear)	0.021294	0.017086
ΔJ_7 (Ductility Factor)	0.0037751	0.0023175
ΔJ_8 (Dissipated Energy)	1.7284e-005	1.1914e-006
ΔJ_9 (Plastic Connections)	0	0
ΔJ_{10} (Norm Ductility)	0.010502	0.0017754
ΔJ_{11} (Peak Control Force)	0.00039403	0.00039403
ΔJ_{12} (Peak Device Stroke)	0.00076494	0.00046365
ΔJ_{13} (Peak Control Power)	4.7473e-006	3.3789e-006
ΔJ_{14} (Norm Control Power)	1.4445e-006	1.0286e-006
ΔJ_{15} (Control Devices)	0	0
ΔJ_{16} (Required Sensors)	0	0
ΔJ_{17} (Computational Resources)	0	0

Abbildung 10.20: Differenz zwischen den Evaluationsdaten des LQR-Reglers [65] und des H_∞-Reglers V2.2 (Wenp2k1): $\Delta J_i := J_i(\text{LQR}) - J_i(H_\infty)$, $i = 1, ..., 17$.

Literaturverzeichnis

[1] Balas, G. J.; Doyle, J. C.; Glover, K.; Packard, A.; Smith, R.: *User's Guide, μ-Analysis and Synthesis Toolbox*. The Mathworks, Inc., South Natick, MA, 1991.

[2] Balas, G. J.: *Synthesis of Controllers for the Active Mass Driver System in the Presence of Uncertainty*. Proc. of the ASCE Structures Congress XV, 1997.

[3] Basar, T.; Bernhard, P.: *H_∞-Optimal Control and Related Minmax Design Problems – A Dynamic Game Approach*. Birkhäuser, Boston, 1995.

[4] Bernhard, D.: *H_∞-Regelung für Deskriptorsysteme mit höherem Index und nichtproperem Übertragungsverhalten*. J. K. Univ. Linz, Abt. für Regelungstechnik und Prozessautomatisierung (GMA FA 1.40), S. 60-70, 2003.

[5] Bernhard, D.: *Das H_∞-Problem als Minmax-Differentialspiel für nicht-propere Deskriptorsysteme*. J. K. Univ. Linz, Abt. für Regelungstechnik und Prozessautomatisierung (GMA FA 1.40), S. 252-262, 2003.

[6] Benner, P.; Mehrmann, V.; Sima, V.; van Huffel, S.; Varga, A.: *SLICOT - A Subroutine Library in Systems and Control Theory*. Applied and Computational Control, Signals and Circuits, Vol. 1, S. 505-546, 1997.

[7] Boyd, S. P.; Balakrishnan, V.; Kabamba, P.: *A Bisection Method for Computing the H_∞ Norm of a Transfer Function Matrix and Related Problems*. Math. Control Signals Syst., Vol. 2, S. 207-219, 1989.

[8] Chiang, R.-Y.; Safonov, M.-G.: *Robust Control Toolbox User's Guide*. The Mathworks, Inc., 1992.

[9] Chu, K.-W. E.: *Controllability of Descriptor Systems*. Int. J. Control, Vol. 46, S. 1761-1770, 1987.

[10] Cobb, D.: *Controllability, Observability, and Duality in Singular Systems*. IEEE Trans. Auto. Control, Vol. AC-29, S. 1076-1082, 1984.

[11] Dai, L.: *Lecture Notes in Control and Information Sciences*. Springer, Berlin Heidelberg New York, 1989.

[12] Datta, B. N.: *Numerical Methods for Linear Control Systems*. Elsevier Academic Press, San Diego, 2004.

[13] Doetsch, G.: *Handbuch der Laplace-Transformation I. Theorie der Laplace-Transformation*. Birkhäuser, 1971.

[14] Doetsch, G.: *Handbuch der Laplace-Transformation II. Anwendung der Laplace-Transformation*. Birkhäuser, 1973.

[15] Doyle, J.; Glover, K.; Khargonekar, P.; Francis, B.: *State-Space Solutions to Standard H_2 and H_∞ Control Problems*. IEEE Trans. Aut. Control, Vol. 34, S. 831-847, 1989.

[16] Francis, B. A.; Doyle, J., C.: *Linear Control Theory with an H_∞ Optimality Criterion*. SIAM J. Control and Opt., Vol. 25, S. 815-844, 1987.

[17] Francis, B. A.: *A Course in H_∞ Control Theory*. Springer, Berlin, 1987.

[18] Fürst, D.: *Mathematische Modellbildung, regelungstechnische Analyse und Synthese mechatronischer Systeme in Deskriptorform*. Shaker, Aachen, 2000.

[19] Gahinet, P.; Nemirovski, A.; Laub, A. J.; Chilali, M.: *LMI Control Toolbox*. The Mathworks, Inc., 1995.

[20] Gahinet, P.; Apkarian, P.: *A Linear Matrix Inequality Approach to H_∞ Control*. Int. J. Robust an Nonlinear Control, Vol. 4, S. 421-448, 1994.

[21] Gantmacher, F. R.: *The Theory of Matrices*. Chelsea, New York, 1974.

[22] Geering, H. P.: *Regelungstechnik: Mathematische Grundlagen, Entwurfsmethoden, Beispiele*. Springer, Berlin Heidelberg, 2004.

[23] Glover, K.; McFarlane, D. C.: *Robust Stabilization of Normalized Coprime Factor Plant Descriptions with H_∞-bounded Uncertainty*. IEEE Trans. Auto. Control, Vol. 34, S. 821-830, 1989.

[24] Green, M.: *H_∞ Controller Synthesis by J-Lossless Coprime Factorization*. SIAM J. Control and Opt., Vol. 30, S. 522-547, 1992.

[25] Green, M.; Glover, K.; Limebeer, D.; Doyle, J. C.: *A J-Spectral Factorization Approach to H_∞ Control*. SIAM J. Control and Opt., Vol. 28, S. 1350-1371, 1990.

[26] Hahn, H.; Sommer, H. J.: *On the Causality of Linear Time Invariant Deskriptor Systems*. ZAMM, Z. Angew. Math. Mech. 81, S. 753-768, 2001.

[27] van Huffel, S.; Sima, V.; Varga, A.; Hammarling, S.; Delebecque, F.: *High-Performance Numerical Software for Control*. IEEE Control Systems Magazine, Vol. 24, S. 60-76, 2004.

[28] Ionescu, V.; Oară, C.; Weiss, M.: *Generalized Riccati Theory and Robust Control - A Popov Function Approach*. John Wiley & Sons Ltd, Chichester, 1999.

[29] Iwasaki, T.; Skelton, R. E.: *All Controllers for the General H_∞ Control Problem: LMI Existence Conditions and State-Space Formulas*. Automatica, Vol. 30, S. 1307-1317, 1994.

[30] Kalman, R. E.: *Mathematical Description of Linear Dynamical Systems*. SIAM J. Control, 1 (1), S. 152-192, 1963.

[31] Kimura, H.: *Conjugation, Interpolation and Model-Matching in H_∞*. Int. J. Control, Vol. 49, S. 269-307, 1989.

[32] Krause, J. M.: *Comments on Grimble's Comments on Stein's Comments on Rolloff of H_∞ Optimal Controllers*. IEEE Trans. Aut. Control, Vol. 37, S. 702, 1992.

[33] Kwakernak, H.: *Robust Control and H_∞-Optimization - Tutorial Paper*. Automatica, Vol. 29, No. 2, S. 255-273, 1993.

[34] Kwakernak, H.: *The Polynomial Approach to H_∞-optimal Regulation*. In: E. Mosca and L. Pandolfi (Eds), H_∞ Control Theory, Lecture Notes in Mathematics, Vol. 149, Springer, Berlin, 1991.

[35] Kwakernak, H.; Sivan, R.: *Linear Optimal Control Systems*. John Wiley & Sons, New York, 1972.

[36] Lu, J.; Skelton, R. E.: *Covariance Control Using Closed Loop Modeling for Structures*. Proc. of the ASCE Structures Congress XV, 1997.

[37] Ludyk, G.: *Theoretische Regelungstechnik 1*. Springer, Berlin Heidelberg, 1995.

[38] Ludyk, G.: *Theoretische Regelungstechnik 2*. Springer, Berlin Heidelberg, 1995.

[39] Luenberger, D. G.: *Time-Invariant Descriptor Systems*. Automatica, Vol. 14, S. 473-480, 1978.

[40] Masubuchi, I.; Kamitane, Y.; Ohara, A.; Suda, N.; : *H_∞ Control for Descriptor Systems: A Matrix Inequalities Approach*. Automatica, Vol. 33, No. 4, S. 669-673, 1997.

[41] McFarlane, D. C.; Glover, K.: *Robust Controller Design using Normalized Coprime Factor Plant Descriptions*. Springer, New York, 1989.

[42] Meinsma, G.: *Unstable and Nonproper Weights in H_∞ Control*. Automatica, Vol. 31, No. 11, S. 1655-1658, 1995.

[43] Meinsma, G.: *Polynomial Solutions to H_∞ Problems*. Int. J. of Robust and Nonlinear Control, Vol. 4, S. 323-351, 1994.

[44] Meinsma, G.: *Frequency Domain Methods in H_∞ Control*. Diss. Univ. of Twente, Enschede, 1993.

[45] Müller, P. C.: *Optimal Control of Proper and Nonproper Descriptor Systems*. Archive of Applied Mechanics 72, 2003.

[46] Müller, P. C.: *Aspects of Modeling Dynamical Systems by Differential-Algebraic Equations*. Mathematical and Computer Modelling of Dynamical Systems 7, S. 133-143. 2001.

[47] Müller, P. C.: *Linear-Quadratic Optimal Control of Non-Proper Descriptor Systems*. Proc. MTNS 2000, Perpignan, 2000.

[48] Müller, P. C.: *Stabilität und Matrizen*. Springer, Berlin, 1977.

[49] Potthoff, U.: *Reglerentwurf für lineare zeitinvariante Mehrgrößensysteme durch teilerfremde Faktorisierung.* Shaker, Aachen, 2004.

[50] Raisch, J.; Gilles, E. D.: *Reglerentwurf mittels H_∞-Minimierung - Eine Einführung, Teil 2.* Automatisierungstechnik 40, S. 123-131, 1992.

[51] Raisch, J.: *Mehrgrößenregelung im Frequenzbereich.* R. Oldenbourg, München, 1994.

[52] Raps, F.: *Regelungstechnischer Entwurf aktiver Schwingungsdämpfer mit bewegten Zusatzmassen für elastische Strukturen.* VDI, Düsseldorf, Reihe 11, Nr. 110, 1988.

[53] Rehm, A.; Allgöwer, F.: *General Quadratic Performance Analysis and Synthesis of Differential Algebraic Equation (DAE) Systems.* J. Proc. Contr., Vol. 12, No. 4, S. 467-474, 2002.

[54] Rehm, A.; Allgöwer, F.: *H_∞ Control of Differential Algebraic Equation Systems: The Linearizing Change of Variables Approach Revisited.* American Control Conference, Arlington, S. 2948-2952, 2001.

[55] Rehm, A.; Allgöwer, F.: *Descriptor- and Non-Descriptor Controllers in H_∞-Control of Descriptor Systems.* IFAC Symposium on Robust Control Design, RO-COND 2000, Prague, Czech Republic, Paper W1A/63, 2000.

[56] Rehm, A.; Allgöwer, F.: *An LMI Approach towards H_∞ Control of Descriptor Systems.* IFAC International Symposium on Advanced Control of Chemical Processes, ADCHEM 2000, Pisa, Italy, Vol. 1, S. 57-62, 2000.

[57] Rehm, A.; Allgöwer, F.: *H_∞ Control of Descriptor Systems with high Index.* IFAC World Congress, Beijing, P. R. China, Vol. D, S. 31-37, 1999.

[58] Roduner, C. A.: *H_∞-Regelung linearer Systeme mit Totzeiten.* VDI, Düsseldorf, Reihe 8, Nr. 708, 1997.

[59] Rosenbrock, H. H.: *Structural Properties of Linear Dynamical Systems.* Int. J. Control, Vol. 20(2), S. 191-202, 1974.

[60] Scherer, C.: *H_∞ Optimization without Assumptions on Finite or Infinite Zeros.* SIAM J. Contr. Opt., Vol. 30, S. 143-166, 1992.

[61] Schüpphaus, R.: *Regelungstechnische Analyse und Synthese von Mehrkörpersystemen in Deskriptorform.* VDI, Reihe 8, Nr. 478, 1995.

[62] Smith, H. A.; Breneman, S. E.; Sureau, O.: *H_∞ Static and Dynamic Output Feedback Control of the AMD Benchmark Problem.* Proc. of the ASCE Structures Congress XV, 1997.

[63] Spencer, B. F., Jr.; Dyke, S. J.; Deoskar, H. S.: *Benchmark Problem in Structural Control.* Proc. of the ASCE Structures Congress XV, Vol. 2, S. 1265-1269, 1995.

[64] Spencer, B. F., Jr.; Sain, M. K.: *Controlling Buildings: A New Frontier in Feedback.* IEEE Control Systems Magazine, Vol. 17, No. 6, S. 19-35, 1997.

[65] Spencer, B. F., Jr.; Christenson, R. E.; Dyke, S. J.: *Next Generation Benchmark Control Problems for Seismically Excited Buildings*. Proc. 2nd World Conf. on Structural Control, Vol. 2, S. 1135-1360, 1999.

[66] Takaba, K.; Morihira, N.; Katayama, T.: H_∞ *Control for Descriptor Systems - A J-Spectral Factorization Approach*. Proc. 33rd Conf. on Decision and Control, Lake Buena Vista, FL, S. 2251-2256, 1994.

[67] Varga, A.: *Numerical Algorithms and Software Tools for Analysis and Modelling of Descriptor Systems*. Prepr. of 2nd IFAC Workshop on System Structure and Control, Prague, Czechoslovakia, S. 392-395, 1992.

[68] Varga, A.: *A Descriptor System Toolbox for MATALB*. Proc. of IEEE Int. Symposium on Computer Aided Control System Design, CACSD 2000, Anchorage, Alaska, 2000.

[69] Verghese, G. C.; Levy, B. C.; Kailath, T.: *A Generalized State-Space for Singular Systems*. IEEE Trans. Aut. Control, Vol. AC-26, S. 811-831, 1981.

[70] Wiedemann, G.: *Strukturelle Zugänge zur Analyse und Synthese linearer Regelungssysteme in Deskriptorform*. Shaker, Aachen, 1999.

[71] Yip, E. L.; Sincovec, R. F.: *Solvability, Controllability, and Observability of Continuous Descriptor Systems*. IEEE Trans. Auto. Control, Vol. AC-26, S. 702-707, 1981.

[72] Youla, D. C.; Jabr, H. A.; Bongiorno, J. J., Jr.: *Modern Wiener-Hopf Design of Optimal Controllers - Part II: The Multivariable Case*. IEEE Trans. Auto. Control, Vol. AC-21, S. 319-338, 1976.

[73] Zhou, K.; Doyle, J. C.; Glover, K.: *Robust and Optimal Control*. Prentice Hall, 1996.